中等职业学校公共课系列教材

计算机文化素养

主　编　岳胜贤　王　丽　刘晓莹
副主编　殷瑞豪　吴东亮　陈雪粉　李　方　林彦娜
参　编　王　洁　卓李娜　段荣荣　张超男

西安电子科技大学出版社

内容简介

本书采用项目引领和任务驱动的教学模式，通过一系列项目和任务详细地介绍了有关计算机在日常办公等方面的常用操作与技能，有的地方还给出了生动的实训案例，模拟实际工作环境。全书坚持以提高操作技能为导向、以能力培养为本位的原则，围绕实践，突出技能，体现应用性和针对性，以学生为主体，以任务为载体，以能力训练为目标。

本书可作为计算机应用基础公需类课程的教材，也可作为电脑爱好者的入门手册。

图书在版编目(CIP)数据

计算机文化素养 / 岳胜贤，王丽，刘晓莹主编. —西安：西安电子科技大学出版社，2020.6（2021.8 重印）
ISBN 978-7-5606-5679-3

Ⅰ. ① 计…　Ⅱ. ① 岳…　② 王…　③ 刘…　Ⅲ. ① 电子计算机—教材　Ⅳ. ① TP3

中国版本图书馆 CIP 数据核字(2020)第 076871 号

策划编辑　秦志峰
责任编辑　尚乾婧　秦志峰
出版发行　西安电子科技大学出版社(西安市太白南路 2 号)
电　　话　(029)88202421　88201467　　邮　　编　710071
网　　址　www.xduph.com　　电子邮箱　xdupfxb001@163.com
经　　销　新华书店
印刷单位　西安创维印务有限公司
版　　次　2020 年 6 月第 1 版　2021 年 8 月第 3 次印刷
开　　本　787 毫米×1092 毫米　1/16　印 张 15.5
字　　数　368 千字
印　　数　4001～8000 册
定　　价　39.80 元
ISBN 978 - 7 - 5606 - 5679 - 3 / TP
XDUP 5981001-3

前　言

本书是依据教育部颁布的《中等职业学校计算机及应用专业教学指导方案》中的“计算机应用基础”课程教学基本要求，并结合河南省的教学实际与计算机行业的岗位需求而编写的。本书坚持“在学中做，在做中学”的原则，遵循新课程改革的发展，充分体现以理论为基础，以技能为本位，以满足学生需求和社会需求为目标的编写指导思想。在编写中，力求突出以下特色。

1. 内容先进。

本书采用任务驱动的方式，着重培养学生的动手操作能力，实现课程内容和社会应用的无缝对接。

2. 知识实用。

本书结合中等职业学校教学实际，以“必须、够用”为原则，加大操作题力度，彻底打破以知识传授为主要方法的教学模式。教学实例更接近于生活，便于知识转化。

3. 突出操作。

本书以应用为核心，以培养学生实际动手能力为重点，力求做到学与用并重，科学性与实用性相统一。本书以操作为主体，以完成任务为目标，强调操作的连贯性和系统性。

4. 教学适用性强。

本书在每章节完成一个任务的基础上，设计了拓展与提高等实训内容，便于教师教学与学生自学。

本书共分四篇。入门篇主要介绍计算机导论、计算机组装与维护、计算机操作系统及计算机网络基础知识。基础篇主要介绍 Word 2010 应用、Excel 2010 应用及 PowerPoint 2010 应用。实战篇主要介绍实用工具软件、常用办公设备、云盘及计算机安全防护工具。提高篇主要介绍虚拟现实、人工智能和自媒体技术与流媒体技术。

本书由岳胜贤、王丽、刘晓莹主持编写。编写人员及分工如下：入门篇由殷瑞豪、林彦娜、吴东亮编写；基础篇由岳胜贤、张超男、李方编写；实战篇由王洁、卓李娜、刘晓莹、王丽编写；提高篇由陈雪粉、段荣荣编写。

由于作者水平有限，书中难免存在不足，敬请读者批评指正。

编　者

2020 年 4 月

目　录

入门篇

基础篇

实　战　篇

提　高　篇

入　门　篇

项目一 计算机导论

项目目标

(1) 了解计算机的相关知识。
(2) 了解计算机系统的运算基础。
(3) 掌握计算机系统的构成。

项目导入

20 世纪人类最伟大的“发明”之一就是电子计算机。自 1946 年美国的莫奇利和埃克特发明第一台电子管计算机以来，在仅仅 70 多年的时间里，计算机的软、硬件及其应用技术飞速发展，在工业、农业、国防等部门得到了广泛的应用。计算机作为信息技术的载体，在各个领域、各个部门发挥着越来越重要的作用。

项目描述

本项目主要介绍计算机的基础知识，目的是让读者了解计算机的概念、发展、分类及其应用领域，掌握计算机的运算基础和计算机系统的构成。

任务 1 计算机概述

任务目标

(1) 初步了解计算机的含义。
(2) 了解计算机的发展历程、发展趋势、分类及其应用。

任务导入

21 世纪是计算机技术发展与普及的黄金时期，尤其是微型计算机技术、多媒体技术和网络技术的快速发展与普及。计算机早已走进千家万户，逐渐成为人们生活、工作中不可或缺的角色，计算机的使用技能也成为信息社会中人们必备的“生存”技能。

任务描述

本任务先简单介绍什么是计算机，再介绍计算机是如何一步步发展起来的，最后介绍计算机的分类及应用。

知识链接

1．什么是计算机

人通过自己的各种感官将外界的事物及其变化情况通过某种形式传递给大脑，并存储在大脑中，如果需要某一段信息(即记忆)，则经过刺激大脑皮层可以自动重现所需要的信息。而计算机必须在接通电源的情况下，通过输入设备(如键盘或鼠标)将所需要的信息输入计算机中，并经过处理后存放起来，需要时通过输出设备(如显示器或打印机)展示出来。计算机与人脑的区别主要有以下几点：

(1) 计算机的信息存储时间长。

(2) 信息处理时计算机受程序控制。

(3) 计算机需要电源的支持。

由此可知，计算机(Computer)是一种能够按照事先存储的程序，自动、高速地进行大量数值计算和各种信息处理的现代化智能电子设备。

计算机本质上是信息处理机，通过输入数字化的数据，按照程序规定的步骤进行处理，输出指定的动作和时序，从而完成控制任务和信息处理。那么信息和数据是什么关系呢？

信息是经过加工处理并对客观世界产生影响的有效“资源”，是对某种物质所表达含义的解释。信息既是对各种事物变化特征的反映，又是事物之间相互作用和联系的表征。人们通过信息认识各种事物，借助信息进行交流，相互协作。

数据(Data)是指能够输入计算机并由计算机处理的符号，如数值、文本、声音、图形、图像等。从广义角度来说，数据是信息的载体，是信息的具体表示形式。从狭义角度来说，数据是人们“提炼”出的信息并对其进行分析与处理。

2．计算机的发展

1946 年 2 月 15 日，世界第一台全自动电子数字计算机“埃尼阿克”(Electronic Numerical Integrator And Computer，ENIAC)在美国宾夕法尼亚大学研制成功。它是美国奥伯丁武器试验场为了满足计算弹道的需要而研制的，主要发明人是电气工程师普雷斯波・埃克特和物理学家约翰・莫奇利博士。这台计算机采用电子管作为计算机的基本元件，每秒可进行 5000 次加减运算。它使用了 18 000 只电子管，10 000 只电容，7000 只电阻，体积为 3000 ft^3 (1 $ft^3 = 2.83 \times 10^{-2}$ m^3)，占地 170 m^2，重 30 t，耗电 140～150 kW，是一个名副其实的“庞然大物”。

ENIAC 的问世具有划时代的意义，它奠定了现代计算机的发展基础，标志着现代计算机时代的到来。所谓现代计算机，是指采用先进的电子技术来代替陈旧落后的机械或继电器技术。有人将 ENIAC 的问世称为人类第三次产业革命开始的标志。在之后的 70 多年里，计算机技术发展异常迅速，在人类科技史上还没有一种学科可以与电子计算机的发展速度相提并论。

现代计算机的发展阶段主要是依据计算机所采用的电子器件来划分的，也就是人们通常所说的电子管、晶体管、集成电路以及大规模、超大规模集成电路等。

1) 第一代：电子管计算机(1946—1957 年)

以 ENIAC 为代表的第一代计算机使用真空电子管和磁鼓储存数据，主要通过不同部分之间的重新接线编程，拥有并行计算能力。第一代计算机的特点是操作指令是为特定任务而编制的，每种机器有各自不同的机器语言，功能受到限制，速度也慢。

2) 第二代：晶体管计算机(1957—1964 年)

1948 年，晶体管的发明代替了体积庞大的电子管，电子设备的体积不断减小。1956 年，晶体管在计算机中得以使用，晶体管和磁芯存储器的使用推动了第二代计算机的产生。第二代计算机的特点是体积小、速度快、功耗低、性能更稳定，计算机中存储的程序使计算机有很强的适应性，可以更有效地用于商业用途。

3) 第三代：集成电路计算机(1964—1972 年)

1958 年，德州仪器(Texas Instruments)的工程师 Jack Kilby 发明了集成电路，可以将更多的元件集成到单一的半导体芯片上，使计算机变得更小，功耗更低，速度更快。这一时期的发展还包括使用了操作系统，使得计算机在中心程序的控制协调下可以同时运行多个不同的程序。

4) 第四代：大规模、超大规模集成电路计算机(1972—现在)

大规模集成电路可以在一个芯片上容纳几百个元件。到了 20 世纪 80 年代，超大规模集成电路 VLSI 在芯片上容纳了几十万个元件，后来的特大规模集成电路 ULSI 将这一数字增大到百万级。硬币大小的芯片上容纳如此数量的元件使得计算机的体积和价格不断下降，而功能性和可靠性不断增强。70 年代中期，计算机制造商开始将计算机推广至普通消费者，这时的小型机带有界面友好的软件包，该软件包中拥有供非专业人员使用的程序和最受欢迎的文字处理与电子表格程序。

1981 年，IBM 推出了个人计算机(Personal Computer，PC)，用于家庭、办公室和学校。80 年代个人计算机的竞争使得价格不断下降，微型计算机的拥有量不断增加，计算机体积继续缩小。与 IBM PC 竞争的 Apple Macintosh 系列于 1984 年推出，Macintosh 提供了友好的图形界面，用户可以用鼠标方便地进行操作。

3. 计算机的发展趋势

计算机科学是有史以来发展最快的学科，为了迎合社会对计算机不同层次的应用需求，计算机正朝着巨型化、微型化、网络化和智能化方向发展。

(1) 巨型化是指发展高速、大存储容量和强功能的巨型计算机，这主要是为了满足诸如原子、天文、核技术等尖端科学以及探索新兴领域的需要。

(2) 微型化是指在保证功能的同时，体积更小、更适合移动环境和便携式的终端。计算机将迅速向微型化、嵌入式的方向发展。

(3) 计算机网络是计算机技术发展的又一重要分支，是现代通信技术与计算机技术相结合的产物。网络化就是利用现代通信技术和计算机技术，将分布在不同地点的计算机连接起来，按照网络协议互相通信，共享软件、硬件和数据资源。

(4) 第五代计算机要实现的目标是“智能”计算机，让计算机来模拟人的感觉、行为、思维过程，使计算机具有视觉、听觉、语言、推理、思维、学习等能力，成为智能型计算机。

4. 计算机的分类

计算机按其规模、速度和功能可分为巨型机、大型机、中型机、小型机、微型机及单片机等。这些类型之间的基本区别通常在于其体积大小、结构复杂程度、功率消耗、运算速度、数据存储容量、指令系统和设备、软件配置等的不同。

1) 巨型机

巨型机是指运算速度快、存储容量大、功能更强的高性能计算机，它采用大规模并行处理体系结构，中央处理器(Central Processing Unit，CPU)由数以千计、万计的处理器组成，有极强的运算处理能力，但价格也较为昂贵。这类计算机运算速度可达4000MIPS(40亿条指令每秒)，主要用于国家高科技领域和国防尖端技术的研究。经过几十年不懈的努力，“银河”“曙光”“神威”“深腾”等一批国产高端计算机系统的出现，使我国继美国、日本之后，成为第三个具备研制巨型计算机系统能力的国家，如图1-1、图1-2所示。

图1-1 IBM的巨型计算机“Roadrunner”

图1-2 曙光5000A计算机

2) 大型机

大型机的运算速度一般介于100万次每秒至几千万次每秒，存储容量比巨型机小，可容纳上百个用户同时工作。它有比较完善的指令系统、丰富的外部设备和功能齐全的软件系统，其特点是具有通用性，有极强的综合处理能力。大型机一般用于大型企业、大专院校和科研机构。

3) 小型机

小型机运算速度在几十万次每秒，存储容量和机器规模比大型机小，其特点是结构相对简单，设计试制周期短，便于及时采用先进工艺技术；软件开发成本低，易于操作维护；可容纳几十个用户同时工作，价格也相对比较低。小型机适用于中小企业、政府部门等。

4) 微型机

微型机(Micro Computer System)是以微处理器为核心，通过系统总线将存储器、外围控制电路、输入/输出接口连接起来的系统，简称为微机。

微型机具有以下特点：

(1) 集成度高，体积小，质量小，价格低廉。

(2) 部件标准化，易于组装及维修。

(3) 可靠性及适应性强。

5) 单片机

单片机又称为单片微控制器，它不是完成某一个逻辑功能的芯片，而是把一个计算机系统集成到一个芯片上。单片机相当于一个微型的计算机，和计算机相比，只缺少了 I/O 设备。

单片机是器件级计算机系统，它可以嵌入到任何对象体系中去，实现智能化控制。现代人类生活中所用的几乎每件电子和机械产品中都会集成有单片机。手机、电话、计算器、家用电器、电子玩具、“掌上电脑”以及鼠标等计算机配件中都配有 1 或 2 部单片机。

5. 计算机的应用

计算机应用范围非常广泛，并且还在不断向各行各业渗透扩展。从计算机所处理数据类型的角度来看，计算机的应用原则上可分为数值计算和非数值计算两大类，而后者的应用范围远远超过前者。计算机的应用概括起来主要有以下几个方面：

1) 科学计算

科学计算即纯数值计算，主要是用于解决与完成科学研究领域和工程技术中所提出的一些复杂的数学问题，同时计算量大而精度要求高，它是计算机最早的应用领域。这类计算往往公式复杂、难度很大，用一般计算工具难以完成。例如：气象预报需要求解描述大气运动规律的微分方程；发射导弹和人造卫星，需要计算弹道曲线和轨道方程；水利、土木工程中有大量力学问题需要计算。

2) 信息处理

信息处理又称为信息加工，是现代化管理的基础。信息处理是指用计算机对各种形式的信息(如文字、图像、声音等)进行收集、存储、加工、合并和分类统计、分析与传送的过程。当今社会，计算机在信息处理领域的应用，对办公自动化、管理自动化乃至社会信息化都起着积极的促进作用。

3) 计算机仿真

计算机仿真技术是当前应用最广泛的实用技术之一，是通过虚拟试验的方法来分析和解决问题的一门综合性技术。

4) 过程控制

过程控制又称为实时控制，其工作过程是选用传感器实时检测受控对象的数据，求出它们与设定数据的偏差，接着由计算机按控制模型进行计算，然后产生相应的控制信号，驱动伺服装置对受控对象进行控制或调节。

5) 计算机辅助系统

(1) 计算机辅助设计与制造，简称为 CAD/CAM(Computer Aided Design/Computer Aided Manufacture)。它是利用计算机的快速计算、逻辑判断等功能和人的经验相结合，形成一个专业系统，用来帮助进行产品或各项工程的设计制造，使设计和制造过程实现半自动化或自动化。这不仅可以缩短设计周期，节省人力、物力，降低成本，还可以提高产品质量。

计算机辅助设计已广泛应用于飞机、船舶、汽车、建筑、服装等行业，这类牵涉外观形状的设计称为计算机辅助几何设计(Computer Aided Geometric Design，CAGD)；另一类是应用于集成电路中的布线，称为计算机辅助逻辑设计。

(2) 计算机集成制造系统(Computer Integrated Manufacture System，CIMS)。它是集设计、制造、管理三大功能为一体的现代化工厂生产系统。CIMS 是从 20 世纪 80 年代初期迅速发展起来的一种新型的生产模式，具有生产效率高、生产周期短等优点。

(3) 计算机辅助教育(Computer-Based Education，CBE)。它是指以计算机为主要媒介所进行的教育活动。它包括计算机辅助教学(Computer Aided Instruction，CAI)和计算机管理教学(Computer-Managed Instruction，CMI)。在计算机辅助教学中，CAI 系统所使用的教学软件相当于传统教学中的教材，并能实现远程教学、个别教学，且有自我检测、自动评分等功能。计算机辅助教育可以模拟实验过程，并且通过画面直观展示给学生，它是现代化教育强有力的手段。

6) 人工智能

人工智能(Artificial Intelligence，AI)。它是用于模拟、延伸和扩展人的智能的理论、方法、技术及应用系统的一门新的技术科学。

习 题

1. 简述计算机的发展历程。
2. 简述计算机的分类。

任务 2 计算机系统的运算基础

任务目标

(1) 了解数进制的含义及数制间的转换。

(2) 了解信息在计算机中表示和存储的方式。

任务导入

进制与我们的生活是息息相关的，比如时钟是六十进制、二十四进制，星期是七进制等，并且在我们的日常生活中，使用最多的是十进制数，但计算机中广泛使用的是二进制数、八进制数和十六进制数等，因此学习进制知识能方便我们了解计算机及计算机的运行，为以后的学习打好的基础。

任务描述

本任务先介绍二进制、八进制和十六进制，最后介绍进制间的转换方法。

知识链接

1．进位计数制

数制是进位计数制的简称。在我们的日常生活中，使用最多的是十进制数，但计算机中广泛使用的是二进制数、八进制数和十六进制数等，它们的特点很相似，都是按照进位的方式进行计数，不同位上的数码表示不同的值(即使数码相同)。对于任何一个数制必须弄清楚三个问题，即基数 r、r 个不同的数码和位权值 r^i。表 1-1 列出了计算机中常用的各种进制数的表示。

表 1-1　计算机中常用的各种进制数的表示

进制	数码	基数	权	进位规则	形式表示
十六进制	0～9 A～F	$r=16$	16^i	逢十六进一	H
十进制	0～9	$r=10$	10^i	逢十进一	D
八进制	0～7	$r=8$	8^i	逢八进一	O
二进制	0、1	$r=2$	2^i	逢二进一	B

1) 十进制

十进制的基数为 10，有 0、1、2、3、4、5、6、7、8、9 十个数码，位权值为 10^i。例如：

$$72.34=7\times10^1+2\times10^0+3\times10^{-1}+4\times10^{-2}$$

对任意一种进位制表示的数都可以写成按其权展开的多项式之和，即任意一个有 n 位整数、m 位小数的 r 进制数 N，可表示为

$$N=a_{n-1}\times r^{n-1}+a_{n-2}\times r^{n-2}+a_{n-3}\times r^{n-3}+\cdots+a_1\times r^1+a_0\times r^0+\cdots+a_{-1}\times r^{-1}+\cdots+a_{-m}\times r^{-m}$$

$$=\sum_{i=-m}^{n-1}a_ir^i$$

式中：a_i 是数码；r 是基数；r^i 是权。不同的基数表示不同的进制数。

2) 二进制

二进制的特点：

(1) 有两个数码，分别为 0 和 1。

(2) 进位方式为逢二进一，基数是 2，位权值是 2^i。

二进制中位数的“权”以 2 为基数，也就是说任意一个二进制数，N 可表示为

$$(N)_2=a_{n-1}\times2^{n-1}+a_{n-2}\times2^{n-2}+\cdots+a_1\times2^1+a_0\times2^0$$

例如：$(1001)=1\times2^3+0\times2^2+0\times2^1+1\times2^0$。

2．几种常用进制之间的转换

计算机领域中，常用的数制有十进制、二进制、八进制和十六进制。

1) r 进制与十进制之间的转换

(1) r 进制数转换成十进制数。采用“位权展开法”，即公式法。

例　分别将$(10011)_2$、$(17.2)_8$、$(2AC)_{16}$转化成十进制数。

解　$(10011)_2 = 1\times2^4 + 0\times2^3 + 0\times2^2 + 1\times2^1 + 1\times2^0 = 16+0+0+2+1=19$

$(17.2)_8 = 1\times8^1 + 7\times8^0 + 2\times8^{-1} = 15.25$

$(2AC)_{16} = 2\times16^2 + A\times16^1 + C\times16^0 = 2\times16^2 + 10\times16^1 + 12\times16^0 = 684$

(2) 十进制数转换成 r 进制数。采用“基数乘除法”，具体规则如下：

① 整数部分，“除 r 取余，逆序排序”。

② 小数部分，“乘 r 取整，顺序排列”。

例　将十进制数 25.625 转换为二进制数。

解　① 用“除 2 取余”方法计算与整数 25 对应的二进制数整数部分：

2	25	余数
2	12	K0 = 1
2	6	K1 = 0
2	3	K2 = 0
2	1	K3 = 1
	0	K4 = 1

将先得到的余数排在低位，后得到的余数排在高位，即得到将 25 转换成二进制数的整数位$(11001)_2$。

② 用“乘 2 取整”方法计算与小数 0.625 对应的二进制小数部分：

	整数
$0.625\times2=1.25$	K－1 = 1
$0.25\times2=0.5$	K－2 = 0
$0.5\times2=1.0$	K－3 = 1

将先得到的整数排在高位，后得到的整数排在低位，即得到将 0.625 转换成二进制数的小数位$(0.101)_2$。

所以，$(25.625)_{10} = (11001.101)_2$。

注意：将十进制数转换为 r 进制数时，其小数部分可能永远不会得 0，此时计算达到要求精度即可。

3. 信息在计算机中的表示

计算机系统所处理的数据可以分为两大类：数值数据和非数值数据。前者表示数量的多少，后者表示字符、汉字、图形、图像、声音等，又称为符号数据。在计算机系统中，无论哪一种数据，都以二进制形式表示。

1) 计算机内部信息用二进制数表示的原因

二进制数中只有 0 和 1 两个数字符号，可以方便地采用具有两种稳定物理状态的元件来表示。例如：电位的高和低、点源的开和关、脉冲电位的低和高等，都可以用二进制数中的 0 和 1 表示(具有上述两个状态的这些元件制造容易，可靠性高)。

二进制数运算规则简单，使计算机中的运算部件结构简单。

二进制数中的 0 和 1 与逻辑代数的逻辑变量一样，可以采用二进制数进行逻辑运算，并运用逻辑代数作为工具来分析和设计计算机中的逻辑电路，使得逻辑代数成为设计计算机的数学基础。

2) 数值型数据在计算机中的表示

数值型数据指数学中的代数值，具有量的含义，且有正负、整数和小数之分。由于计算机采用二进制，所以输入到计算机中的任何数值型和非数值型数据都必须转换为二进制。任何一个非二进制整数输入到计算机中都必须以二进制格式存放，且最高位作为数值的符号位，并规定 0 表示正，1 表示负数，每个数据占用一个或多个字节。这种连同数字与符号组合在一起的二进制数称为机器数，由机器数所表示的实际值称为真值。例如：

$$\underline{+(77)_{10}}^{-}+\underset{\text{真值}}{\underline{1001101}}\rightarrow\underset{\text{机器数}}{\underline{01001101}}$$

3) 非数值型数据在计算机中的表示

字符是计算机处理的主要对象。计算机在不同系统或程序之间进行数据交换的基本要求就是交换的双方必须使用相同的数据格式，即需要统一的编码。这里介绍最常用的几种计算机编码：

(1) ASCII 码。为了让计算机能够处理人类熟悉的信息符号，必须把字符数据和数值数据用一种代码(ASCII 码，美国标准信息交换码)表示。

(2) 汉字编码。在计算机中，汉字的应用占有十分重要的地位，因此，必须解决汉字的输入、存储、处理和输出等一系列技术问题。由于汉字不仅比西文字多，而且字形复杂，所以用计算机处理汉字要比处理西文字符困难得多。根据汉字处理过程中不同的要求，汉字编码可分为国标码、机内码、输入码和字形码等几大类。

4) 各类数据在计算机中的转换

所有计算机处理的信息都必须进行数字化编码，信息编码的目的就是把用户要求计算机处理的各种形式的信息，如字符、图形、图像、语音、光线、电流、电压等转换为计算机所能接受、识别的二进制形式存入到计算机内进行处理，然后把计算机的处理结果以用户需要的形式输出，如图 1-3 所示。

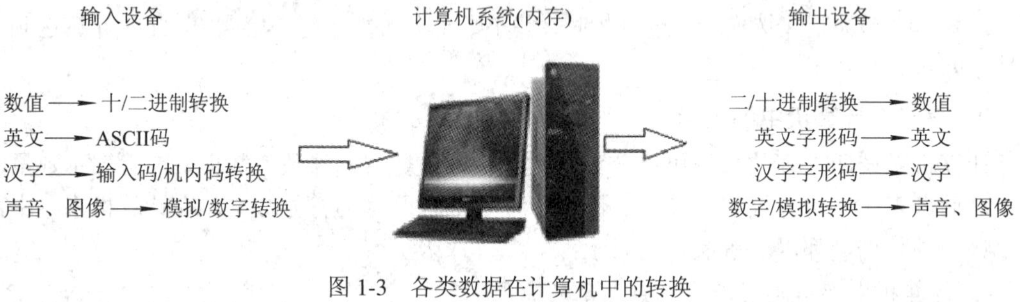

图 1-3 各类数据在计算机中的转换

4. 信息在计算机中的存储

1) 位

位(bit)是计算机处理信息的最小单位。位，音译为“比特”，简称为“b”。二进制系统中，每个 0 或 1 就是一个位，位就是存储信息的最小单位。

2) 字节

字节(Byte)是计算机处理数据的基本单位。音译为“拜特儿”，简称为“B”。8 个二进制位编为一组称为一字节，即 1 B = 8 bit。

3) 字

计算机一次存储、处理和传输的数据长度称为字(word)，即一组二进制数码作为一个整体来运算或处理的单位。一个字通常由一个或多个字节构成，用来存放一条指令或一个数据。

4) 存储容量

某个存储设备所能容纳的二进制信息量的总和称为存储设备的存储容量。存储容量用字节数来表示，如 4 MB、2 GB 等。常用单位的换算关系为

1 KB = 1024 B，　　1 MB = 1024 KB

1 GB = 1024 MB，　　1 TB = 1024 GB

其一个数量级为 $2^{10} = 1024$，即千字节(KB)、兆字节(MB)、吉字节(GB)、太字节(TB)。

5. 编址与地址

(1) 编址：对计算机存储单元编号的过程称为“编址”，是以字节为单位进行的。

(2) 地址：存储单元的编号称为地址。

地址号与存储单元是一一对应的，CPU 通过单元地址访问存储单元中的信息，地址所对应的存储单元中的信息是 CPU 操作的对象，即数据或指令本身。地址也用二进制编码表示，为便于识别通常采用十六进制缩码表示地址。

习　题

1. 将十进制数 345、728、89 改为二进制数。
2. 将$(11110101)_2$改为十进制数。

任务 3　计算机系统的构成

任务目标

(1) 了解计算机的硬件与软件系统的构成。

(2) 了解计算机的性能指标。

任务导入

计算机系统包括硬件及软件两大部分。硬件是指构成计算机的所有实体部件的集合，而软件则是各种程序和文档的总和。

计算机只有硬件是不能使用的，必须运行相关的程序才能正常工作。输入设备将程序和初始数据输入，送到内存储器存储起来。执行时由控制器把程序的指令一条一条地读出，加以分析译码，并发出相应的控制信号给有关部件去执行。计算机不停地取指令、分析指令、执行指令，直到获得最后结果，这就是计算机程序控制工作方式。

任务描述

本任务可使我们基本了解计算机系统的构成，掌握判定一台计算机好坏的标准。

知识链接

1．冯·诺依曼体系计算机的结构特点

科学家冯·诺依曼在 1945 年发表的第一台存储程序式电子数字计算机(Eletroni Discrete Variable Automatic Computer，EDVAC)的设计方案中大胆地提出，抛弃十进制，采用二进制作为数字计算机的数制基础。

为了完成上述功能，计算机必须具备五大基本组成部件，包括：

(1) 输入数据和程序的输入设备。

(2) 记忆程序和数据的存储器。

(3) 完成数据加工处理的运算器。

(4) 控制程序执行的控制器。

(5) 输出处理结果的输出设备。

2．计算机的硬件系统

基本的计算机硬件系统由运算器、控制器、存储器、输入设备和输出设备五大部分组成。其中，运算器主要对数据进行处理加工；控制器主要负责从存储器中取出指令并进行分析，控制计算机各个部件有条不紊地完成指令；存储器是计算机系统的记忆设备。计算机硬件的各个部分主要采用总线结构连接，连接图如图 1-4 所示。

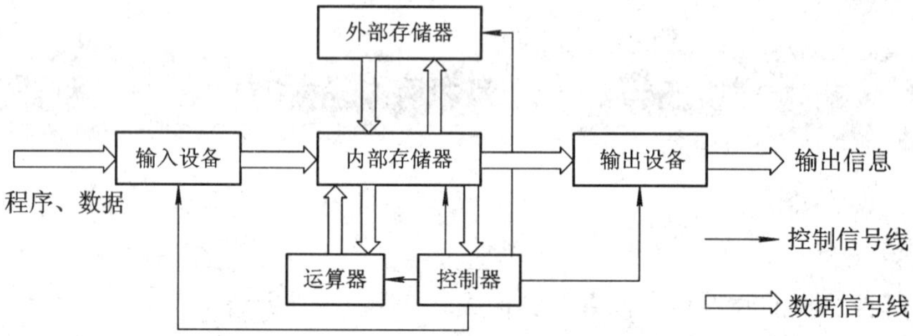

图 1-4　计算机硬件系统的构成

3．计算机的软件系统

为了控制、管理、维护和开发计算机系统资源而编制的各种程序及其相关资料的集合称为软件。如果说硬件是计算机系统的躯体，那么软件就是计算机系统的灵魂。

计算机的软件系统可分为系统软件和应用软件两部分。

1) 系统软件

(1) 操作系统(OS)：系统软件的核心，负责计算机系统内各种软硬件资源的管理、控制和监视。

(2) 数据库管理系统(DBMS)：负责计算机系统内全部文件、资料和数据的管理与共享。

(3) 编译系统：负责将用户用高级语言所编写的源程序编译成机器所能理解和执行的机器语言。

(4) 网络系统：负责对计算机系统的网络资源进行组织和管理，使得资源在多台独立计算机间能够进行相互的资源共享和通信。

(5) 标准程序库：按标准格式所编写的一些程序的集合。

(6) 服务性程序：也称为实用程序，是为增强计算机系统的服务功能而提供的各种程序，包括对用户程序的装置、连接、编辑、纠错、诊断等功能。

2) 应用软件

应用软件是为满足用户不同领域、不同问题的需求而提供的软件，即用户可以使用的各种程序设计集合，供所有的用户使用。在使用应用软件时一定要注意系统环境，也就是说，运行应用软件需要系统软件的支持。不同的应用软件要在不同的系统软件环境下运行。

应用软件可以拓宽计算机系统的应用领域，放大硬件的功能。随着计算机应用的领域日益广泛及深入，计算机软件的开发与应用越来越显示出它的重要性。近些年来，为辅助各行各业的应用而开发的软件如雨后春笋般层出不穷。

4. 计算机程序及其运行原理

1) 指令及指令系统

指令是指计算机完成某个基本操作的命令。指令能被计算机的硬件理解并执行，一条指令就是计算机机器语言的一个语句，是程序设计的最小语言单位。

一台计算机所能执行的全部指令的集合，称为计算机的指令系统。指令系统是计算机硬件和软件之间的桥架，是计算机工作的基础。指令系统充分反映了计算机对数据处理的能力。不同类型的计算机，指令系统所包含的指令数目与格式也不同。指令系统是根据计算使用要求设计的，指令系统越丰富完备，编制程序就越方便灵活。

一条指令用一串二进制代码表示，通常包括操作码和地址码两部分信息。

(1) 操作码用来表示该指令的操作特性和功能，即指出进行什么操作。

(2) 地址码用来指出参与操作的数据在存储器中的什么地方，即地址。

2) 指令的执行过程

通常指令的执行分为取指令阶段、指令分析及取数阶段、执行阶段三个过程。

(1) 取指令。取指令阶段完成将现行指令从内存中取出来并送到指令寄存器中的操作：将指令地址计数器中的内容通过地址总线送至内存地址寄存器；向内存发出读命令；从内存中取出的指令经数据寄存器、数据总线送到指令寄存器中；将指令地址计数器的内容递增，为取下一条指令做好准备。

(2) 指令分析及取数。取出指令后，机器立即进入分析及取数阶段，指令译码器可识别和区分不同的指令类别及各种获取操作数的方法。由于各条指令功能不同，寻址方式也不同，所以指令分析与取数阶段的操作是不同的。

(3) 执行。执行阶段完成指令规定的各种操作，产生运算结果，并将结果存储起来，如图 1-5 所示。

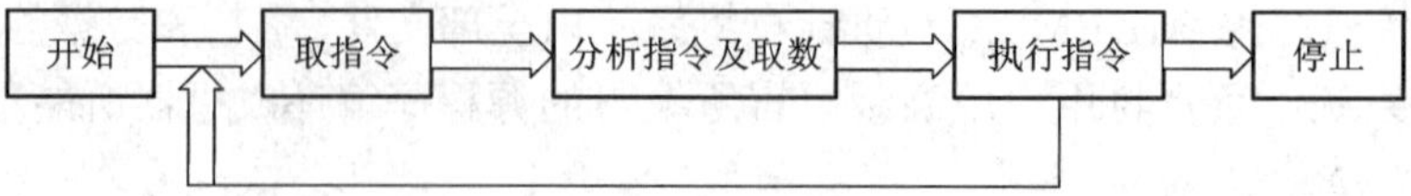

图 1-5　执行过程

5．计算机的性能指标

一台计算机的功能或性能涉及体系结构、硬件组成、软件配置等多方面的因素。

一般说来，表示计算机性能的主要指标有以下几个：

1) 字长

字长是指计算机内部一次能同时处理的二进制数据的位数。它反映了计算机内部寄存器、算术逻辑单元(Arithmetic and Logic Unit，ALU)和数据总线的位数，直接影响着计算机的硬件规模和造价。

字长是衡量计算机性能的一个重要标志。字长越长，一次处理的数字位数越大，速度也就越快。计算机的字长通常为 8 位、16 位、32 位和 64 位，也就是通常所说的 8 位机、16 位机、32 位机或 64 位机。64 位字长的高性能微型计算机已逐渐成为目前市场的主流产品。

2) 主频

频率是描述周期性循环信号(包括脉冲信号)在单位时间内所出现的脉冲数量的计量名称。主频就是 CPU 的时钟频率，计算机中的系统时钟是一个典型的频率相当精确和稳定的脉冲信号发生器，简单地说，就是 CPU 运算时的工作频率(1 s 内发生的同步脉冲数)的简称。频率的标准计量单位是赫兹(Hz)，它决定计算机的运行速度。随着计算机的发展，主频的数量级由过去的兆赫兹(MHz)发展到了现在的吉赫兹(GHz)。

通常来讲，在同系列处理器中，主频越高就代表计算机的速度越快，但对于不同类型的处理器，它只能作为一个方面来参考。主频仅仅是 CPU 性能表现的一个方面，并不代表 CPU 的整体性能。

3) 主存容量

主存容量是指主存储器(内存)所能存储二进制信息的总量。计算机的主存容量一般以字节数来表示，每 8 位二进制为一个字节，每 1024 个字节称为 1 KB(1024 B = 1 KB)，即千字节；每 1024 KB 为 1 MB(1024 × 1024 B = 1 MB)，即兆字节；每 1024 MB 为 1 GB，即千兆字节。

4) MIPS

MIPS 是英文 Million Instructions Per Second 的缩写，意思是每秒百万条指令，即“百万条指令/s”。它是指 CPU 每秒处理的百万级的机器语言指令数，它是处理器运行速度的测量方法，是衡量计算机运行速度的一个主要指标。

习　题

1. 请说明计算机系统软件与应用软件的区别。
2. 计算机的主要性能指标有哪些？以目前常见的机型为例加以说明。

项目二
计算机组装与维护

项目目标

(1) 认识计算机各部件。
(2) 学会组装计算机。
(3) 熟练掌握计算机常见故障处理方法。

项目导入

如今计算机非常普及，甚至许多小学生都会玩计算机游戏，但是计算机的部件非常多，单从硬件来说，计算机外部有许多接口，接口又连接设备，计算机的各种接口我们都认识吗？给你备齐计算机的组装工具，能否组装一台完整的计算机呢？计算机出现故障如何处理？

项目描述

本项目将对计算机各部件、各部件的组装、计算机常见故障及处理方法三部分详细讲解。通过本项目的学习，将能够对计算机的接口有简单的认识，能够自己动手组装一台计算机以及能处理一些计算机常见的故障。

任务 1　计算机部件的识别

任务目标

(1) 认识计算机品牌。
(2) 了解计算机内部、外部接口。
(3) 深入掌握计算机各个部件。

任务导入

计算机已经成为人们生活的必需品，市场上有许多品牌的计算机可供选择，也有许多用户根据自身需求，选择计算机部件进行 DIY，这就需要对计算机各个部件进行了解。

任务描述

本任务可让大家简单了解自行组装计算机时所需要的基本部件以及各部件的外观形态。

知识链接

1．认识计算机品牌

在了解计算机之前，首先要知道计算机各个部件的品牌如何，认识和了解市场主流的计算机品牌和计算机各主流硬件品牌，从而为深入认知计算机各部件，以及为将来装机工作打下良好的基础。

1) 计算机主流品牌

联想是全球最大的 PC 商，是全球前四大计算机厂商中增长最快的厂商，占中国 PC 市场超过三成份额。ThinkPad 原是 IBM 的笔记本品牌，在 2005 年被联想收购后，就成为联想的一个笔记本品牌，具有坚固和可靠的特性。

惠普是世界上最大的信息科技公司之一，成立于 1939 年。

戴尔总部位于美国德克萨斯州，是世界五百强企业。戴尔的其他产品还包括 PDA、软件、打印机等计算机周边产品。

宏碁集团(acer)1976 年成立于中国台湾，主要从事自主品牌的笔记本电脑、平板电脑、液晶显示器等。

华硕电脑总部设在中国台湾，为全球最大的主板制造商。

苹果公司创立于 1976 年，总部位于美国加利福尼亚，苹果公司在高科技企业中以创新而闻名。图 2-1 所示为一些计算机主流品牌标志。

图 2-1　计算机主流品牌标志

2) CPU 主流品牌

目前占据市场的 CPU 只有两家，分别是 Intel 公司和 AMD 公司，如图 2-2 所示。

图 2-2　CPU 主流品牌标志

3) 主板品牌

主板又称主机板，是微机最基本的，也是最重要的部件之一，在整个计算机系统中有着重要的地位。可以说，主板的档次决定着整个微机的档次。主板常见的品牌及标志如图 2-3 所示。

华硕　微星　技嘉

映泰　富士康　双敏

华擎　海捷　磐正

捷波　七彩虹　昂达

翔升　盈通　铭瑄

图 2-3　主板品牌及标志

4) 内存品牌

内存品牌指内存条品牌，而不是内存芯片的品牌。常见的内存品牌及标志如图 2-4 所示。

金士顿　威刚　宇瞻

海盗船　三星　芝奇

金邦　金泰克　南亚易胜

图 2-4　内存品牌及标志

5) 硬盘品牌

硬盘是计算机主要的存储媒介之一。硬盘是高度复杂的顶端装置，世界上目前主要的大生产商，分别是希捷、西部数据、日立环球存储、三星和东芝。2011 年日立和三星先后被收购，所以硬盘市场只剩下三家：西部数据、希捷和东芝，如图 2-5 所示。

西部数据硬盘 Logo　希捷硬盘 Logo　东芝硬盘 Logo

图 2-5　硬盘品牌及标志

2．认识计算机的内部和外部接口

该任务主要就是了解并掌握计算机各接口，了解计算机内外部各部件之间的连接，通过学习将计算机各部件连接起来。

1) 计算机外部接口和接头

计算机外部接口主要指主机箱后面主板上与其他外部设备连接的一些接口，如图 2-6 所示。

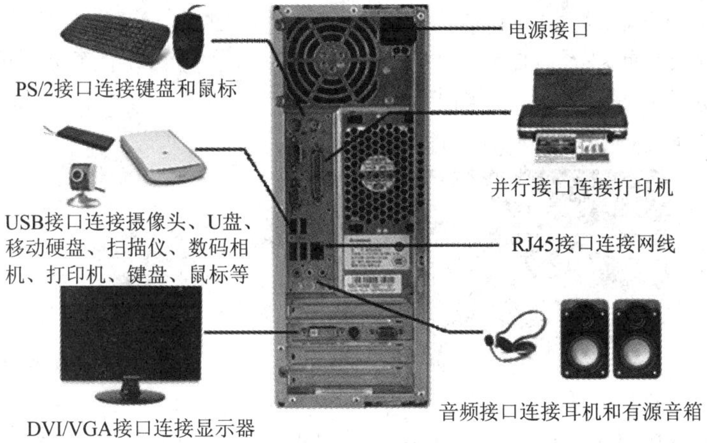

图 2-6　计算机外部接口

(1) PS/2 接口和接头。这是一种针形接口，用于连接键盘和鼠标。共有两种颜色，其中紫色连接键盘，绿色连接鼠标，其接头如图 2-7(a)所示。

(2) USB 接口和接头。USB(Universal Serial Bus)中文名为通用串行总线，具有即插即用、良好的兼容性、无需外接电源、支持热插拔、传输速度快、可连接多个设备的特点。目前版本为 USB3.0，传输速率最高为 5 Gb/s。最多可连接 127 个设备，目前已成为计算机和其他电子设备连接的主要接口之一，如图 2-7(b)所示。

(3) VGA 接口和接头。VGA 接口的外观为 15 针三排 D 型接口，通常为蓝色，用于连接显示器信号线、主机及投影仪等，其接头如图 2-7(c)所示。

(a)　(b)　(c)

图 2-7　PS/2、USB、VGA 接头

(4) HDMI 接口和接头。HDMI 接口的中文全称为高清晰度多媒体接口，是一种全数位化影像和声音传送接口，一般用于机顶盒、DVD 播放机、电视机等，其接头如图 2-8(a)所示。

(5) DVI 接口和接头。DVI 接口是用于连接显示器的数字接口，常见的有 DVI-D 和 DVI-I 两种，前者只能接收数字信号，后者可同时兼容数字信号和模拟信号，其接头如图 2-8(b)所示。

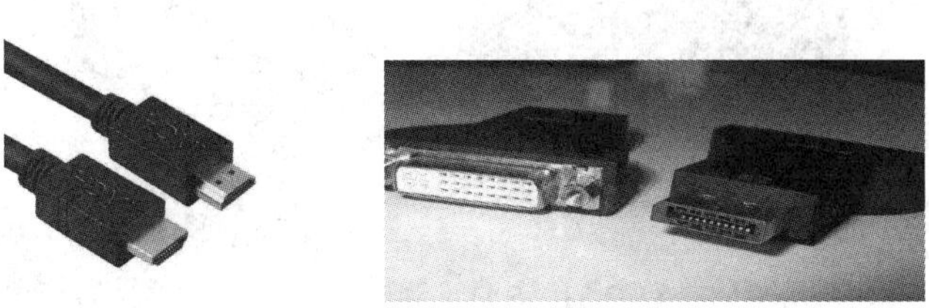

(a)　(b)

图 2-8　HDMI、DVI 接头

(6) 音频接口和接头。音频接口一般有三个：MIC 接口，一般为粉红色，用于连接麦克风，进行录音或音频聊天；Line-out 接口，一般为草绿色，用于连接耳机和有源音箱(扬声器)，以进行声音回放；Line-in 接口，一般为浅蓝色，用于连接外部音源(录音卡座)等，以进行录音。音频接口和接头的外观如图 2-9 所示。

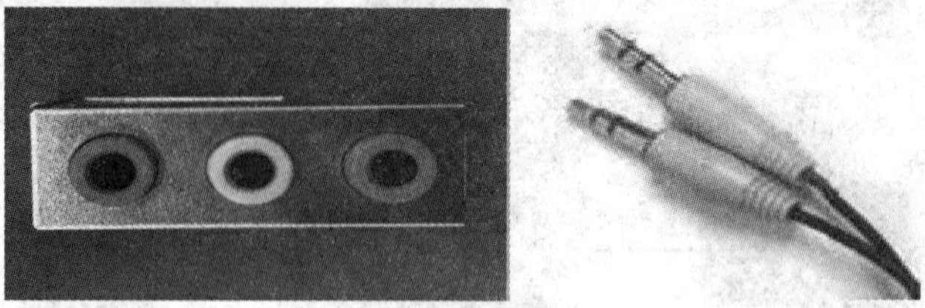

图 2-9　音频接口和接头

(7) RJ45 接口和接头。RJ45 接口用于连接网络信号线，由 8 芯不同颜色的金属丝组成，其接头如图 2-10(a)所示。

(8) 并行接口和接头。并行接口为 25 针 D 型接口，颜色为紫红色，通常连接打印机，其接头如图 2-10(b)所示。

(9) IEEE1394 接口和接头。IEEE1394 接口又称 Firewire 接口，支持热插拔，能同时连接多个设备，可为外设提供电源。有两种传输方式，分别为 Backplane 模式和 Cable 模式。IEEE1394 接头外观如图 2-10(c)所示。

(a)　(b)　(c)

图 2-10　RJ45、并行、IEEE1394 接头

2) 计算机内部接口

在主机箱内光驱、内存、硬盘电源等部件之间，也有着不同的接口和连接线。

(1) SATA 接口和接头。SATA 是一种连接存储设备的串行总线。SATA 一般采用点对点的连接方式，即一头连接主板上的 SATA 接口，另一头直接连接硬盘。SATA 接口最多只能连接一个设备。SATA 接口和接头如图 2-11 所示。

图 2-11　SATA 接口和接头

(2) 电源接口和接头。电源接口有为主板供电的 20/24 针 ATX 电源接口和接头，为硬盘、光驱设备供电的 4 针供电接头和 SATA 设备供电接头等，如图 2-12 所示。

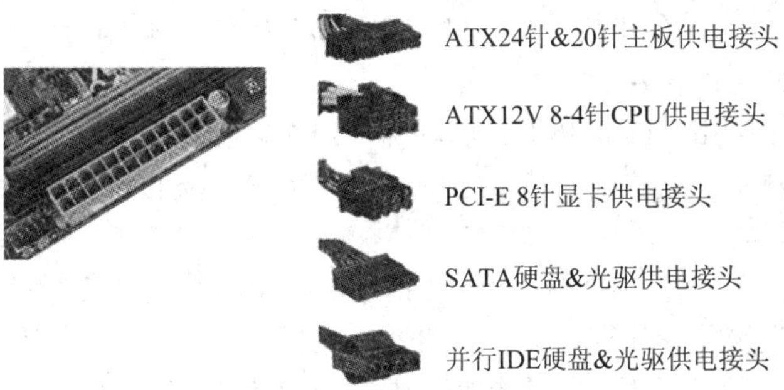

图 2-12 电源接口和接头

3. 深入认知各硬件

学习计算机硬件组装和维修，需要对计算机各个组成部件进行深入的了解，深入认知计算机的各个部分的分类、指标等，以便于为下一步组装、设置和维修计算机做好准备。

1) CPU

CPU 是计算机的核心，其地位最重要、结构最复杂。CPU 又称为中央处理单元，是计算机的运算核心和控制核心。目前占据市场主流的 CPU 生产厂商只有两家，一家为 Intel，一家为 AMD，两家都是美国公司。接口架构有两种，分别为 Socket(针脚式)和 Slot(卡式)。CPU 是计算机最复杂的部件之一，若损坏只能更换新的，所以在使用过程中要注意散热、机箱要宽敞、防止震动、扣具安装规范及定期进行除尘。

(1) CPU 系列产品介绍。2012 年 4 月，Intel 发布第三代智能酷睿处理器。三代智能酷睿 i 处理器与前两代处理器一样分为 i7、i5、i3 三个系列，AMD CPU 产品主要有 Athlon(速龙)、Phenom(弈龙)、FX 系列。

(2) CPU 性能指标。作为计算机上最重要的部件，CPU 有很多性能指标，只有了解了这些性能指标才可以帮助我们掌握 CPU 的性能。

① CPU 架构。CPU 架构目前没有一个权威和准确的含义，简单来说就是 CPU 核心的设计方案。它是 CPU 厂商设计之初使用的一个暂时的名称，称为“核心代码”。更新 CPU 架构需要投入巨大的研究成本，所以一般每 2～3 年才会更新一次。

② 制造工艺。在生产 CPU 时，内部各原器材连接线的宽度的单位是纳米(nm)，目前主流的制造工艺是 32 nm 和 22 nm。

③ 字长。字长指 CPU 在单位时间内能一次处理的二进制位数，字长越长，CPU 就越好。CPU 字长有 32 位与 64 位。

④ 主频、倍频、外频、超频。主频：CPU 运算时的工作频率(时钟进率)，用来表示在 CPU 内数字脉冲信号震荡的速度，单位是 GHz，主频 = 外频 × 倍频系数，主频越高，CPU 性能就越好；倍频：CPU 与外频之间相对比例关系，是一个具体的数值，倍频系数越高，主频也越高；外频：指主板的工作频率，又称基准进率，是 CPU 与主板之间同步运行的速度，有时也指 CPU 与内存同步运行的速度，单位是 GHz。

(3) 核心数、线程数。虽然提高频率能有效提高 CPU 的性能，但受制于制作工艺等物理因素，两大厂商只能另辟蹊径提升性能，核心数这个概念便由此提出。其实增加核心数就是为了增加线程数。

(4) 缓存。计算机若要执行某项程序，首先要从硬盘中提取程序，存放到内存，再给

CPU 运算与执行。由于内存和硬盘的速度相比 CPU 要慢，每执行一个程序，CPU 都要等待内存和硬盘，因此引入缓存。

(5) TDP 热设计功耗。TDP 热设计功耗即“热设计功耗”，指的是 CPU 达到最大负荷的时候释放出来的热量，单位是瓦特。它主要是散热器厂商的参考标准，CPU 的高性能同时也带来了高发热量。

(6) 超线程技术。它是利用特殊的硬件指令，把单个物理核心模拟成两个核心，让每个核心都能利用线程级并行计算，减少了 CPU 的闲置时间。

(7) 睿频加速(动态超频)技术。睿频加速是一种动态加速技术，Intel 处理器最先采用该技术。处理器通过分析当前 CPU 的负载情况，智能地关闭一些用不上的核心，把能源留给正在使用的核心，并使它们以更高的频率运行，进一步提升性能。

(8) 虚拟化技术(Intel Virtualization Technology)。该技术就是以前众所周知的“Vanderpool”技术，这种技术可以让一个 CPU 工作起来就像多个 CPU 并行，从而使得在一部电脑内同时运行多个操作系统成为可能。这种 VT 技术并不新鲜，市面上已经有一些软件可以达到虚拟多系统的功能，比如 VMware workstation、Virtual PC 等，使用这种技术就可以让单 CPU 模拟多 CPU 并行、单机同时运行多操作系统。

2) 主板

主板是计算机内部的最大部件，计算机所有的信息都要通过主板来进行处理和传送，同时主板还承担了各个部件的固定、输入/输出的控制等功能。本任务主要学习主板的分类，了解主板的芯片组和一些基础知识。

主板又称主机板、母板、系统板等，在一台计算机里，主板上安装了计算机的主要电路系统，并具有扩展槽和各种插件。主板一般为矩形电路板，有 BIOS 芯片、输入/输出控制芯片、键盘和面板控制开关、扩充插槽等元件。

主板上的扩展插槽主要有连接硬盘及光驱的 SATA 接口、安装 CPU 的 CPU 插槽、内存插槽、主板电源插槽、CPU 供电接口、CPU 风扇电源接口、显卡插槽等。不同的主板，扩展插槽的位置可能会有所不同。图 2-13 所示为一款主板图片。

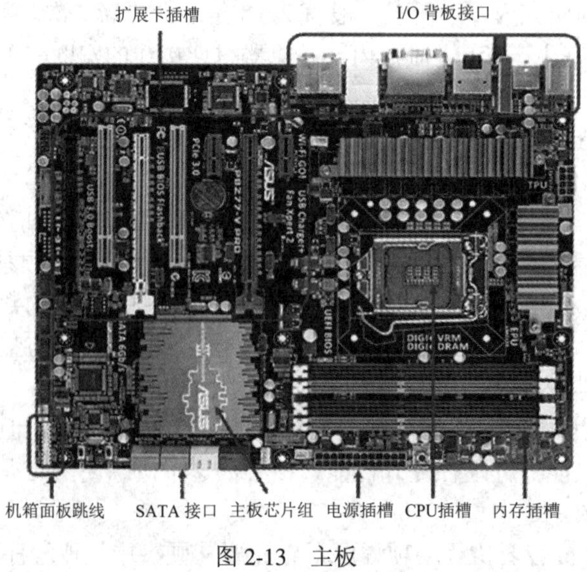

图 2-13 主板

3) 内存

内存是计算机内部进行数据存储的重要部件。存储器的种类很多，按其用途可分为主存储器和辅助存储器。主存储器又称为内存储器(简称内存)，单位为纳秒(ns)，断电后信息会丢失；辅助存储器又称为外存储器(简称外存)，单位为毫秒(ms)，外存通常是磁性介质或光盘，如硬盘等，能长期保存信息，所以断电后信息不会丢失，且存储量大。

内存就是主板上的存储部件，主要用于存放数据和运算的中间结果，以及在 CPU 与外存交换信息时起缓冲作用。

(1) 内存外观。内存从外观来看是一个长长的条状板卡，俗称“内存条”，板卡上有一颗颗内存芯片，以及一长排金色的接点(金手指)，如图 2-14 所示。

图 2-14　内存条

(2) 内存分类。目前市场上比较常见的内存条大都为 DDR 内存。DDR 内存又称为 DDR SDRAM，意思是比前一代的内存 SDRAM 多两倍速率。DDR 内存的金手指有 184 根。

与 DDR 内存相比，在内存模块速度相同的情况下，DDR2 内存可以提供相当于 DDR 内存 2 倍的带宽。DDR2 内存的金手指有 240 根。

DDR3 内存从整体的规格来看，在设计思路上与 DDR2 差别并不大。DDR3 内存的金手指也是 240 根。

目前市场上也有 DDR4 内存。2011 年 1 月 4 日，三星电子完成第一根 DDR4 内存。DDR4 内存的金手指为 284 根。

(3) 内存的性能指标。内存的相关参数有很多，这里介绍几个常用的参数：

① 内存容量。容量是内存最重要的指标，内存容量的大小直接影响计算机的执行速度，容量越大，存储的数据越多，CPU 读取的数据块的容量就越大，运行速度也越快。WIN7 系统需要 1 GB 以上的容量，WIN8 若要进行复制的操作，如三维游戏、图像处理等，则需要 4 GB 的容量才可以顺畅执行。

② 内存主频。内存主频和 CPU 主频一样，习惯上被用来表示内存的速度，它代表着该内存所能达到的最高工作频率。主频越高，在一定程度上内存达到的速度也就越快。目前市场上较为主流的是 1600 MHz 的 DDR3 内存。

③ 时序参数。内存的时序参数对内存的速度也有较大的影响，一般不用考虑。

④ 模块名称。内存模块上一般标注了内存的制造商、我们在使用一些测试软件的时候很容易看到相关信息。

⑤ 内存电压。内存电压有时在内存超频时需要调整一下。

4) 硬盘

硬盘利用磁粉能保留磁化状态的特性来存储相应的数据。

(1) 硬盘外观。当前我们所用的硬盘大都属于“温彻斯特”技术类型的硬盘。“密封、固定并高速旋转的镀磁盘片、磁头沿盘片径向移动”是“温彻斯特”硬盘技术的精髓。硬盘主要由盘片、磁头、盘片转轴及控制电机、磁头控制器、数据转换器、接口、缓存等几个部分组成，如图 2-15 所示。

图 2-15　硬盘

(2) 硬盘性能指标。主要的硬盘性能指标有：

① 硬盘容量。容量是指可以存储的数据容量，是最重要的性能指标，单位为 GB 或 TB。

② 硬盘转速。硬盘转速是指硬盘中的盘片每分钟的旋转次数，单位是 RPM。

③硬盘的缓存。硬盘缓存是指硬盘内部的高速存储器，目前主流的硬盘缓存主要有 16 MB、32 MB、64 MB 几种。

④ 平均寻道时间。平均寻道时间是指磁头从得到指令到寻找到数据所在磁道的时间，它描述硬盘读取数据的能力，以毫秒为单位。

⑤ MTBF(连续无故障时间)。MTBF 是指硬盘从开始运行到出现故障的最长时间，单位是小时。

⑥ 单碟容量。单碟容量是指一个存储碟所能存储的最大数据量。

5) 显卡

显卡用于控制电脑的图形输出，负责将 CPU 送出的影像数据处理成显示器可识别的格式，再送至显示器形成图像。显卡主要由显示芯片(图形处理芯片，Graphic Processing Unit)、显存、数模转换器(RAMDAC)、VGA BIOS、接口等几部分组成，如图 2-16 所示。

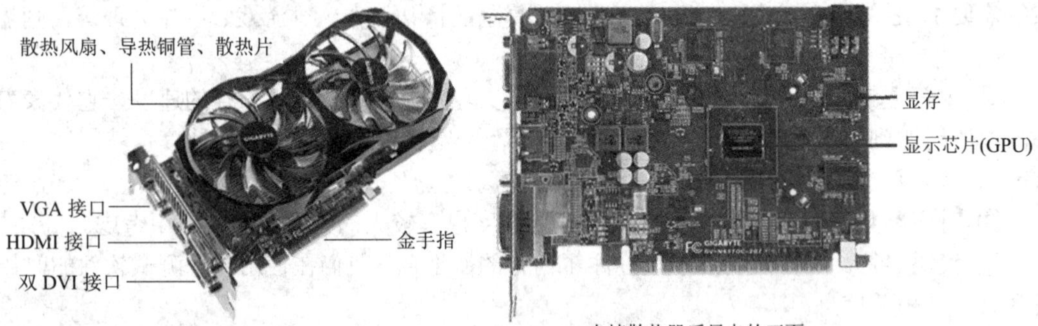

去掉散热器后显卡的正面

图 2-16　显卡

显卡的性能指标主要有显卡芯片和显存。

6) 显示器

显示器作为计算机默认的输出设备是十分重要的，它可以把计算机加工处理的结果(如数字、文字等)转换成我们所能接收和识别的信息形式。

(1) 显示器的性能指标。显示器的性能指标主要有：

① 点距：屏幕上两个相邻荧光点的距离。

② 像素：组成图像的最小单位，也就是发光点(荧光点)。

③ 分辨率：屏幕上像素的数目。

④ 扫描方式。

(2) 分类。显示器按照工作原理分为 CRT(阴极射线管)、LCD(液晶显示器)、LED(发光二极管)、PD(等离子显示器)。

显示器发展到今天，传统 CRT 显示器已经逐渐消失，所以现在使用的大都是 LCD 显示器。LCD 显示器性能指标有 5 个，分别为显示尺寸(液晶板对角线的长度)、可视角度(显示器能观察到图像的最大范围)、亮度和对比度、响应时间、接口(VGA、DVI、HDMI)。

7) 机箱

(1) 作用：为计算机内部的设备提供一个安装支架和空间，避免遭受一些物理损失；最主要的作用是屏蔽电磁辐射。

(2) 外观：机箱从外观上可分为立式和卧式两种，从结构上可分为 AT 式、ATX 式、Micro ATX 式、BTX 等，如图 2-17 所示。

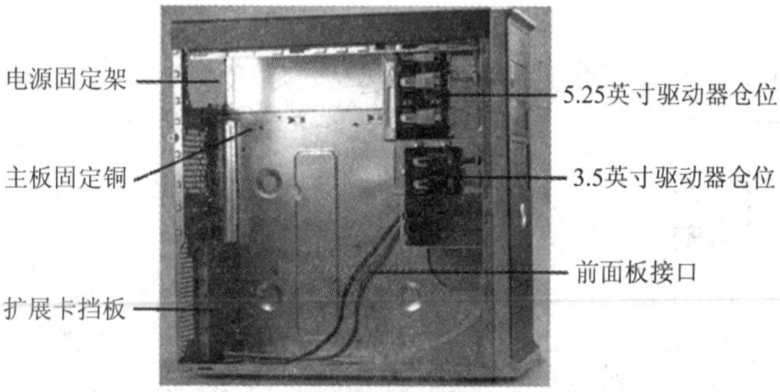

图 2-17　机箱

8) 电源

电源同机箱一样，也遵循主板结构规范标准，主要有 AT 电源、ATA 电源、Micro ATX 电源、BTX 电源等，如图 2-18 所示。

图 2-18　电源

9) 移动存储设备

各种移动存储设备如图 2-19 所示。

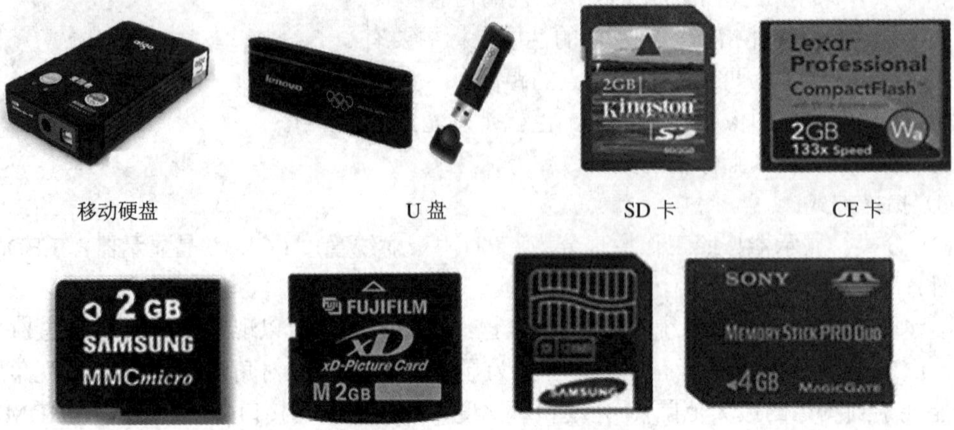

移动硬盘　U 盘　SD 卡　CF 卡

MMC 卡　XD 卡　SM 卡　SONY 卡

图 2-19　移动存储设备

习　题

1. 简述计算机内部和外部常见的各种接口及其颜色。
2. 简述 CPU 的性能指标。
3. 简述电源的额定功率和最大功率的区别。
4. 简述内存的工作特点。

任务 2　计算机硬件组装

任务目标

(1) 熟知装机前的准备工作。

(2) 完成各种硬件部件的安装。

任务导入

一台完整的计算机是由各种计算机配件组装起来的。要组装计算机，就要了解安全操作规范及组装流程。

任务描述

本任务可使我们简单拼接各种散件，熟练操作装机流程。

知识链接

1. 计算机组装前的准备

在组装计算机之前，首先要知道计算机组装的一些常用工具、安全操作规范、组装流程等知识要点，为以后完成计算机各种配件安装等任务打下基础。

1) 工具准备

常用的工具主要有带磁性的十字螺丝刀、一字螺丝刀、镊子、尖嘴钳、空杯盖等，如图 2-20 所示。

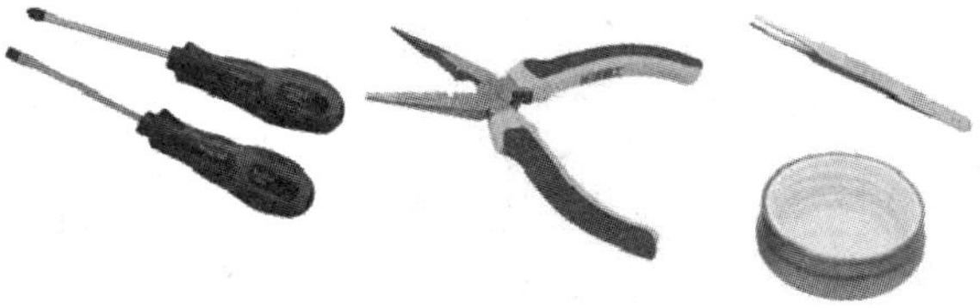

图 2-20　工具

吹气球、软毛刷和硬毛刷等主要用于在维修计算机的过程中清除机箱内的灰尘，以解决因灰尘过多影响散热而产生的故障，如图 2-21 所示。其中，吹气球和软毛刷主要用于清除少量的灰尘，硬毛刷主要用于清除大量的灰尘。

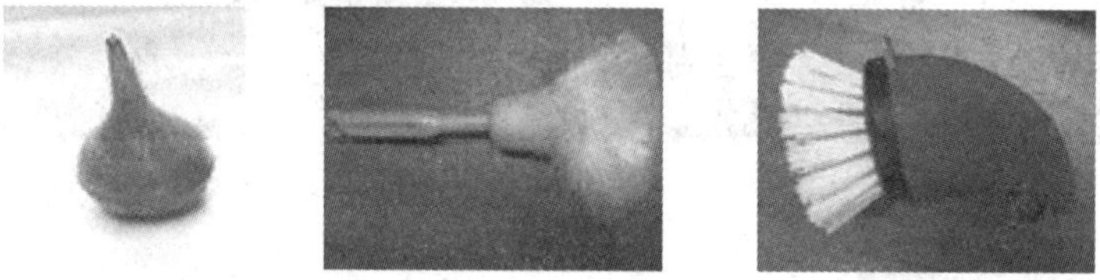

图 2-21　吹气球、软毛刷和硬毛刷

2) 安全操作规范

计算机硬件本身是高科技电子装置，大多数是电子产品，稍有不慎极易损坏。同时大多数部件强度较小，操作不当也会造成损伤。因此，在安装硬件时，必须严格遵守安全操作规范。

3) 整机组装流程

计算机的配件型号种类繁多、结构形式相差较大，不同结构的硬件安装方式有一定的区别，但大多数计算机都可按以下流程来安装：

(1) 做好准备工作，备妥工具及配件并消除身上的静电。

(2) 在主板上安装 CPU、散热风扇和内存条。

(3) 在主机箱中固定已安装 CPU、散热风扇和内存条的主板。

(4) 在主机箱上装好电源。

(5) 连接主板上的电源及 CPU 风扇的电源线。

(6) 安装硬盘和光盘驱动器。

(7) 安装其他板卡，如声卡、网卡和显卡。

(8) 连接机箱面板上的开关、指示灯和信号线。

(9) 连接各部件的电源插头和数据线到主板，并整理好连接线。

(10) 安装键盘、鼠标等设备并连接显示器。

(11) 开机前最后检查机箱内部，看是否有剩余的螺丝、各种板卡等遗落在内，以及连接线整理是否到位。

(12) 连接主机电源，通电开机检查和测试。

2. 组装各部分硬件

进一步熟悉计算机各组成部件的特征特性；完成 CPU 及散热器安装；完成内存和主板安装；完成硬盘、显示卡、电源等计算机各个硬件部件的安装。

1) CPU 及风扇的安装

CPU 厂商有两家，分别是 Intel 和 AMD。首先介绍 AMD CPU 安装的方法。

(1) AMD CPU 及风扇的安装。AMD CPU 大都采用 Socket 插槽，这是一种方形多针零插拔力插座，插座上有一根拉杆，在安装和更换 CPU 时只需将拉杆向上拉出，就可以轻易地插进或取出 CPU 芯片。安装步骤示意如图 2-22 所示。

1. 将拉杆向上拉出

2. 对准三角标记

3. 确认安装无误

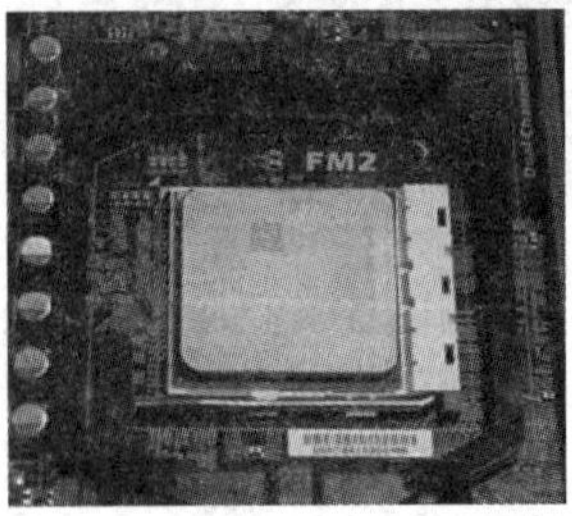

4. 压下拉杆锁定 CPU

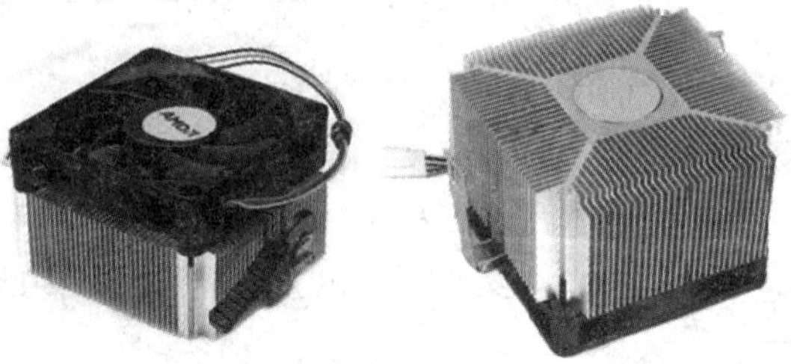

5. 取出散热风扇，反过来，并确认是否有硅胶膏

6. 将扣具卡扣在插座上

7. 固定散热风扇

图 2-22　组装整机流程示意

(2) Intel CPU 及风扇安装。目前 Intel CPU 多为 LGA 1155 架构的酷睿处理器，安装步骤示意如图 2-23 所示。

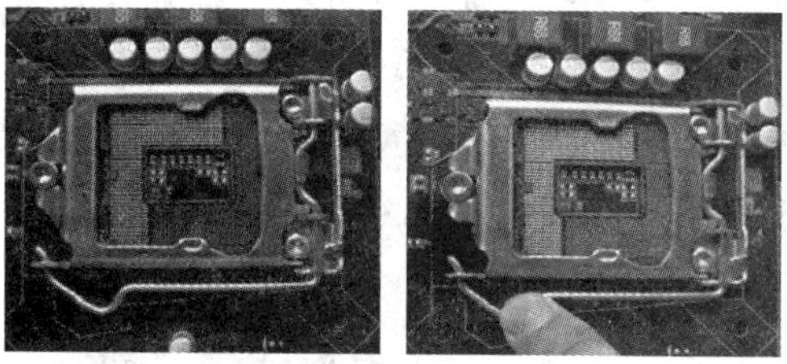

1. 打开 LGA 1155 插槽

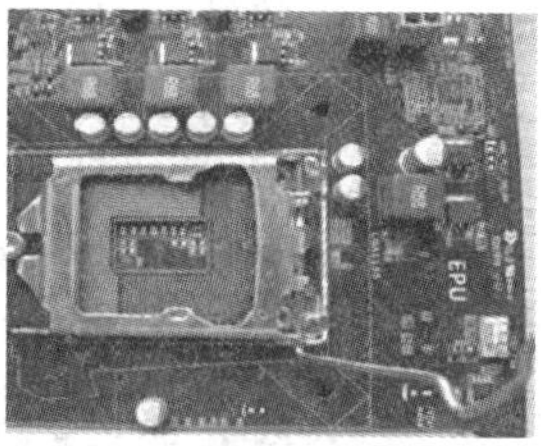

2. 转到固定杆

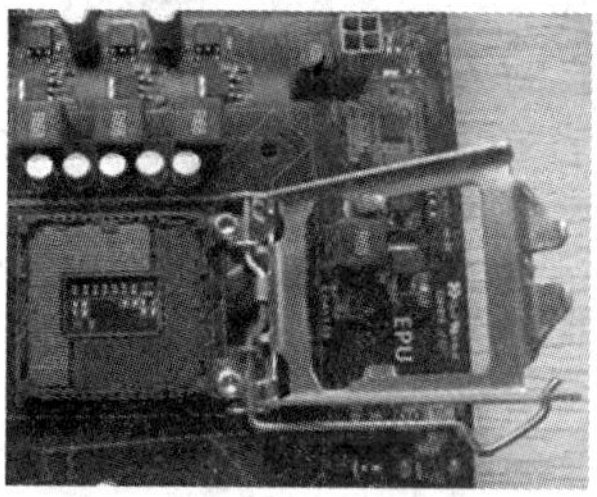

3. 打开固定框

4. 安装 LGA 1155 CPU

5. 安装完好

6. 将 Intel 原装散热风扇反过来，并确认是否有硅胶膏

7. 旋转扣具至正确位置

8. 安放散热风扇

9. 固定散热风扇

10. 连接散热区扇电源

图 2-23　CPU 及风扇安装示意

2) 内存的安装

内存的安装大致可概括为两步：

(1) 将内存两边的锁扣拉起，轻放内存于插槽中，使内存凹槽点与主板内存插槽位置相对应，均匀用力向下压。

(2) 内存的金手指完全插入内存插槽后，当听到“咔”的一声，就代表内存插槽两边的锁扣已经自动紧扣内存。具体操作如图 2-24 所示。

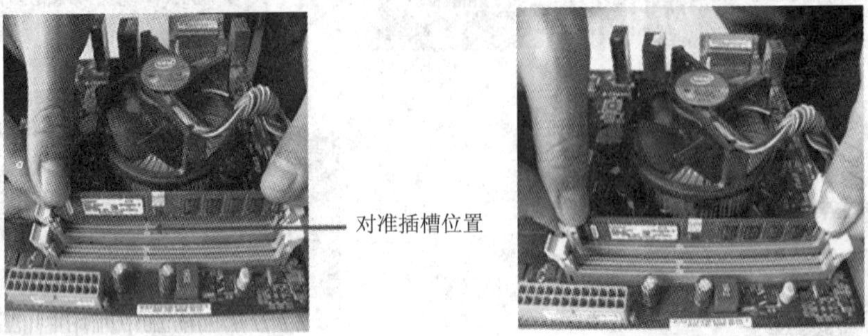

1. 对准插槽位置　　2. 均匀用力向下压完成安装

图 2-24　内存的安装示意

3) 主板的安装

以 ATX 为例，具体安装步骤为：

(1) 将机箱卧倒，将主板上的螺丝孔位置对准机箱上对应的金属螺钉。

(2) 将主板放置在机箱内，让主板的外部接口与机箱背面挡片的孔对齐。

(3) 把所有螺钉对准主板的固定孔，依次安装好。

(提示：先不要将螺钉拧紧，当主板上所有螺钉安装好后再拧紧，这样方便调整主板的输出接口位置。)

具体操作示意如图 2-25 所示。

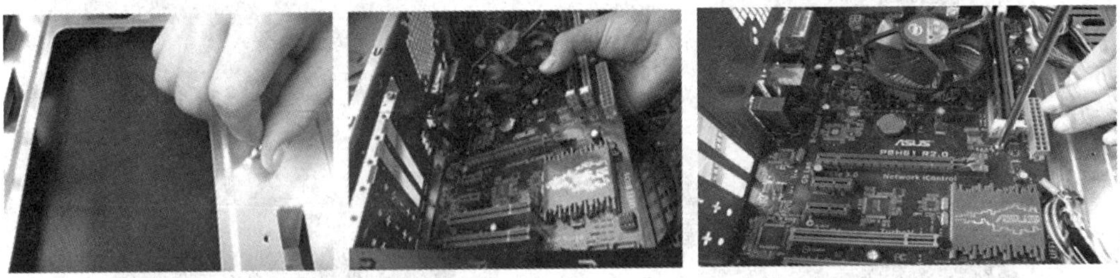

1. 安装机箱托板上铜制螺钉　　2. 主板放至机箱　　3. 紧固主板螺钉

图 2-25　主板的安装示意

4) 硬盘的安装

硬盘的安装步骤：

(1) 在主机箱 3.5 英寸硬盘装置槽内，确定一个安装位置。

(2) 将硬盘放入硬盘装置槽内，注意硬盘正面朝上，含有控制电路板的一面朝下，数据、电源连接端口朝外。

(3) 用螺钉固定硬盘。

(4) 连接数据线。

(5) 连接电源线。

具体操作示意如图 2-26 所示。

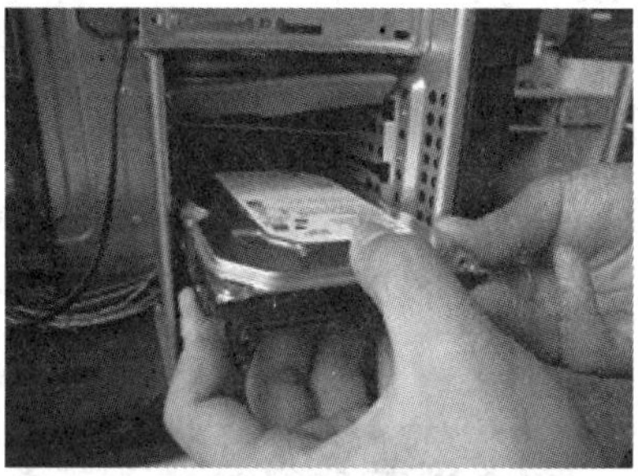

1. 放置硬盘

2. 固定硬盘

3. 连接数据线

4. 连接电源线

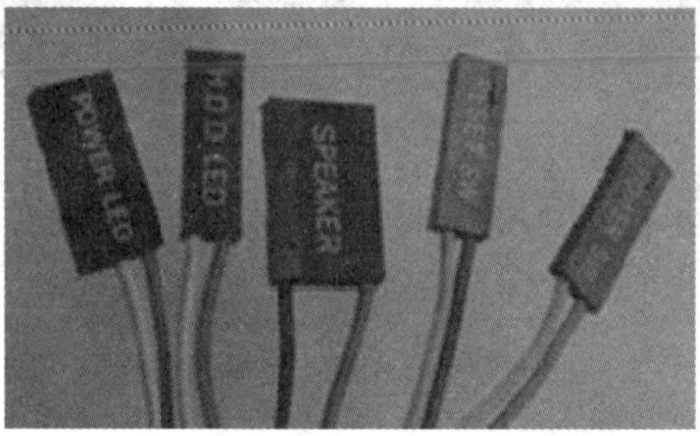

5. 连接机箱面板

图 2-26　硬盘的安装示意

知识拓展

(1) 由机箱引出的开关及指示灯信号线主要包括：电源开关(POWER SW)、复位开关(RESET SW)、机箱喇叭(SPEAKER)、硬盘指示灯(HDD LED)、电源指示灯(POWER LED)，如图 2-27 所示。

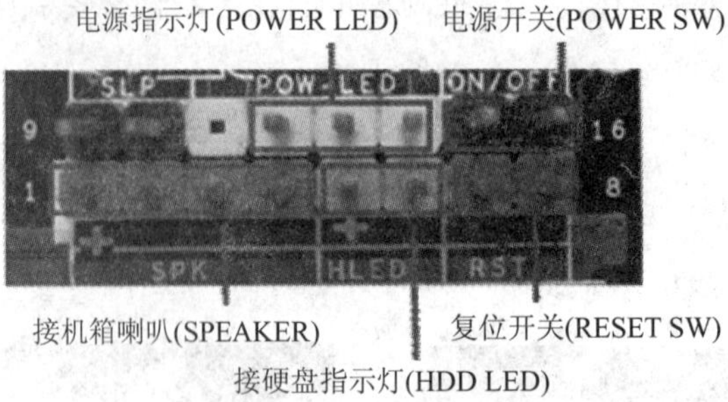

图 2-27　硬盘指示灯

(2) 主板跳线端插座上标有英文名称：SPEAKER(扬声器/蜂鸣器)、POWER ON/OFF (电源“开关”)、RESET(复位)、POWER LED(电源指示灯)、HDD-LED(硬盘运行指示灯)，如图 2-28 所示。

连接时注意，连接线有色彩的部分为“+”极，黑色或白色为“-”极，“+”极要对应主板“+”极的针座，逐一连接

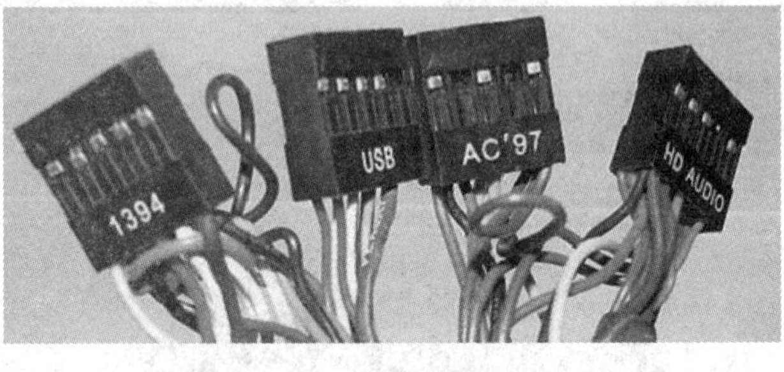

前置 1394、USB、音频连接线

主板 1394、USB、音频线连接插槽；连接设计有防错措施，确认位置后，对应连接即可

图 2-28　主板跳线

✧✧✧✧ 习　　题 ✧✧✧✧

1. 简述 CPU 的安装方法。
2. 什么是双通道？安装时应该注意哪些事项？
3. 机箱至主板的信号连线一般有哪些？含义是什么？

任务 3　计算机常见故障及处理方法

任务目标

(1) 了解计算机维修诊断方法及步骤。

(2) 掌握计算机各硬件产生故障的原因及维护方法。

任务导入

组装完计算机的硬件设备，就要使用计算机了。由于计算机是比较精密的设备，所以在日常使用过程中需重视保养。只有定期对计算机硬件进行维护，才能保证各种配件正常运行。对维护和保养环节不够重视，轻则会影响计算机的正常运行，重则会造成配件的损坏，甚至会将存储在计算机中的重要资料丢失，造成无可挽回的损失。

任务描述

本任务可使我们掌握常见计算机硬件故障的排除方法，并能对简单故障进行分析和排除。

知识链接

1. 计算机硬件维修诊断方法

尽管计算机故障五花八门、千奇百怪，但由于计算机是一种由逻辑部件构成的电子装置，因而识别故障也是有章可循的。

1) 引起计算机故障的原因

(1) 灰尘。灰尘是引起计算机故障的主要原因，可能会导致一些元器件与空气隔绝，妨碍正常散热，造成短路、系统死机等问题。

(2) 电压。电源电压不稳定也是引起计算机故障的重要原因，轻则造成计算机瞬时故障，重则烧坏计算机的元器件。

(3) 静电。静电是电子元件的最大“杀手”，维修中的许多硬件问题都是静电造成的。

(4) 高温与强磁场。计算机工作的理想温度为 10～35℃。

(5) 计算机病毒。计算机病毒可能造成屏幕显示异常、系统陷入死循环、软件系统损坏、存储器中的数据信息破坏等问题。

(6) 人为因素。人为因素一般指使用者不遵守操作规程，不注意操作步骤，以及使用的产品低劣等。

(7) 正常使用计算机时不可避免的故障，包括因工作时间过长、温度过高而引起的死机、重启现象，以及连线和接插件接触不良等。

2) 检查诊断原则

(1) 观察了解。一是观察故障现象；二是观察计算机内部环境；三是观察计算机周围环境。

(2) 分析思考。对于观察了解到的情况，结合已有的知识和经验进行认真思考、分析，找到故障原因。

(3) 主次分明。在维修过程中要分清主次，有时可能会碰到不止一个故障，而是有两个或两个以上的故障现象。因此，应该先判断、维修主要的故障现象，再维修次要故障，有时可能次要故障现象已不再需要维修。

3) 检测方法

(1) 清洁法。对于机房使用环境较差，或使用较长时间的机器，应首先进行清洁。用毛刷轻轻刷去主板、外设上的灰尘，如果灰尘已清扫掉，或无灰尘，就进行下一步的检查。另外，由于板卡上一些插卡或芯片采用插脚形式，震动、灰尘等其他原因常会造成引脚氧化，接触不良的现象，可用橡皮擦擦去表面氧化层，重新插接好后开机检查故障是否排除。

(2) 直接观察法。直接观察法即“看、听、闻、摸”。“看”即观察系统板卡的插头和插座是否歪斜，电阻、电容引脚是否相碰，表面是否烧焦，芯片表面是否开裂，主板上的铜箔是否烧断；还要查看是否有异物掉进主板的元器件之间(造成短路)，也可以看看板上是否有烧焦变色的地方，印刷电路板上的走线(铜箔)是否断裂等。“听”即监听电源风扇、软/硬盘电机或寻道机构、显示器变压器等设备的工作声音是否正常。另外，系统发生短路故障时常常伴随着异常声响，监听声音可以及时发现—些事故隐患，在事故发生时即时采取措施。“闻”即辨闻主机、板卡中是否有烧焦的气味，以便于发现故障和确定短路所在地。“摸”即用手按压管座的活动芯片，看芯片是否松动或接触不良。另外，在系统运行时用手触摸或靠近 CPU、显示器、硬盘等设备的外壳时，根据其温度可以判断设备运行是否正常；用手触摸一些芯片的表面，如果发烫，则该芯片损坏。

(3) 最小系统法。所谓最小系统法，是指保留系统能运行的最小环境。把其他的适配器和输入/输出接口(包括软、硬盘驱动器)从系统扩展槽中临时取下来，再加电观察最小系统能否运行，这样可以避免外围电路故障而影响最小系统。一般在微机开机后系统没有任何反应的情况下，才可使用最小系统法。对微机来说，最小系统是由主板、喇叭及开关电源组成的系统。将微机系统主机箱内的所有板卡都取出来，并去掉软盘驱动器和硬盘驱动器的电源插头及键盘连线，打开电源，系统仍没有任何反应，说明故障出在系统板本身，或者在开关电源或内存芯片(内存条)。打开电源，系统若有报警声，则说明上述三部分基本正常。然后逐步加入其他部件扩大最小系统，在逐步扩大系统配置的过程中，若发现在加入某块电路板到系统板扩展槽上后，微机系统由正常变为不正常，则说明刚刚加入的那一块接口卡或部件有故障，从而找到故障电路板并更换。

(4) 拔插法。主板自身故障、I/O 总线故障、各种插卡故障均可能导致故障的发生，拔插维修法可以确定故障是出在主板上还是出在 I/O 设备。但是使用此方法之前一定要先将电脑关闭，然后轮流将板卡拔出，在每拔出一块板卡后就开机测试电脑是否能正常运行，一旦拔出某块板卡后主板运行正常，那么故障原因就是该插件板故障或相应 I/O 总线插槽及负载电路故障。若拔出所有插件板后系统启动仍不正常，那么问题很可能就出在主板上。

(5) 交换法。如果在容易拔插的维修环境下，可将同规格同功能没有故障的板卡相互交换，根据故障现象的变化情况判断故障所在。如内存自检出现故障，可用同规格的没有故障的内存来替换，如果交换后故障现象消失，则说明换下的那块内存是有问题的。

(6) 比较法。运行两台或多台相同或类似的微机，根据正常微机与故障微机在执行相同操作时的不同表现可以初步判断故障产生的部位。

(7) 振动敲击法。用手指轻轻敲击机箱外壳，有可能解决因接触不良或虚焊造成的故障问题。然后可进一步检查故障点的位置并排除。但要注意在振动敲击时一定不要太用力，否则可能会松动其他正常的部件而导致其他故障的出现。

2. 计算机硬件产生故障的原因及处理方法

计算机主要由各个硬件部分组成，每一个硬件产生损坏都有可能造成计算机无法正常工作。所以在日常生活中要了解硬件产生故障的原因及处理方法。

1) CPU 常见故障及处理方法

(1) 常见故障。计算机工作不稳定，有时运行一会儿就死机；有时频繁重启或关闭计算机；开机无法通过自检；开机主机无反应。

(2) 故障分析。导致上述故障的情况主要有三种：一是 CPU 散热风扇不能正常工作，导致 CPU 温度上升，主板 BIOS 设置温度保护，导致系统关闭或频繁重启；二是 CPU 超频不当，导致无法通过自检或计算机无法工作；三是 CPU 的触点与 CPU 插座接触不好，导致计算机无法启动。

(3) 处理方法。首先查看 CPU 风扇是否有转速或者停转，风扇不能正常工作的解决方法就是除尘、卡好扣具、更换风扇；其次，如果散热风扇没问题，就要考虑是否做了 CPU 超频；最后，如还未解决，则需要清洁 CPU 触点，然后将 CPU 重新安装。

2) 内存常见故障及处理方法

(1) 常见故障。开机黑屏，显示器无信号输出，或伴有一长三短的报警声。

(2) 故障分析。内存故障多为接触不良导致。内存金手指氧化、机器在移动过程中或者内存没有安装到位，都会引起内存与插槽的接触不良，引起故障。

(3) 处理方法。首先取下内存，重新装好后再开机，若正常启动，则说明是内存没安装好；若故障依然存在，则取下内存用酒精或橡皮擦金手指，若正常启动说明是由金手指上有灰尘或氧化所致；如依然不能正常工作就换个内存插槽。若上述方法都试过，却无法解决问题，则可能是物理故障。解决物理故障需要用到“替换法”，用好的内存替换可能有故障的内存。

3) 显卡常见故障及处理方法

(1) 常见故障。开机黑屏，显示器无信号输出，或伴有“滴滴滴”的比较急促、重复的报警声，显示器出现花屏的现象，如图 2-29 所示。

图 2-29　故障界面

(2) 故障分析。开机黑屏，显示器无信号输出，或伴有“嘀嘀嘀”的比较急促、重复的报警声，出现此故障为显卡接触不良导致。显卡金手指氧化，或者内存没有安装到位，都会引起显卡与显卡插槽的接触不良，引起故障。

导致显示器出现花屏现象的原因主要有四：一是由于显卡长期使用，散热不好所致；二是由于显卡长期过热工作，使显卡电容烧爆；三是由于显存出现问题所致；四是由于显卡或 CPU 超频所致。

(3) 处理方法。接触不良的处理方法：首先取下显卡，进行清洁；使用橡皮擦显卡的金手指，用酒精擦显卡插槽后再安装，即可排除故障。

花屏的处理方法：若是散热问题，则清洁显卡的风扇或散热片即可；若是显卡电容烧爆，则更换同型号电容即可修复；若是显存问题，则只能更换显卡；若是超频所致，则降回原来的工作频率即可。

4) *硬盘常见故障及处理方法*

(1) 常见故障。计算机自检屏幕显示“disk failure，insert system disk”；计算机找不到硬盘，并死机；硬盘指示灯闪烁，硬盘发出异常响声。

(2) 故障分析。计算机自检屏幕显示硬盘自检错误，很有可能是因为硬盘数据线或电源线没有插好或者松动；如果数据线和电源连接正常，进入 BIOS 手动检测不到硬盘或者硬盘在运行过程中发出异常响声，则是硬盘的物理故障引起的。

(3) 处理方法：如果硬盘数据线或电源线没插好，检查连接线并重新连接即可；如果检测到硬盘，可以在命令提示符中输入 SCANDISK 检查是否存在硬盘逻辑错误；如果检测不到硬盘，并发出异响，建议将硬盘返厂维修。

习　题

1. 简述计算机系统故障的检查诊断步骤及方法。
2. CPU、内存、显卡有哪些常见故障？怎么处理？

附录　BIOS 报警声提示故障对照表

BIOS 类型	提示音	错 误 类 型
AWARD 的 BIOS 报警声	1 短	系统正常启动。这是我们每天都能听到的，也表明机器没有任何问题
	2 短	常规错误。请进入 CMOS Setup，重新设置不正确的选项
	1 长 1 短	RAM 或主板出错。换一个内存条试试，若还是不行，则只好更换主板
	1 长 2 短	显示器或显示卡错误
	1 长 3 短	键盘控制器错误。检查主板
	1 长 9 短	主板 Flash RAM 或 EPROM 错误，BIOS 损坏。换块 Flash RAM 试试
	不断地响(长声)	内存条未插紧或损坏。重插内存条，若还是不行，则更换一个内存条
	不停地响	电源、显示器未和显示卡连接好。检查一下所有的插头
	重复短响	电源问题
	无声音无显示	电源问题
AMI 的 BIOS 报警声	1 短	内存刷新有问题
	2 短	内存同步检查错误
	3 短	前 64 KB 内存区段检查失败
	4 短	系统计时器失效
	5 短	处理器错误
	6 短	键盘控制器 8024，A20 位址线错误
	7 短	处理器发生异常中断
	8 短	显示内存出错
	1 长 3 短	内存错误(内存损坏)
	1 长 8 短	显示测试错误(显示器数据线松动或显卡未插稳)

项目三 计算机操作系统

项目目标

(1) 熟练掌握U盘启动盘制作与系统安装的步骤。
(2) 了解计算机操作系统的相关知识。
(3) 了解计算机操作系统的分类。

项目导入

操作系统(Operating System，OS)是管理计算机硬件与软件资源的计算机程序，同时也是计算机系统的内核与基石。操作系统需要管理与配置内存、决定系统资源供需的优先次序、控制输入与输出设备、操作网络与管理文件系统等基本事务。

各种设备安装的操作系统从简单到复杂，从手机的嵌入式操作系统到超级计算机的大型操作系统，种类繁多，功能各异。目前流行的操作系统主要有Windows、Android、BSD、iOS、Linux、Mac OS X、Windows Phone和z/OS等。

项目描述

没有操作系统的计算机，不能发挥它的功能。我们从店里买回来时，有的已经做好了操作系统，但在使用过程中，系统出现“毛病”的概率还是比较大的，本项目我们就以目前比较流行的利用U盘的方式来安装操作系统，并演示操作系统安装的全过程。

任务1 U深度U盘启动盘的制作

任务目标

制作U深度U盘启动盘。

任务导入

与之前版本相比，新版的U深度U盘启动盘制作工具推出一项新技术——智能模式，此模式可智能判断当前所插入的U盘以及操作系统并制作出最适合我们使用的U盘启动盘，让我们无需再为如何制作以及制作怎样要求的 U 盘启动盘而烦恼。

任务描述

什么是 U 盘启动盘，怎么制作 U 盘启动盘？通过 U 深度 U 盘启动盘工具如何制作 U 盘启动盘？本任务可使我们使用 U 深度 U 盘启动盘制作工具制作出一个功能强大的 U 盘启动盘，轻松掌握制作 U 盘启动盘的方法。

知识链接

1. 准备工作

(1) 下载 U 深度 U 盘启动盘制作工具。

(2) 准备一个能够正常使用的 U 盘(容量大小建议至少在 4 GB 以上)。

2. 操作步骤

1) 安装 U 深度 U 盘启动盘制作工具

(1) 从网络上下载 U 深度 U 盘启动盘制作工具，双击鼠标打开安装包，点击窗口中“立即安装”按钮即可，如图 3-1 所示。

图 3-1　立即安装

(2) 等待安装完成后，可以点击“立即体验”按钮，打开 U 深度 U 盘启动盘制作工具，如图 3-2 所示。

图 3-2　立即体验

2) 用 U 深度 U 盘启动盘制作工具一键制作 U 盘启动盘

(1) 打开 U 深度 U 盘启动盘制作工具，将准备好的 U 盘插入电脑 USB 接口，等待软件自动识别所插入的 U 盘。无需修改界面中任何选项，与图 3-3 所示参数选项一致之后点击“开始制作”按钮即可，如图 3-3 所示。

图 3-3　开始制作

(2) 此时出现弹窗警告：“本操作将会删除 F: 盘上的所有数据，且不可恢复”，若 U 盘中存有重要资料，可将资料备份至本地磁盘中，确认备份完成或者没有重要资料后我们点击“确定”按钮，如图 3-4 所示。

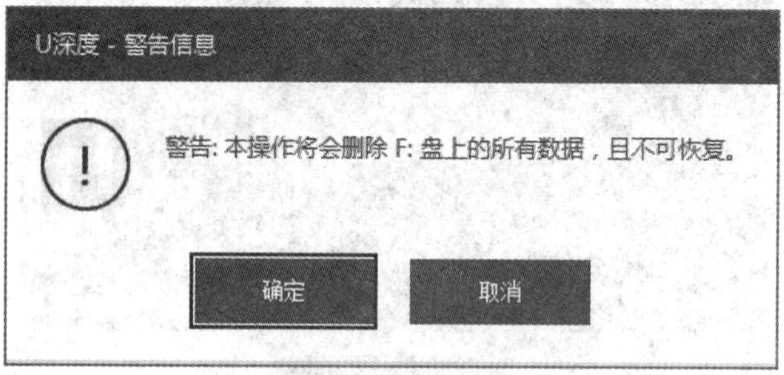

图 3-4　警告信息

(3) 制作 U 盘启动盘的过程大约需要 2～3 分钟，请耐心等待，在此期间不要进行其他操作，以保证制作过程顺利完成，如图 3-5 所示。

图 3-5　制作过程

(4) U 盘启动盘制作完成后，会弹出新的提示窗口，点击“是”按钮，对制作完成的 U 盘启动盘进行模拟启动测试，测试 U 盘启动盘是否可用，如图 3-6 所示。

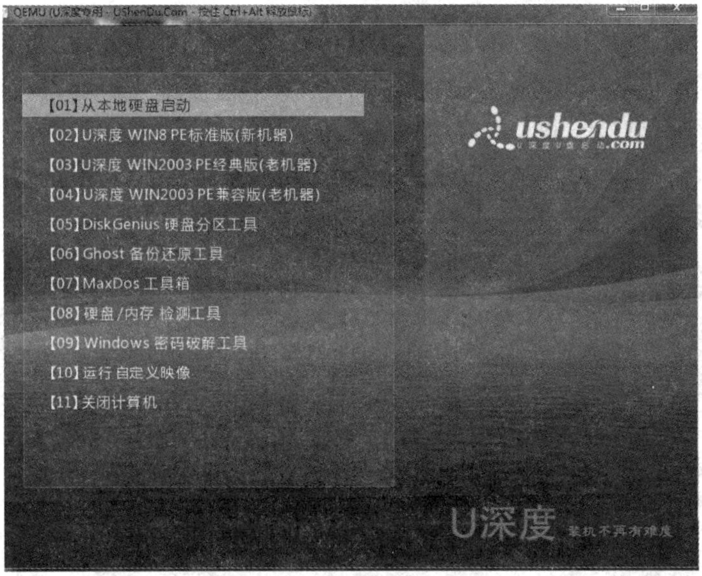

图 3-6　模拟启动测试

(5) 模拟启动完成后，我们的 U 盘启动盘已制作成功(注意：模拟启动界面仅供测试使用，请勿进一步操作)，最后按组合键 Ctrl+Alt 释放出鼠标，点击右上角的关闭图标退出模拟启动界面。

以上是 U 深度 U 盘启动盘制作的全部内容，大家可尝试参照上面步骤操作。

提示：在电脑安装时，先将 U 盘启动盘插入 USB 接口，然后开机按 F12 键选择“从 U 盘启动”，或在 BIOS 中将计算机启动时的读盘顺序设置为“从 U 盘启动”。

任务 2　使用 U 盘启动盘给硬盘分区

任务目标

使用 U 盘启动盘给硬盘分区。

任务导入

给硬盘分区，首先要准备一个制作好的 U 盘启动盘，以及需要进行分区的硬盘(新旧硬盘皆可)。

任务描述

通过上一任务的学习我们掌握了怎么来制作 U 盘启动盘，本任务可使我们使用 U 盘启动盘给硬盘分区并轻松掌握硬盘分区的操作。

知识链接

使用U盘启动盘给硬盘分区操作步骤如下：

(1) 把U盘启动盘插在需要分区的电脑USB接口上，然后重启电脑，通过U盘启动快捷键(一般是F12键)进入U盘启动主菜单界面，选择“【02】U启动 WIN8 PE标准版(新机器)”选项，按回车键确认，如图3-7所示。

图3-7 U盘启动主菜单界面

(2) 进入WIN8 PE桌面后，打开桌面上“DiskGenius分区工具”，在分区工具主菜单栏上单击“快速分区”选项，如图3-8所示。

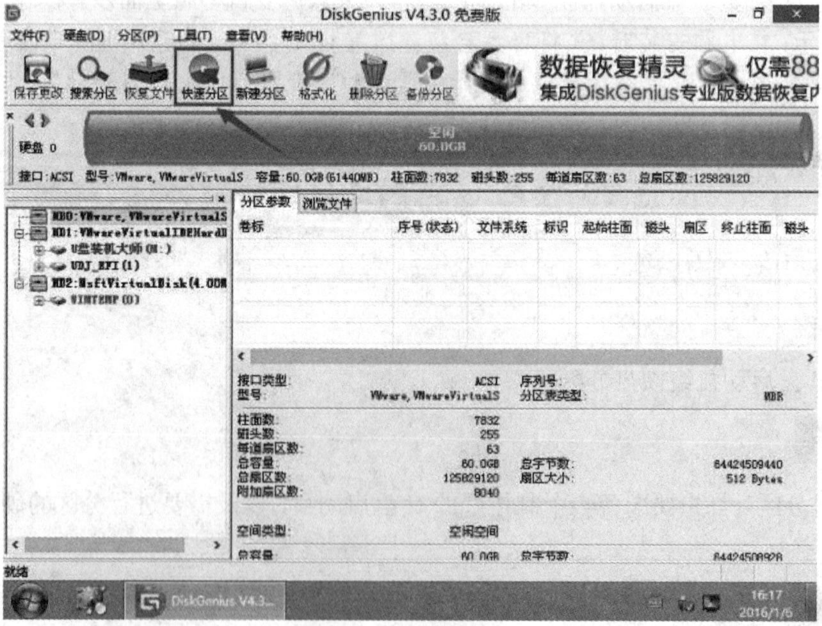

图3-8 快速分区

(3) 在弹出的窗口中选择“分区数目”，在高级设置中设置磁盘格式、大小、卷标以及主分区，操作完成后点击“确定”按钮，如图3-9所示。

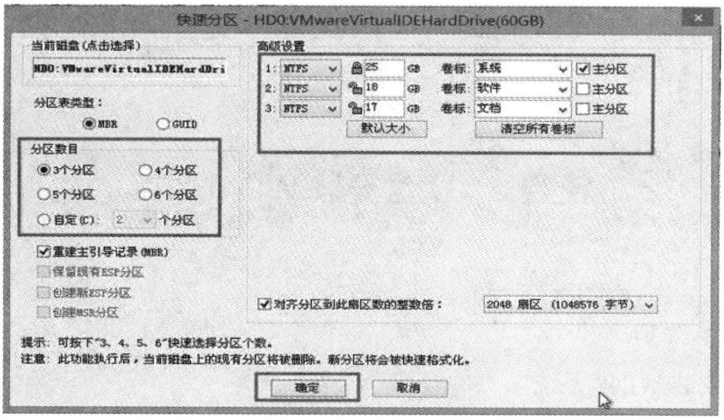

图 3-9　分区设置

注：硬盘分区过程中切勿进行其他操作，以保证分区操作顺利完成，如图 3-10 所示。

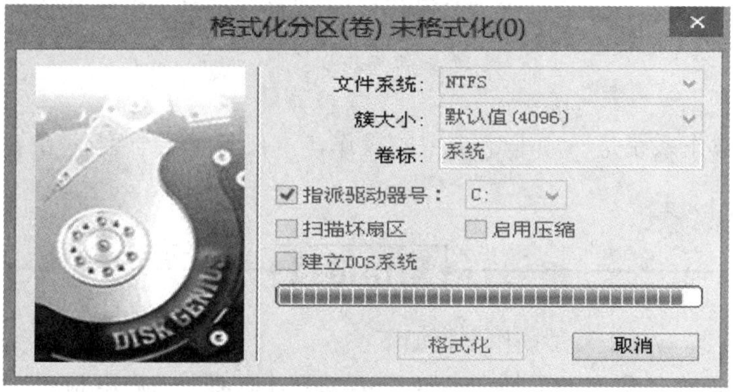

图 3-10　硬盘分区过程

(4) 等待分区操作自动完成，稍等数秒后便可看到各分区对应的盘符以及属性状态，如图 3-11 所示。

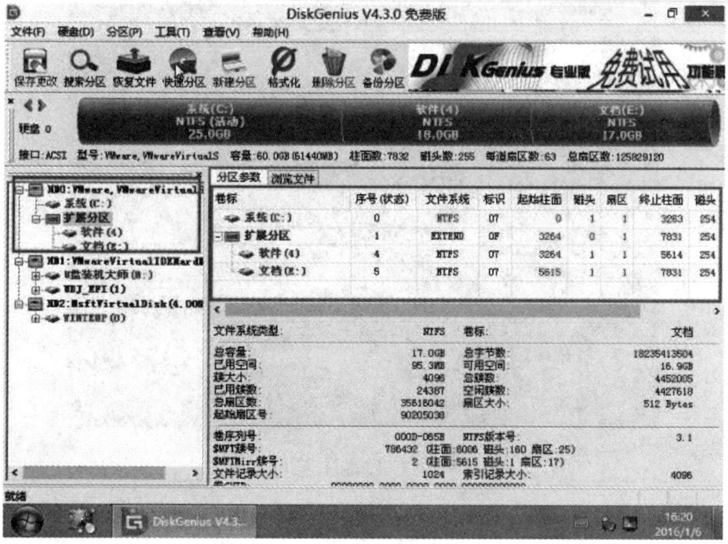

图 3-11　各分区盘符及属性

以上是使用U盘启动DiskGenius分区工具给硬盘快速分区的操作方法，硬盘分区完成后就可以安装系统了。

任务3　U盘安装WIN8系统

任务目标

使用U盘安装WIN8系统。

任务导入

安装WIN8系统，首先要准备一个制作好的U盘启动盘，以及WIN8系统镜像。

任务描述

U 盘安装操作系统是一项非常实用的操作，本任务主要学习使用 U 盘安装 WIN8 系统。

知识链接

使用U盘安装WIN8系统操作步骤如下：

(1) 将准备好的U盘启动盘插在电脑USB接口上，然后重启电脑，通过U盘启动快捷键(一般是F12键)进入到U启动主菜单界面，选择“【02】U启动WIN8 PE标准版(新机器)”选项，如图3-12所示。

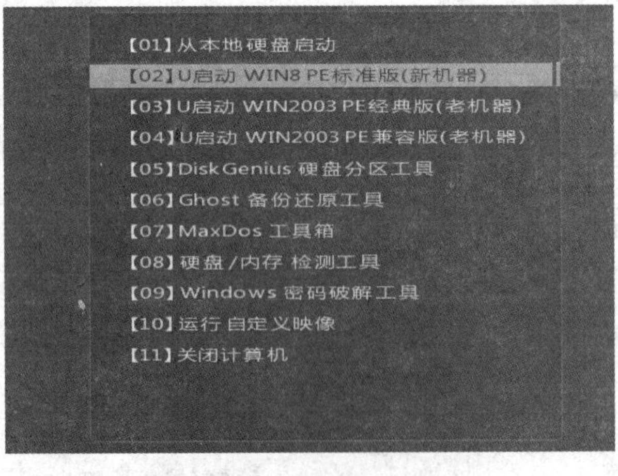

图3-12　U启动主菜单界面

(2) 进入PE系统后，U启动PE装机工具会自动开启并识别U盘中所准备的WIN8系统镜像，可参照图3-12的方式选择磁盘安装分区，接着点击“确定”按钮即可，如图3-13所示。

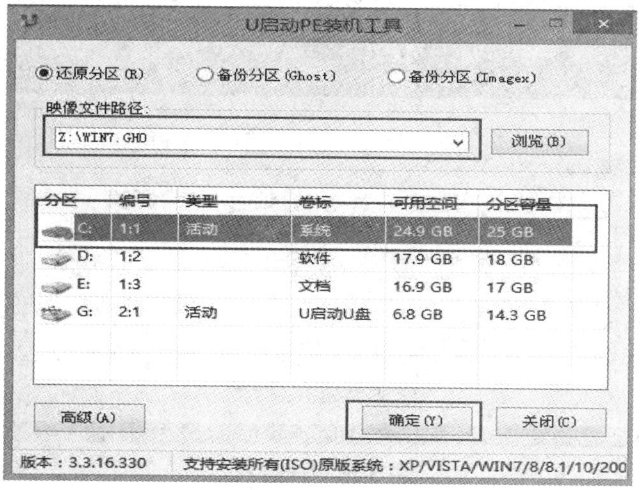

图 3-13　选择磁盘安装分区

(3) 在弹出的确认提示窗口中点击“确定”按钮开始执行操作，如图 3-14 所示。

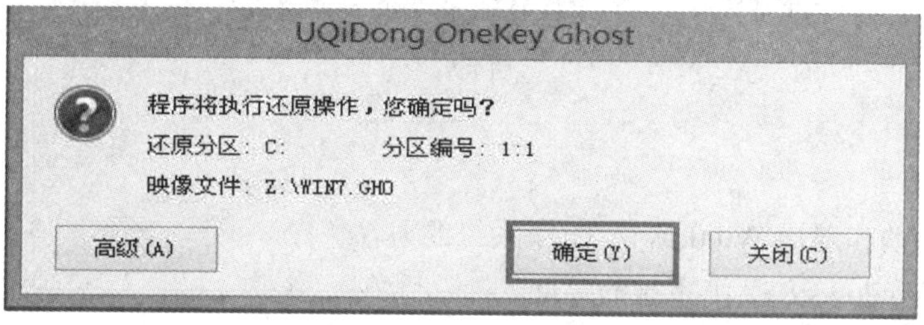

图 3-14　确认提示窗口

(4) 重启之后将会继续执行安装 WIN8 系统的剩余过程，如图 3-15、图 3-16 所示，直到安装结束后就可以进入到 WIN8 系统桌面了。

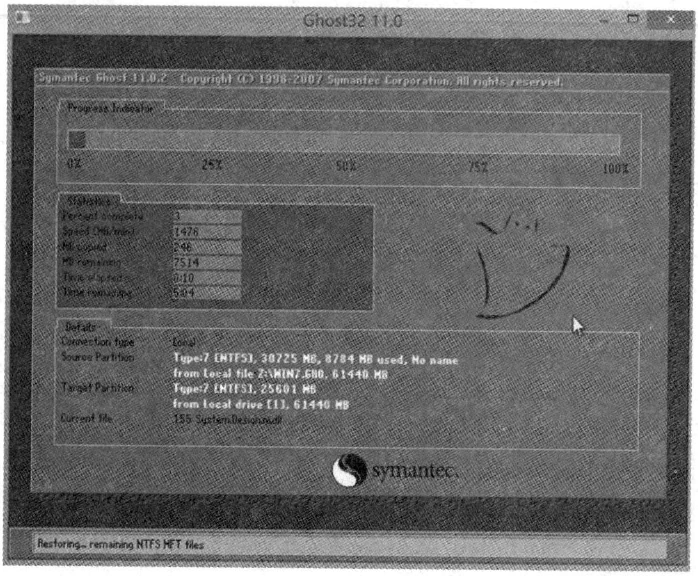

图 3-15　安装过程

图 3-16 安装过程

任务 4 认识 Windows 8 操作系统

任务目标

(1) 掌握启动和退出 Windows 8 操作系统的方法。

(2) 了解 Windows 8 操作系统的桌面。

(3) 掌握桌面图标的基本操作方法。

(4) 掌握文件夹及文件的基本操作方法。

(5) 了解操作系统。

任务导入

Windows 8 是美国微软开发的新一代操作系统，于 2012 年 10 月 26 日发布，共有 4 个发行版本，分别面向不同用户和设备。

任务描述

在前面的学习中我们已经掌握了操作系统的安装方法，本任务以 Windows 8 操作系统为例进行讲解，主要包括 Windows 8 操作系统的启动及退出、Windows 8 操作系统的一些基本操作等。

知识链接

1. 启动和退出 Windows 8 操作系统

对于安装了 Windows 8 操作系统的计算机来说，启动计算机的过程也就是启动 Windows 8 的过程。正确启动和退出操作系统关乎计算机的安全使用，它是计算机用户必须掌握的基本操作技能。

1) 启动计算机

(1) 检查计算机连接线，确保无误后，打开显示器等外部设备的电源。

(2) 打开计算机主机上的“POWER”开关，计算机开机自检，稍后屏幕显示自检信息，如主板型号、内存大小等。

(3) 若计算机上装有多个操作系统，会显示操作系统选择菜单项。用户选择后，按 Enter 键即可。

(4) 系统正常启动，显示 Windows 8 桌面，如图 3-17 所示。

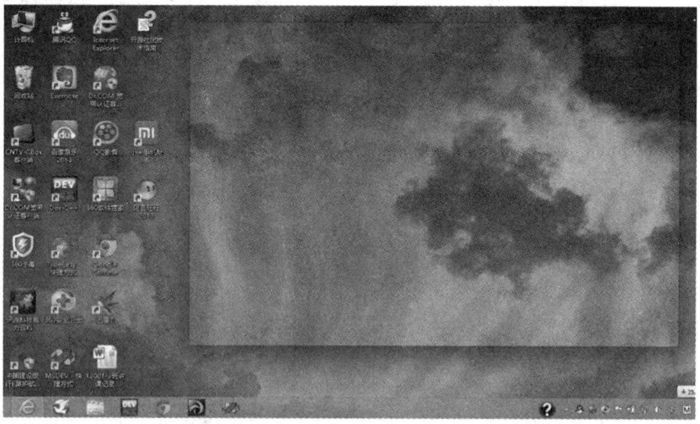

图 3-17　Windows 8 桌面

提示： 若系统设置有用户密码，系统在正确输入用户名和密码后才可启动。

2) 关闭计算机

计算机的正确关机顺序是：先主机，后外设。通过“开始”菜单，或 Alt+F4 组合键，均可打开“关闭计算机”对话框，如图 3-18 所示。

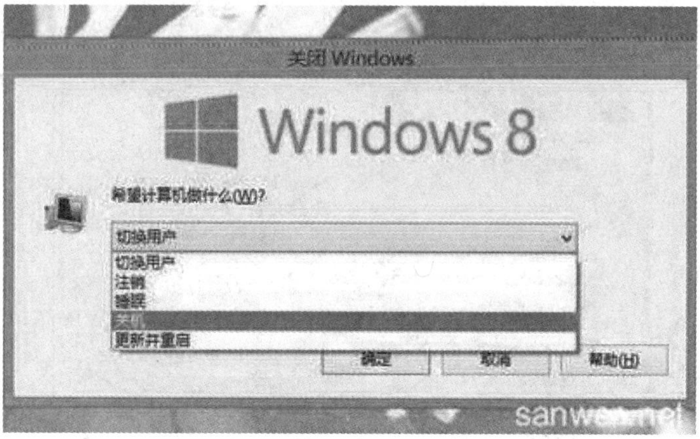

图 3-18　“关闭计算机”对话框

☑说明： Windows 8 操作系统的版本不同，打开的“关机”对话框的外观也有所不同。

2．Windows 8 桌面及相关元素

操作系统启动成功后所显示的整个屏幕界面(即第一个界面)，我们称为“桌面”，它是用户和计算机进行交流的窗口。

桌面上的一个个小图片，称之为“图标”，代表相应软件的快捷方式和文件夹。对其双击，可以启动相应的软件或打开相应的文件夹。灵活操作桌面上的图标，非常重要。

计算机的很多操作都离不开鼠标，接下来，我们就来看看鼠标的基本操作。

(1) “移动”操作。移动鼠标就是手持鼠标进行“走动”。

(2) “单击”操作。单击一般指左键单击，即右手食指快速按下鼠标左键，然后迅速放开。

(3) “双击”操作。右手食指快速连续按鼠标左键两次。

(4) “拖动”操作。按下鼠标左键不放，移动鼠标到另一个位置上，再放开鼠标左键。拖动操作常用来移动对象。

(5) “右击”操作。右手中指快速按下鼠标右键，然后迅速放开，此时会出现浮动窗口，如图 3-19 所示，我们称它为“快捷菜单”。

(6) “滚动”操作。滚动是对鼠标滚轮的操作，使用鼠标中间滚轮，可以在窗口中移动操作对象的上下位置，相当于移动窗口右侧的垂直滚动条。

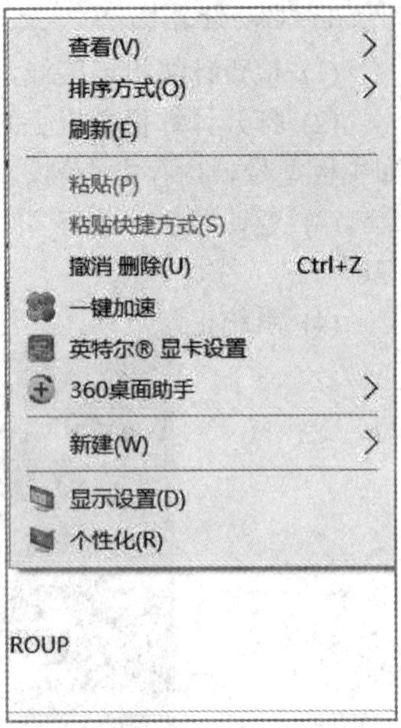

图 3-19 快捷菜单

3. 桌面图标的基本操作

桌面上的图标实质上就是打开各种程序和文件的快捷方式，用户可以在桌面上创建常用的程序或文件的图标。

1) 新建图标

(1) 鼠标右键在桌面上空白处单击，在弹出的快捷菜单中选择“新建”命令，如图 3-20 所示。

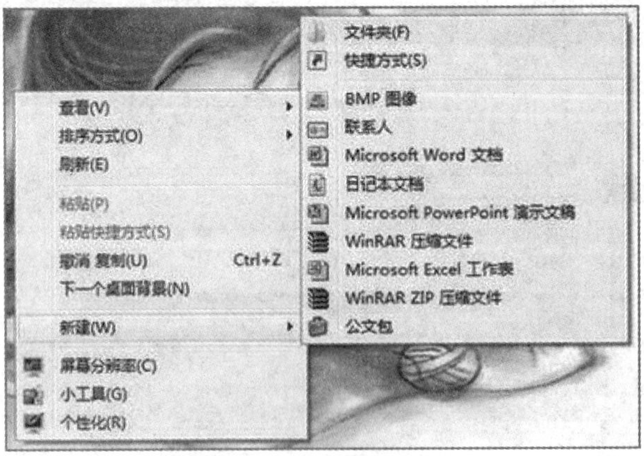

图 3-20 “新建”命令

(2) 在“新建”菜单中选择相应的命令，可以创建各种形式的图标。

2) 排列图标

当桌面中图标较多时，为便于查阅，可以对图标进行排列。右击桌面空白处，弹出快捷菜单，如图 3-21 所示。

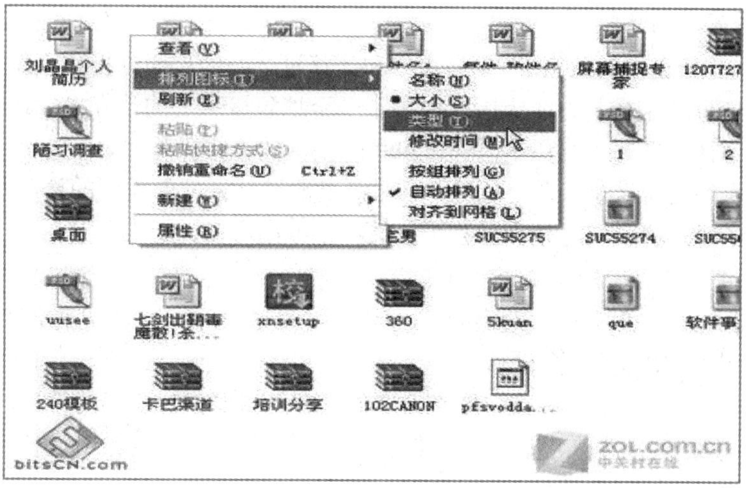

图 3-21　排列图标

4．文件夹及文件的基本操作

文件夹在计算机中是不可缺少的一部分，文件的操作是最基础的操作。常用操作包括创建文件夹，移动、复制、删除文件，重命名文件等。

1) 创建文件夹

我们在之前的“新建图标”操作中已经提过，在此不再重复。

2) 移动或复制文件

重点理解操作过程常用的“剪切”“复制”及“粘贴”操作。

3) 删除文件

提示： 该操作并非彻底删除，理解“回收站”在此的重要作用。

4) 重命名文件

无论是文件夹还是文件，建好之后，系统都会为我们提供一个默认的文件夹名或文件名，我们也可以根据自己的喜好，对其进行重命名操作。

操作方法：在要重命名的文件夹或文件图标上右击，再选择“重命名”，如图 3-22 所示。

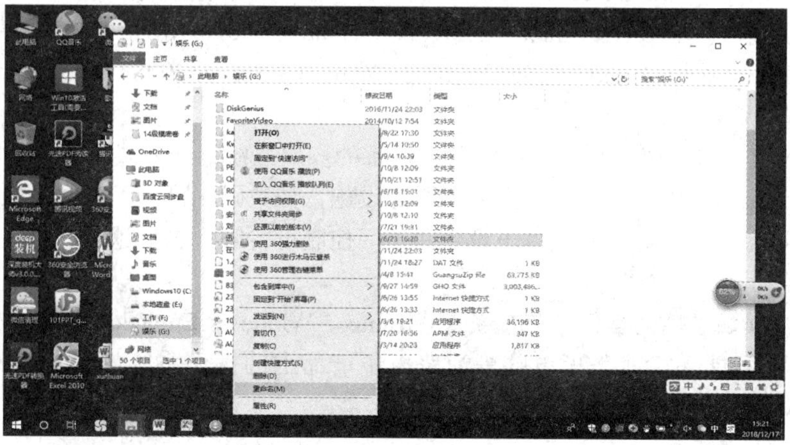

图 3-22　重命名

5．操作系统

操作系统(Operating System，OS)是用户和计算机之间的界面。操作系统一方面管理着所有计算机系统资源，另一方面为用户提供了一个抽象概念上的计算机。在操作系统的帮助下，用户使用计算机时，避免了对计算机系统硬件的直接操作。

对计算机系统而言，操作系统是对所有系统资源进行管理的程序的集合；对用户而言，操作系统提供了对系统资源进行有效利用的简单抽象的方法。

1) 操作系统的五大管理功能

(1) 作业管理：包括任务、界面管理、人机交互、图形界面、语音控制和虚拟现实等。

(2) 文件管理：又称为信息管理。

(3) 存储管理：实质上是对存储“空间”的管理，主要指对主存的管理。

(4) 设备管理：实质上是对硬件设备的管理，其中包括对输入输出设备的分配、启动、完成和回收。

(5) 进程管理：实质上是对处理机执行“时间”的管理，即如何将 CPU 真正合理地分配给每个任务。

2) 操作系统的分类

操作系统的种类相当多，按应用领域划分主要有三种：桌面操作系统、服务器操作系统和嵌入式操作系统。

(1) 桌面操作系统，主要用于个人计算机上。个人计算机市场从硬件架构上来说主要分为两大阵营，PC 机与 Mac 机；从软件上可主要分为两大类，分别为类 Unix 操作系统和 Windows 操作系统：

① Unix 和类 Unix 操作系统：Mac OS X、Linux 发行版(如 Debian、Ubuntu、Linux Mint、openSUSE、Fedora 等)。

② 微软公司 Windows 操作系统：Windows XP、Windows Vista、Windows 7、Windows 8、Windows NT 等。

(2) 服务器操作系统：一般指的是安装在大型计算机上的操作系统，如 Web 服务器、应用服务器和数据库服务器等。服务器操作系统主要集中在三大类：

① Unix 系列：SUN Solaris、IBM-AIX、HP-UX、FreeBSD 等。

② Linux 系列：Red Hat Linux、CentOS、Debian、Ubuntu 等。

③ Windows 系列：Windows Server 2003、Windows Server 2008、Windows Server 2008 R2 等。

(3) 嵌入式操作系统：是应用在嵌入式设备的操作系统。嵌入式系统广泛应用在生活的各个方面，涵盖范围从便携设备到大型固定设施，如数码相机、手机、平板电脑、家用电器、医疗设备、交通灯、航空电子设备和工厂控制设备等，越来越多嵌入式设备安装有实时操作系统。

在嵌入式领域常用的操作系统有嵌入式 Linux、Windows Embedded、VxWorks 等，以及广泛使用在智能手机或平板电脑等消费电子产品上的操作系统，如 Android、iOS、Symbian、Windows Phone 和 BlackBerry OS 等。

项目四

计算机网络基础知识

项目目标

(1) 了解计算机网络的基本知识。
(2) 了解 IP 地址作用和分类。
(3) 掌握配置家用路由器的方法。

项目导入

网络如今已是我们生活中密不可分的一部分，学习网络相关知识，将会给我们的工作和生活带来极大的帮助。

项目描述

本项目从网络发展历程出发，介绍网络的基础概念，重点讲解 IP 地址相关知识，最后通过配置家用路由器的任务，学以致用，完成本项目的学习。

任务 1　计算机网络概述

任务目标

(1) 了解互联网的发展历史。
(2) 了解网络的分类。
(3) 理解网络的组成结构。

任务导入

大家日常生活中经常会接触到各种各样的网络，那么网络是怎么来的？网络是什么样子的？

任务描述

本任务从互联网的发展历史出发，向我们介绍不同发展阶段下互联网的特点，然后按照网络的作用范围对网络进行分类，最后解析网络的结构及其各部分的作用。

知识链接

20 世纪 90 年代以后，以 Internet 为代表的计算机网络得到了飞速的发展，已从最初的仅供美国人使用的免费教育科研网络，逐步发展成为供全球使用的商业网络，成为全球最大的和最重要的计算机网络。Internet 又叫做互联网，互联网可以向用户提供很多服务，它具有两个重要特点，即连通性和共享。

所谓连通性，是指互联网上的终端用户，无论身处何地，相距多远，都可以便捷地、实时地实现通信，就好像这些终端用户是直接连通的一样。

所谓共享，是指资源共享。资源共享包含多方面的含义，可以是数据共享、软件共享、硬件共享。比如，现在互联网上很多网站提供了大量的音视频资料可供上网的用户下载，这就是资源共享。

1．互联网的发展历史

互联网的基础结构经历了三个阶段的演变，这三个阶段在时间上并非是截然分开而是相互重叠的，这是因为网络的演变是渐进的，而并非是在某一个时间发生了突变。

第一阶段是从单个网络阿帕网 ARPANET 向互联网发展的过程。1969 年美国国防部创建的第一个分组交换网 ARPANT，最初只是一个单个的分组交换网(并不是一个互连的网络)。所有要连接在 ARPANET 上的主机都直接与就近的结点交换机相连。但到了 20 世纪 70 年代中期，人们已认识到不可能仅使用一个单独的网络来满足所有的通信问题。于是 ARPA 开始研究多种网络(如分组无线电网络)互连的技术，这就导致了互联网络的出现，成为现今互联网(Internet)的雏形。1983 年 TCP/IP 协议成为 ARPANET 的标准协议，使得所有使用 TCP/IP 协议的计算机都能利用互联网相互通信，人们就把 1983 年作为互联网的诞生时间。1990 年 ARPANET 正式宣布关闭，因为它的实验任务已经完成。

第二阶段的特点是建成了三级结构的互联网。从 1985 年起，美国国家科学基金会(National Science Foundation，NSF)就围绕六个大型计算机中心建设计算机网络，即国家科学基金网 NSFNET。它是一个三级计算机网络，分为主干网、地区网和校园网(或企业网)。1991 年，NSF 和美国的其他政府机构开始认识到，互联网不应局限于大学和研究机构。1992 年互联网上的主机超过 100 万台。1993 年互联网主干网的速率提高到 45 Mb/s(T3 速率)。

第三阶段的特点是逐渐形成了多层次 ISP 结构的互联网。从 1993 年开始，由美国政府资助的 NSFNET 逐渐被若干个商用的互联网主干网替代，而政府机构不再负责互联网的运营。这样就出现了一个新的名词：互联网服务提供者(Internet Service Provider，ISP)，在许多情况下，ISP 就是一个进行商业活动的公司，因此 ISP 又常译为互联网服务提供商。例如：中国电信、中国联通和中国移动等公司都是我国最有名的 ISP。

根据提供服务的覆盖面积大小以及所拥有的 IP 地址数目的不同，ISP 也分为不同层次的 ISP：主干 ISP、地区 ISP 和本地 ISP。

2. 网络的类别

按照网络的作用范围不同，计算机网络可以分为以下几类：

(1) 广域网(Wide Area Network，WAN)：广域网的作用范围通常为几十到几千千米，因而有时也称为远程网(Long Haul Network)。广域网是互联网的核心部分，其任务是通过长距离(如跨越不同的国家)运送主机所发送的数据。连接广域网各结点交换机的链路一般都是高速链路，具有较大的通信容量。

(2) 城域网(Metropolitan Area Network，MAN)：城域网的作用范围一般是一个城市，可跨越几个街区甚至整个城市，其作用距离约为5～50 km。城域网可以为一个或几个单位所拥有，但也可以是一种公用设施，用来将多个局域网进行互联。目前很多城域网采用的是以太网技术，因此也常被并入局域网的范围进行讨论。

(3) 局域网(Local Area Network，LAN)：局域网一般用微型计算机或工作站通过高速通信线路相连(速率通常在10 Mb/s以上)，但地理上则局限在较小的范围(如1km左右)。在局域网发展的初期，一个学校或工厂往往只拥有一个局域网但现在局域网的使用已非常广泛，学校或企业大都拥有许多个互联的局域网(这样的网络常称为校园网或企业网)。

(4) 个人区域网(Personal Area Network，PAN)：个人区域网就是在个人工作的地方把属于个人使用的电子设备(如便携式电脑等)用无线技术连接起来的网络，因此也常称为无线个人区域网(Wireless PAN，WPAN)，其作用范围很小，大约在10 m左右。

3. 网络的结构

计算机网络由计算机系统、通信链路和网络结点组成，它是计算机技术和通信技术紧密结合的领域，承担着数据通信和数据处理两类工作。从逻辑功能看，网络又可分为资源子网和通信子网。资源子网提供访问网络和处理数据的能力，它由主计算机系统、终端控制器和终端组成。通信子网提供网络通信功能，它由网络结点、通信链路和信号变换设备组成。网络中通信子网的结构直接影响着网络结构。

通常来说，覆盖范围越大的网络，所连接的网络设备、终端越多，其网络结构也就越复杂。但无论一个计算机网络在地理上怎么分布，设备怎么连接，在逻辑上，一个计算机网络都可以划分为以下两个部分：

(1) 边缘部分：由所有连接在网络上的主机组成。这部分是用户直接使用的，用来进行通信(传送数据、音频或视频)和资源共享。

处在网络边缘的部分就是连接在网络上的所有的主机。这些主机又称为端系统(End System)，“端”就是“末端”的意思(即网络的末端)。端系统在功能上可能有很大的差别，小的端系统可以是一台普通个人电脑（包括笔记本电脑或平板电脑)和具有上网功能的智能手机，甚至是一个很小的网络摄像头（可监视当地的天气或交通情况，并在互联网上实时发布)，而大的端系统则可以是一台非常昂贵的大型计算机。端系统的拥有者可以是个人，也可以是单位(如学校、企业、政府机关等)。边缘部分利用核心部分所提供的服务，使众多主机之间能够互相通信并交换或共享信息。

(2) 核心部分：由其他网络和连接这些网络的路由器组成。这部分是为边缘部分提供服务的(提供连通性和交换)。

图4-1给出了这两部分的示意图，下面分别讨论这两部分的作用和工作方式。

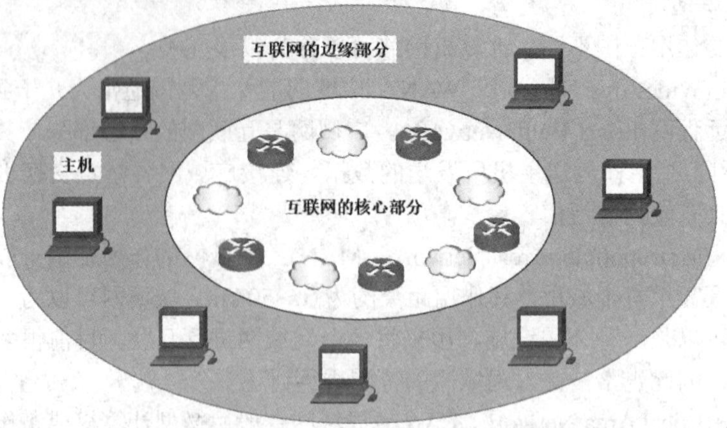

图 4-1　网络边缘

网络核心部分是网络中最复杂的部分，因为网络中的核心部分要向网络边缘中的大量主机提供连通性，使边缘部分中的任何一台主机都能够向其他主机通信。在网络核心部分起特殊作用的是路由器(router)，它是种专用计算机(但不叫做主机)。路由器是实现分组交换的关键部件，其任务是转发收到的分组，这是网络核心部分最重要的功能。

习　题

1. 互联网有什么特点？
2. 从网络的作用范围角度来看，可以把网络分为哪几类？
3. 请简述网络的组成结构及各部分的作用。

任务 2　认识 IP 地址

任务目标

(1) 认识互联网的分层架构。
(2) 了解常用的网络协议。
(3) 了解 IP 地址的分类。
(4) 掌握 IP 地址的作用。

任务导入

网络是一个庞大而复杂的机体，那么网络中的两个终端设备是怎么建立连接，实现通信的？怎么让两个设备可以精准的定位到对方？怎么保证双方可以高效无误地完成通信？

任务描述

本任务以网络中的通信协议为主线，介绍互联网的分层架构、各层的角色和作用，以及网际层的重要概念——IP 地址。

知识链接

在计算机网络中要做到有条不紊地交换数据，就必须遵守一些事先约定好的规则。这些规则明确规定了所交换的数据格式以及有关的同步问题。这些为进行网络中的数据交换而建立的规则、标准或约定称为网络协议(Network Protocol)。

为方便查找，在网络中的每一台计算机都有一个地址，这个地址就称为 IP 地址。IP 地址由 32 位二进制数表示，分为 4 段(4 个字节)，每一段为 8 位二进制数(1 个字节)。每一段 8 位二进制数中间使用英文的标点符号“.”隔开。

由于二进制数太长，为了便于记忆和识别，计算机把每一段 8 位二进制数转成十进制数，大小为 0～255。IP 地址的这种表示法叫做“点分十进制表示法”。IP 地址表示为：xxx.xxx.xxx.xxx。

那么，怎么分配 IP 地址呢？互联网上的 IP 地址统一由一个叫“ICANN”(Internet Corporation for Assigned Names and Numbers，互联网名称与数字地址分配机构)的组织来管理。

IP 地址主要由两部分组成：一部分用来标志所在网络的网络号，另一部分用于指定某台特定主机的主机号。为适应不同规模的网络，IP 地址分为了 5 个不同的地址类别(ABCDE 五类)，其中 A、B、C 类的 IP 地址最常用，D 类 IP 地址用于组播，E 类 IP 地址用于科研，如表 4-1 所示。

表 4-1 IP 地址分类表

IP 地址类型	第一字节十进制范围	二进制固定最高位	网络位	主机位	容纳的主机数
A	0～126	0	8 位	24 位	$2^{24}-2$
B	128～191	10	16 位	16 位	$2^{16}-2$
C	192～223	110	24 位	8 位	$2^{8}-2$
D	224～239	1110	组播地址使用		
E	240～255	1111	保留实验使用		

1. A 类 IP 地址(用来支持超大网络)

首先，网络号字段全为 0 的 IP 地址是个保留地址，意思是本网络；其次，网络号为 127(01111111)的 IP 地址是保留作为本地软件环回测试的地址。所以，A 类 IP 地址中实际可用的网络号为 1～126，即 126 个网络号，2^7-2。

2. B 类 IP 地址(用来支持中等网络)

在实际中，B 类地址的 128.0.0.0 是不指派的，网络从 128.1.0.0 开始指派，所以 B 类网络可以指派的网络为 $2^{14}-1$。

3. C 类 IP 地址(用来支持小型网络)

与 B 类网络类似，C 类 IP 地址的 192.0.0.0 也不指派，从 192.0.1.0 开始指派，所以网络数为 $2^{21}-1$。

4. D 类 IP 地址

D 类 IP 地址用来支持组播，也称组播地址，组播地址不区分网络号或者主机号，局势单一的网络地址，用来转发目的地址为预先定义的一组 IP 地址的分组。

5. E 类 IP 地址

E 类 IP 地址用于科研，所以 Internet 上没有 E 类地址。

6. 保留 IP 地址

(1) 网络地址：网络位不变，主机位全为 0 的 IP 地址表示网络本身，就是网络地址。

(2) 广播地址：网络位不变，主机位全为 1 的 IP 地址是广播地址。

习　题

1. 请简述 TCP/IP 协议族的层次结构。
2. IP 地址分为哪几类？取值范围分别是多少？

任务 3　认识路由器

任务目标

(1) 掌握家用路由器的配置。

(2) 理解 IP 地址在其中的应用。

任务导入

家用路由器和调制解调器(俗称“猫”)是我们日常生活中最常见的网络设备。通常来说，调制解调器需要专业的电信公司工程师来调试和配置，而家用路由器的配置就可以由我们自己来完成了。

任务描述

本任务以家用路由器的配置为切入点，让同学们对网络有一个直观感性的认识，并实现了 IP 地址的管理和应用。

知识链接

路由器(Router)又称网关设备(Gateway)，用于连接多个逻辑上分开的网络，是连接各局域网、广域网的设备，它会根据信道的情况自动选择和设定路由(最佳路由)，按前后顺序发送数据。当数据从一个子网传输到另一个子网时，可通过路由器的路由功能来完成。路由器通过路由决定数据的转发。转发策略称为路由选择(routing)，这也是路由器名称的由来(router，转发者)。作为不同网络之间互相连接的枢纽，路由器系统构成了基于 TCP/IP 的 Internet 的主体，也可以说，路由器构成了 Internet 的骨架。

目前流行的宽带路由器不仅可以实现多机共享上网，而且大多具有自动拨号、防火墙、虚拟服务器、DHCP 等多种实用功能，是目前小型局域网共享上网的理想方案。我们以

TP-LINK 的 TL-R402 宽带路由器为例，来学习一下宽带路由器的配置过程。

1. 宽带路由器的安装

网络的拓扑结构如图 4-2 所示。

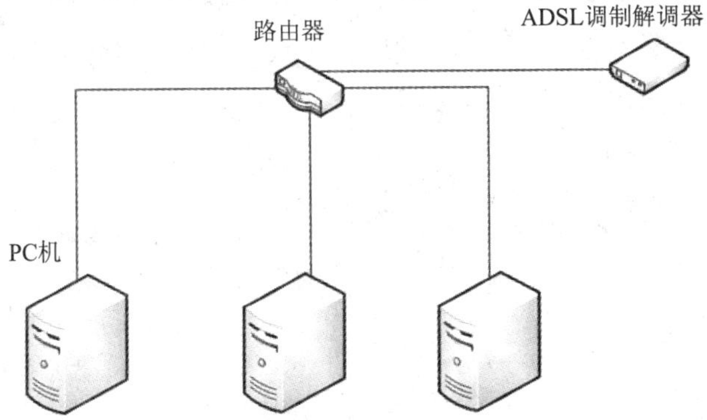

图 4-2　网络的拓扑结构

TL-R402 宽带路由器提供了 1 个“WAN”口，用来连接宽带线(可以是以太网接口的 ADSL 调制解调器，也可以是局域网接入的网线)；提供了 4 个“LAN”口，可以用来连接 PC 机。

安装步骤：首先正确连接宽带路由器的电源线；接下来，用网线分别将 PC 上的网卡和路由器的“LAN”口连接。

2. 宽带路由器的参数设置

(1) 登录到宽带路由器。一般宽带路由器都提供 Web 管理界面，通过 IE 浏览器就能登录到路由器并进行设置。每个路由器都有一个用于管理的 IP 地址，通过此 IP 地址就可以对路由器进行访问。通常此 IP 地址、管理员用户名、密码一般标注在路由器的底部。本路由器的访问地址为“192.168.1.1”，在 IE 地址栏中输入“192.168.1.1”，然后按回车键就会看到登录界面，输入用户名“admin”和密码“admin”，然后单击“确定”按钮。

(2) 进入路由器的设置界面，如图 4-3 所示。

图 4-3　路由器的设置

(3) 选择“网络参数”选项，然后选择“LAN 口设置”选项，出现如图 4-4 所示的“LAN 口设置”界面，对路由器 LAN 口的基本网络参数进行设置。输入 IP 地址“192.168.1.1”，子网掩码“255.255.255.0”。

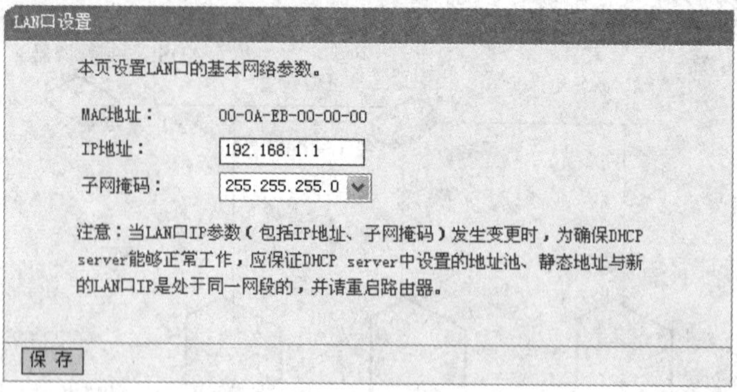

图 4-4 “LAN 口设置”界面

MAC 地址是路由器的物理地址，此值不可更改。IP 地址路由器的逻辑地址，也是管理地址。

局域网中所有计算机的默认网关须设置为该路由器的 IP 地址。子网掩码是路由器对局域网的子网掩码，一般为“255.255.255.0”，局域网中所有计算机的子网掩码须与此处设置相同。以上设置完成后单击“保存”按钮。

(4) 选择“网络参数”选项，然后选择“WAN 口设置”选项，出现如图 4-5 所示的“WAN 口设置”界面，这个界面主要是对上网方式和权限进行设置。

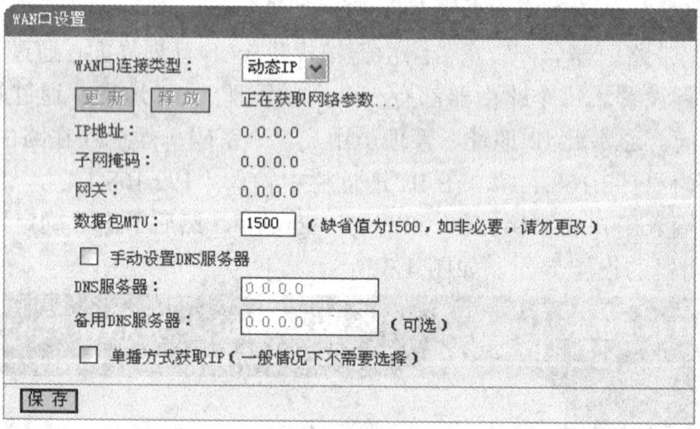

图 4-5 “WAN 口设置”界面

WAN 口连接类型是指路由器支持的上网方式，请根据自身情况进行选择。如果你的上网方式为动态 IP，即你可以自动从网络服务商获取 IP 地址，请选择“动态 IP”选项；如果你的上网方式为静态 IP，即你拥有网络服务商提供的固定 IP 地址，请选择“静态 IP”选项；如果你上网的方式为 ADSL 虚拟拨号方式，请选择“PPPoE”选项。

上网账号和上网口令中输入 ISP 为你提供的 ADSL 上网账号和上网口令，一般可以选择“自动连接”选项。

以上设置完成后单击“保存”按钮。

(5) DHCP 服务器设置。如果宽带路由器带有 DHCP 服务器功能，你可以让 DHCP 服务器自动替你分配局域网中各计算机的 IP 地址。选择“DHCP 服务”选项，然后选择“DHCP 服务”选项就可以对路由器的 DHCP 服务器功能进行设置。选择“启用”DHCP 服务器按钮。地址池开始地址是指 DHCP 服务器所自动分配的 IP 起始地址，如图 4-6 所示，开始地址为“192.168.1.100”；地址池结束地址是指 DHCP 服务器所自动分配的 IP 结束地址，如图 4-6 所示，结束地址为“192.168.1.199”。网关和 DNS 服务器等是可选的，也可不填。

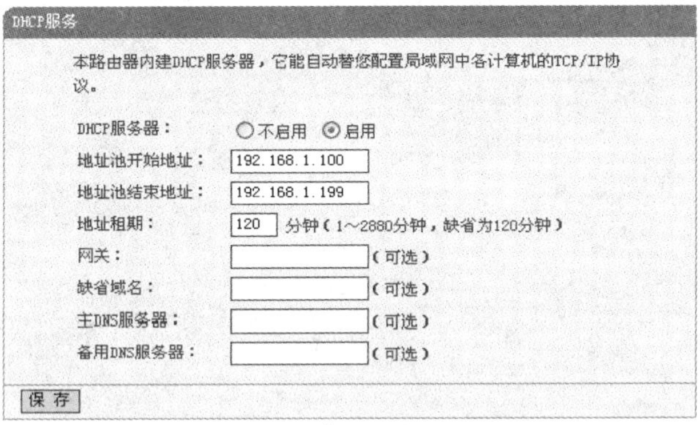

图 4-6　地址池配置

以上设置完成后单击“保存”按钮，并重新启动路由器。

3. 使用宽带路由器实现多机共享上网

按照以上的步骤将宽带路由器的网络参数设置完毕，最后把局域网中各计算机的 TCP/IP 协议属性都设置为“自动获得 IP 地址”选项，此局域网中的每台计算机就可以通过路由器共享上网了。

路由器的运行状态如图 4-7 所示。

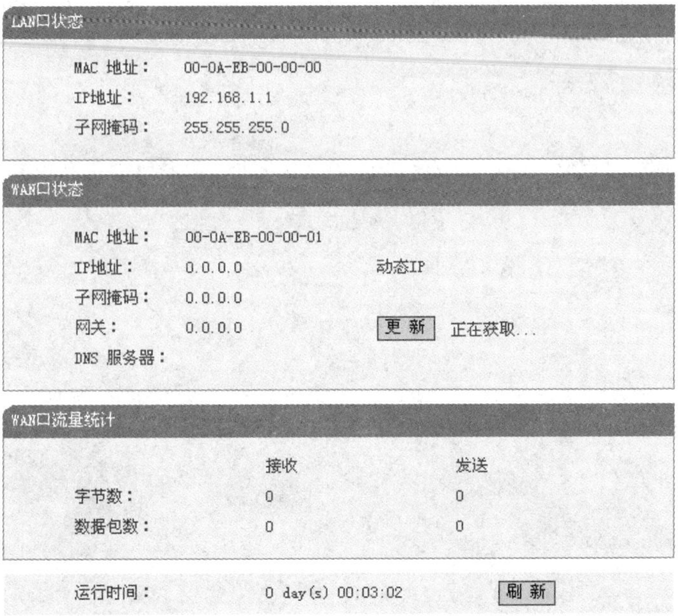

图 4-7　路由器的运行状态

习　题

请大家为一台家用路由器配置连接互联网(不同品牌，不同型号路由器的配置界面略有不同)。

基 础 篇

项目五

Word 2010 应用

项目目标

(1) 掌握 Word 的工作界面及启动方法。
(2) 熟练对文档进行各种操作。
(3) 学会制作个人简历。

项目导入

Microsoft Office Word2010(以下简称 Word)是目前流行的文字处理软件之一，功能强大，可用于文字排版、制作报表等，作为 Office 套件的核心程序，Word 提供了许多易于使用的文档创建工具，同时也提供了丰富的功能用于创建复杂的文档。哪怕只使用 Word 应用一点文本格式化操作或图片处理，也可以使简单的文档变得比只使用纯文本更具吸引力。那么如何制作 Word 文档呢?

项目描述

Word 功能非常强大，掌握常用的功能是最基本的。本项目将通过三个任务进行简单介绍。

任务 1　Word 2010 概述

任务目标

(1) 掌握新建和打开 Word 文档的方法。
(2) 掌握 Word 文档的编辑与保存方法。
(3) 认识 Word 文档的关闭与退出程序。
(4) 学会利用 Word 制作信件。

任务导入

Microsoft Office Word 2010(下文简称 Word 2010)是 Microsoft Office 2010 办公套件中的一个重要组件。在学习 Word 2010 之前，需要先了解一些 Word 2010 的基础知识，如 Word

程序的工作界面，Word 文档的打开、新建、编辑、保存等操作方法。

任务描述

本任务对 Word 2010 的简单介绍，可使大家能够根据所学内容，实现简单文档操作。

知识链接

1. Word 2010 窗口组成及文件编辑操作

1) *启动 Word 2010 启动*

Word 2010 的常用方法有以下 3 种：

(1) 从“开始”菜单启动，如图 5-1 所示。

(2) 通过桌面快捷方式启动。双击桌面上的 Word 2010 快捷方式图标。

(3) 直接打开 Word 文档。双击资源管理器或文件夹中的 Word 文档图标。

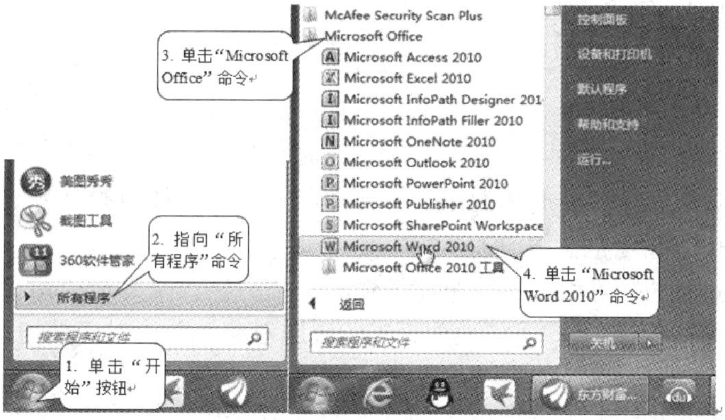

图 5-1　从“开始”菜单启动 Word 2010

2) *Word 2010 的窗口组成*

启动 Word 2010 后，将打开 Word 2010 的窗口，其操作界面如图 5-2 所示。

图 5-2　Word 2010 窗口

(1) 标题栏：显示正在编辑的文档的文件名以及所使用的软件名。

(2) “文件”菜单：包含 Office 的基本操作命令。

(3) 快速访问工具栏：包含 Office 的常用工具，也可以添加个人常用命令，如图 5-3 所示。

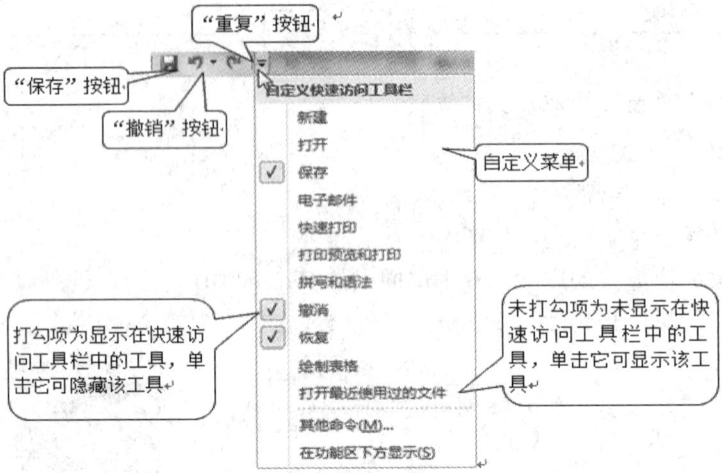

图 5-3　快速访问工具栏

(4) 功能区：集合了工作时需要用到的命令，与其他软件中的菜单或工具栏相同。

(5) 编辑窗口：显示正在编辑的文档。

(6) 视图切换按钮：可用于更改正在编辑的文档的显示模式。Word 2010 提供了 5 种版式视图，该按钮组中的每个按钮与某种版式的视图对应，单击对应按钮即可切换到相应的版式视图。

(7) 滚动条：可用于更改正在编辑的文档的显示位置。

(8) 缩放滑块：可用于更改正在编辑的文档的显示比例设置。

(9) 状态栏：显示正在编辑的文档的相关信息，如当前光标所在的页号、当前页/总页数、位置、行号和列号。

(10) 标尺：用来设置段落缩进格式。

2. Word 文档基本操作

1) 新建空白文档

启动 Word 2010 后，系统会自动创建一个空白文档，我们也可以通过以下两种方法之一新建一个空白文档：

(1) 通过“文件”菜单新建一个空白文档，如图 5-4 所示。

(2) 按下 Ctrl+N 组合键。

2) 输入文本

(1) 录入文档内容时，从插入点开始。

(2) 需要换段时，按下 Enter 键。如果只换行不换段，则按下 Shift + Enter 组合键。

(3) 如需重复操作(如重复录入某字)，可单击快速访问工具栏上的“重复”按钮，或按 F4 键。

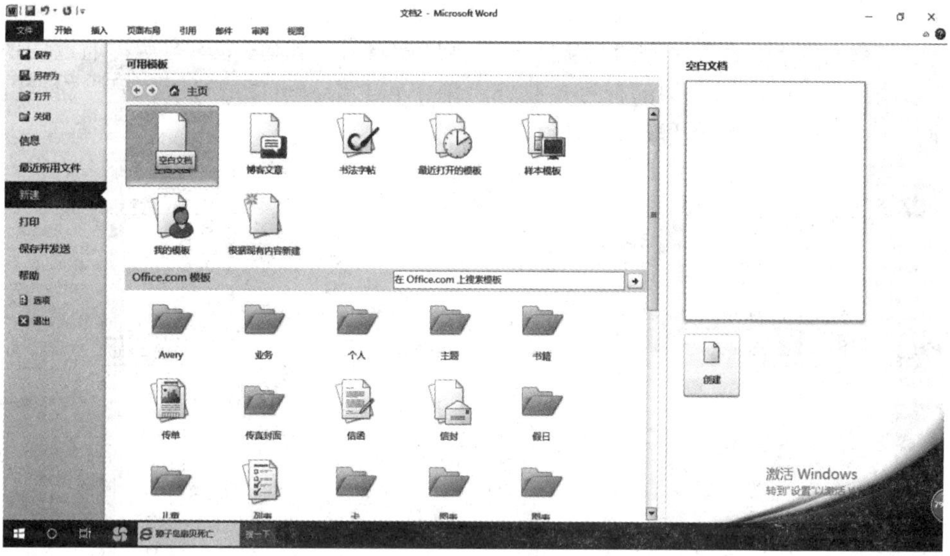

图 5-4　通过“文件”菜单新建一个空白文档

(4) 中文标点符号必须在中文标点符号的状态下输入；英文标点符号必须在英文标点符号的状态下输入，可通过中英文标点符号切换按钮来实现切换。

(5) 在录入过程中如出现错误，可通过单击“撤销”按钮撤销输入，或按退格键删除光标前面的字符，按下 Delete 键删除光标后的字符。

3) 插入日期和时间

在 Word 中输入日期和时间时，可以利用 Word 的自动插入功能来插入当前的系统日期和时间，自动插入的日期和时间可随系统日期和时间自动更新。自动插入当前系统日期和时间的操作方法如图 5-5 所示。

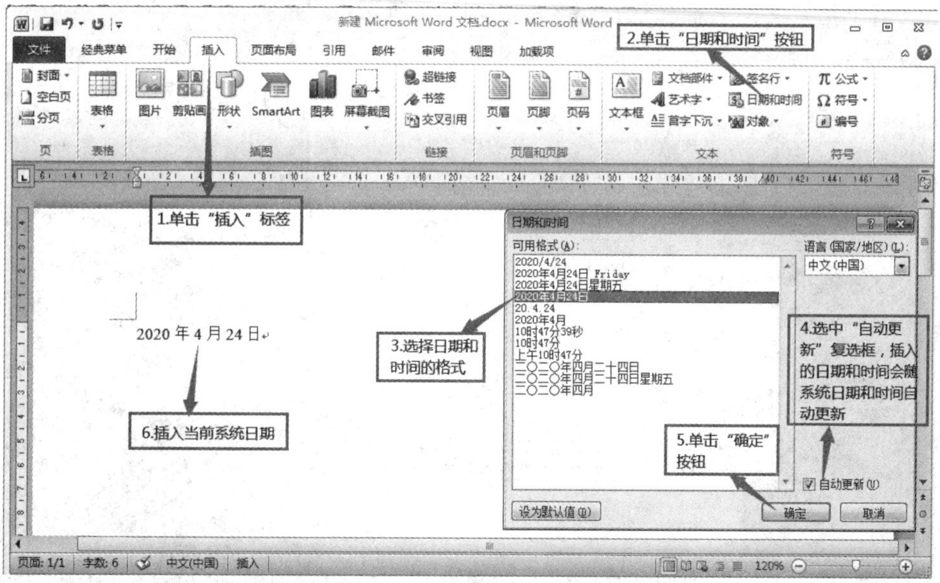

图 5-5　插入当前的系统日期和时间

4) 输入特殊符号

使用键盘上的 Shift+数字键可以输入一些常用的符号，如@、&、* 等；通过切换软键盘，可以输入更多的不同类型的符号。此外，在 Word 中，可以通过“符号”对话框来插入各种各样的符号和特殊符号，如图 5-6 所示。

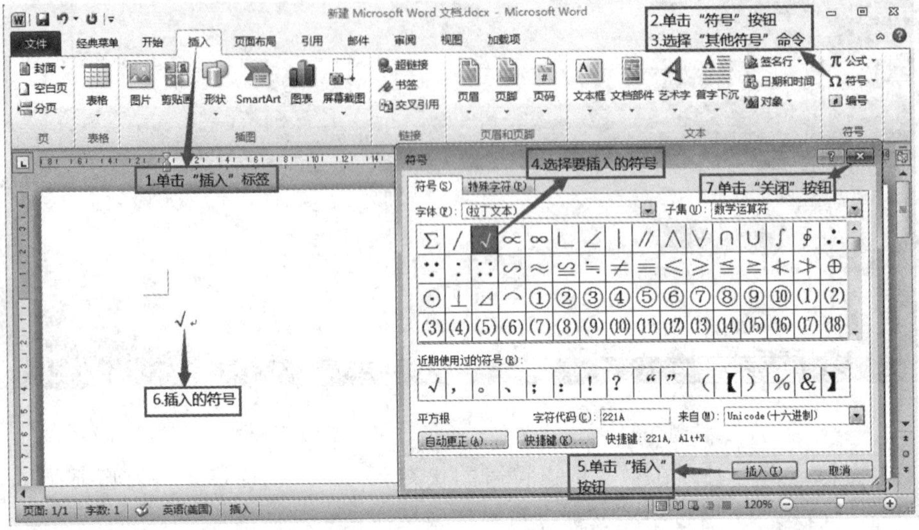

图 5-6　输入特殊符号

3．保存文档的 3 种方法

(1) 单击快速访问工具栏上的“保存”按钮。

(2) 选择“文件”→“保存”命令。

(3) 选择“文件”→“另存为”命令，保存文档的备份。

当选择“文件”→“另存为”命令，或者第一次保存文档时，会弹出一个“另存为”对话框，用于指定文档名称和保存路径，如图 5-7 所示。

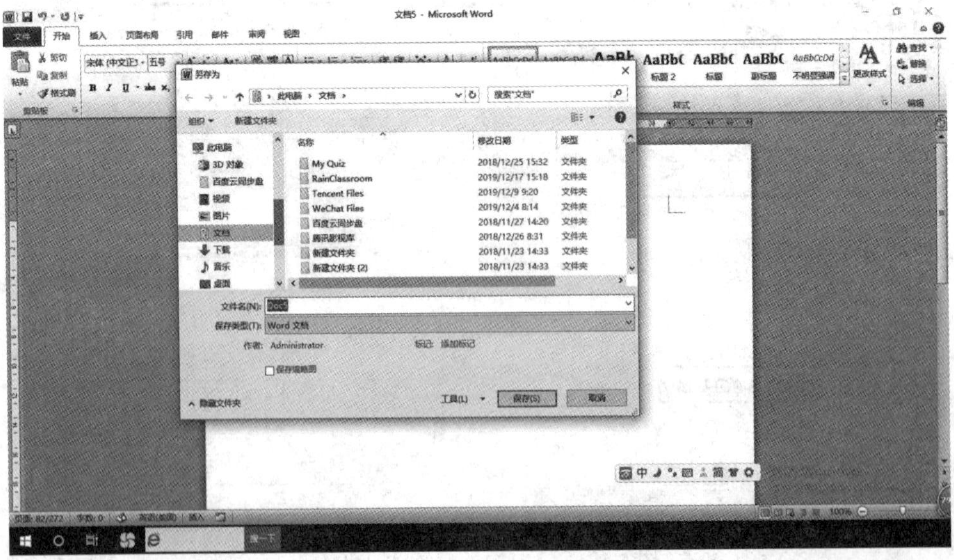

图 5-7　“另存为”对话框

4．快速打开最近用过的 Word 文档

选择“文件”→“最近所用的文档”命令，然后选择要打开的文档，如图 5-8 所示。

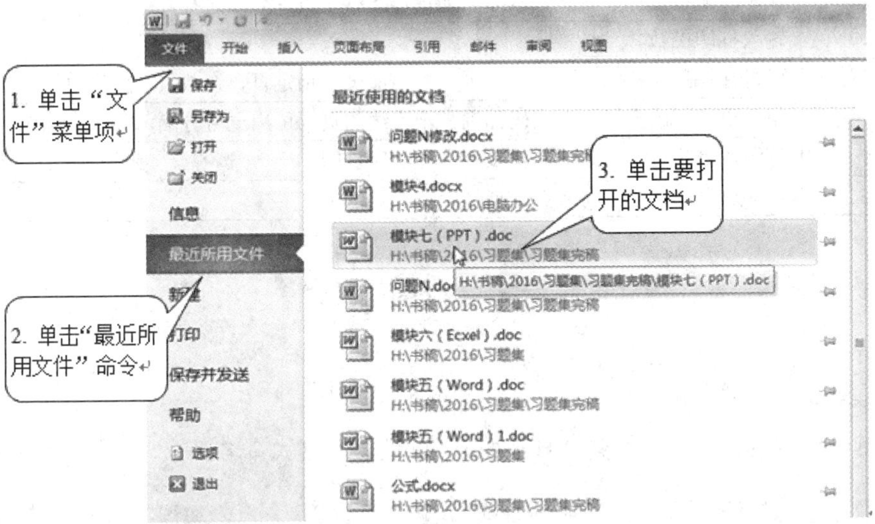

图 5-8　打开最近用过的 Word 文档

5．浏览文档和打印文档

1) Word 2010 的视图模式

Word 2010 中共含有 5 种视图模式，表 5-1 列出了这些视图的名称、特点与作用。

表 5-1　Word 2010 的视图模式

视图方式	功　能
页面视图	Word 的默认视图模式。在该模式下，文档内容显示效果与打印效果完全一样，所有的信息都会真实地显示出来
阅读版式视图	可暂时隐藏 Word 程序窗口中所有部件，只留下文字、图片等信息，便于用户阅读文档
Web 版式视图	可直接以 Web 版式浏览文档
大纲视图	在编排长文档时，尤其是编辑书籍时，由于标题的等级较多，利用该模式可以层次分明的显示标题，而且还可快速改变各级标题级别
草稿模式	在输入大量的文字信息时，经常采用这种视图模式

2) 视图切换方法

(1) 使用状态栏上的视图切换图标。

(2) 使用“视图”选项卡“文档视图”组中的工具。

3) 打印前的准备

在打印文档之前，需要先连接打印机、准备打印纸并设置打印参数，打印参数需要在“文件”选项卡的“打印”设置中进行设置。表 5-2 列出了 Word 2010 中可设置的主要打印参数及其功能。

表 5-2　Word 2010 中可设置的主要打印参数及其功能

打印参数	功　能
打印机	显示打印机名称、位置和状态。如果连接打印机，可以选择其他打印机
份数	输入打印份数
打印所有页	可以选择打印范围，包括所有页面、当前页、指定页、奇数页、偶数页
页数	指定要打印的页码或者页码范围，不连续的页码可用逗号分隔，如 1,3,5-10
调整	打印数量超过 1 份时，每份按照文档顺序打印
每版打印 1 页	可缩放页面大小，将多页文档打印在一页纸上

习　题

1. 简述 Word 的界面组成。
2. 简述打开 Word 的几种方法。
3. 新建一个 Word 文档并按照“自己的班级+姓名”格式命名。

任务 2　格式化文档

任务目标

(1) 掌握字符和段落的格式设置方法。
(2) 学会制作信件。
(3) 学会制作个人简历。

任务导入

Word 2010 提供了功能强大的格式设置工具，可以非常容易地设置文档中文字的效果、段落的格式等，使整篇文档美观大方，给阅读者以良好的视觉享受。此外，还可以使用样式和格式刷来为字符或段落快速应用已有的格式。

任务描述

本任务通过对文档段落格式的相关设置，完成对文档按使用范畴进行格式修饰；通过“一封家书”的格式设置，可使我们熟练掌握字体、段落等格式化设置的操作方法与技巧。

知识链接

1．选定文本

如果要对文本中某部分进行格式设置，需要先选定这部分文本。选定文本的方法主要有以下 3 种：

(1) 用鼠标选定文本。按住 Ctrl 键，将鼠标光标移到所要选的句子中的任意位置处单击选定一个句子。拖动鼠标左键直到要选定文本区的最后一个文字并松开选定任意大小的文本区。

(2) 用键盘选定文本。选定文本的键盘快捷键及其相应功能如表 5-3 所示。

表 5-3 选定文本的键盘快捷键及其相应功能

组合键	功 能
Shift+→	选定插入点右边的一个字符或汉字
Shift+←	选定插入点左边的一个字符或汉字
Shift+↑	选定到上一行同一位置之间的所有字符或汉字
Shift+↓	选定到下一行同一位置之间的所有字符或汉字
Shift+Home	从插入点选定到它所在行的开头
Shift+End	从插入点选定到它所在行的末尾
Shift+PageUp	选定上一屏
Shift+PageDown	选定下一屏
Ctrl+A	选定整个文档

(3) 利用 Word 的扩展功能键 F8 选定文本。方法是将插入点移到选定区域的开始处后，先按下 F8 键打开扩展功能，再按下→键选取插入点右边的一个字符，或者按下↓键向下选取一行。按下 Esc 键可以关闭扩展选取方式，再按下任意键则可取消选项区域。

2. 格式设置工具

1) "开始"选项卡

功能区的"开始"选项卡中的工具用于设置字体格式、段落格式和使用 Word 内置的样式，如图 5-9 所示。

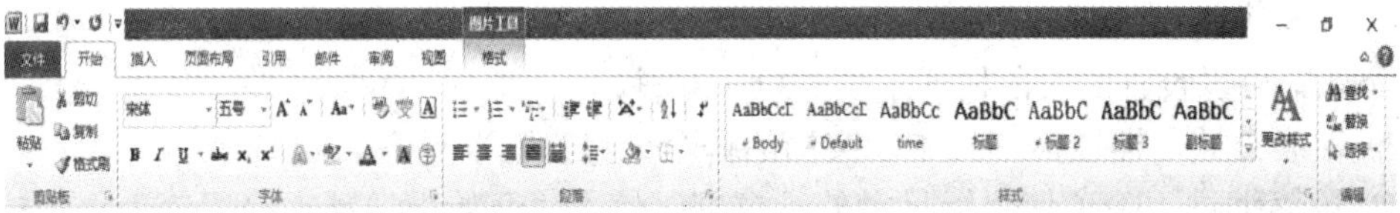

图 5-9 功能区的"开始"选项卡

2) 格式设置对话框

格式设置对话框包括"字体"对话框和"段落"对话框，可通过单击"开始"选项卡中的"字体"或"段落"组右下角的控件打开，如图 5-10 所示。

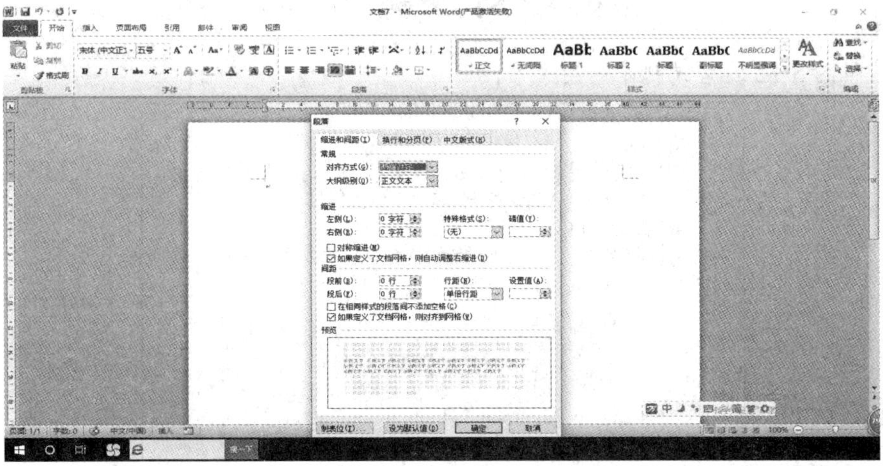

图 5-10 打开"段落"对话框

3) 标尺

使用标尺可以快速灵活地设置段落的缩进，水平标尺上有 4 个缩进滑块，如图 5-11 所示。

图 5-11　标尺上的缩进滑块

3．字体格式

Word 文档中可以使用的字体取决于打印机提供的字体和计算机装入的字体文件。不同的字体有不同的外观形状，一些字体还可以带有自己的符号集。

Word 中可以设置的字体格式主要有以下几种：

(1) 字体：包括中文字体和西文字体，前者只对中文有效，后者只对西文有效。

(2) 字号：即字符的大小。在 Word 中可以利用“号”和“磅”两种单位来度量字体大小，当以“号”为单位时，数值越小，字体越大；当以“磅”为单位时，数值越小，字体也越小。

4．字形

字形包括加粗笔画，使文本向右倾斜，为文本添加下划线、边框、底纹，横向拉伸或收缩字符，改变文本颜色，使文本变成带有背景色的文本以便突出显示。

5．段落格式

Word 中可以设置的段落格式主要有以下几种：

(1) 对齐方式。即段落中文本以文档的哪个边界为基准对齐。

(2) 段落缩进。除了使用标尺之外，也可以使用“开始”选项卡“段落”组中的缩进工具来增加缩进量或减少缩进量。

(3) 行间距和段间距。指文本行与行之间的距离和段落与段落之间的距离，段落间距包括段前间距和段后间距。

习　题

请按照图 5-12 的格式制作一封家书。

亲爱的爸爸、妈妈：

　　你们好！

　　我已顺利到达学校，并已办好入学手续，学校的环境很好，宿舍很干净，食堂伙食也不错，爸爸妈妈不用担心。

　　熄灯时间快到了，不多写了，我不在家的日子里，希望爸爸妈妈保重身体，不要太操劳了，我一定会努力学习，报效祖国，为爸爸妈妈争气。

此致

敬礼

爱你们的女儿：小岚

2017年1月26日 星期四

图 5-12　一封家书

任务3 制作表格

任务目标

(1) 熟练掌握表格的基本操作。

(2) 能够灵活运用表格处理实际问题。

任务导入

小张是高校应届毕业生，正忙碌为找工作做准备，首先需要向心仪公司投放个人简历，请帮助小张制作一份满意的人个简历。

任务描述

通过本任务的学习，可使我们学会使用 Word 2010 中“表格”的功能，灵活创建各种样式的表格。

知识链接

1. 创建表格

1) 创建表格的方法

Word 2010 提供了多种创建表格的方法，常用的方法有以下 3 种：

(1) 自动创建表格。操作方法如图 5-13 所示。

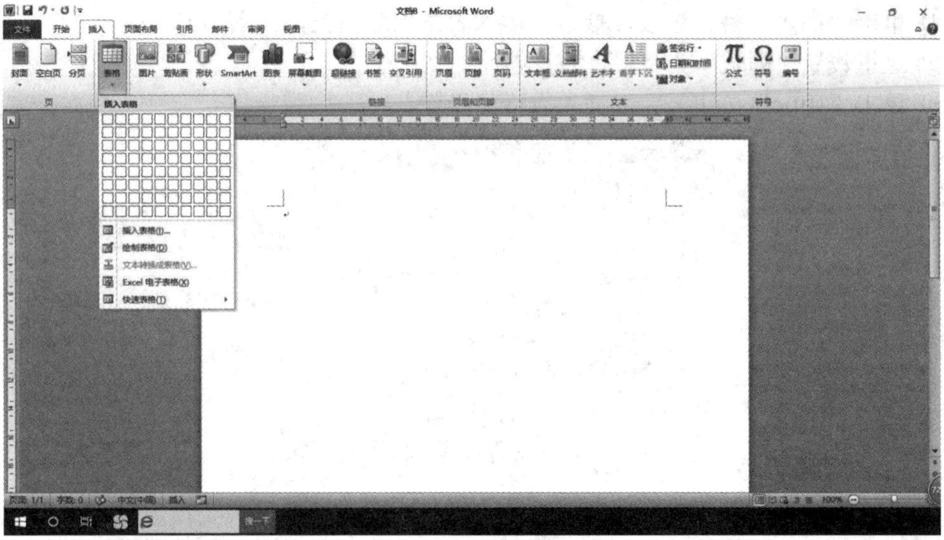

图 5-13 自动创建表格

(2) 使用对话框创建表格。在“表格”下拉菜单中选择“插入表格”命令可弹出“插入表格”对话框，可以指定表格的行列数并设置其他参数。

(3) 绘制表格。在“表格”下拉菜单中选择“绘制表格”命令，光标会变成铅笔状，在页面上拖动鼠标即可绘制表格的框线，如图 5-14 所示。

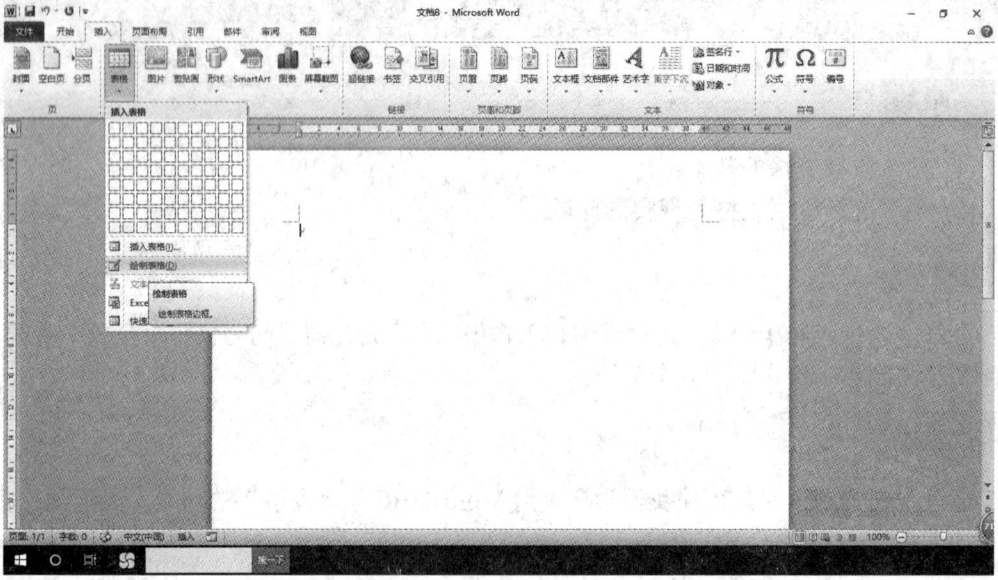

图 5-14　绘制表格

由于个人简历表行列数比较多且复杂，这里利用“插入表格”对话框来创建个人简历表，具体操作步骤如下：

① 创建一个新文档，然后首先输入表头文字“个人简历表”。

② 将插入点定位在表头文字的下一行。

③ 在“插入”选项卡下的“表格”组中单击“表格”按钮，打开一个下拉列表。

④ 单击“插入表格”选项，打开“插入表格”对话框，如图 5-15 所示。

⑤ 这里设置“列数”为“3”，“行数”为“20”。

⑥ 单击“确定”按钮，完成插入表格的操作。

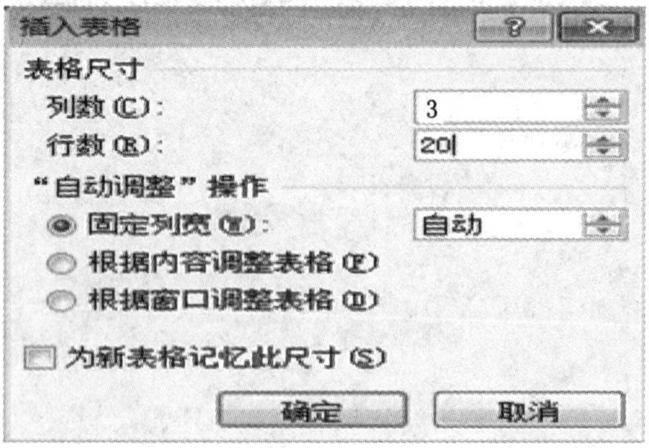

图 5-15　“插入表格”对话框

2. 设计个人简历表

1) 编辑表格

编辑个人简历表，如图 5-16 所示。

个人资料				
姓 名		出生日期		照 片
籍 贯		民 族		
学 历		专 业		
地 址		毕业院校		
求职意向				
兴趣爱好				
所获奖励				
主修课程				
个人相关经历				
职业技能				
自我评价				

图 5-16　个人简历表

具体操作步骤如下：

(1) 将鼠标光标定位在简历表第一行第一个单元格中，按住鼠标左键向右拖动，选中第一行的三个单元格。

(2) 单击“布局”选项卡下“合并”组中的“合并单元格”按钮，则选中的单元格被合并为一个单元格。

(3) 将鼠标光标定位在简历表第二行第三个单元格中，按住鼠标左键向下拖动，选中第三列 2、3、4、5、6、7 单元格。

(4) 单击“布局”选项卡下“合并”组中的“合并单元格”按钮，则选中的单元格被合并为一个单元格，如图 5-17 所示。按照相同的方法合并表格中需要合并的单元格。

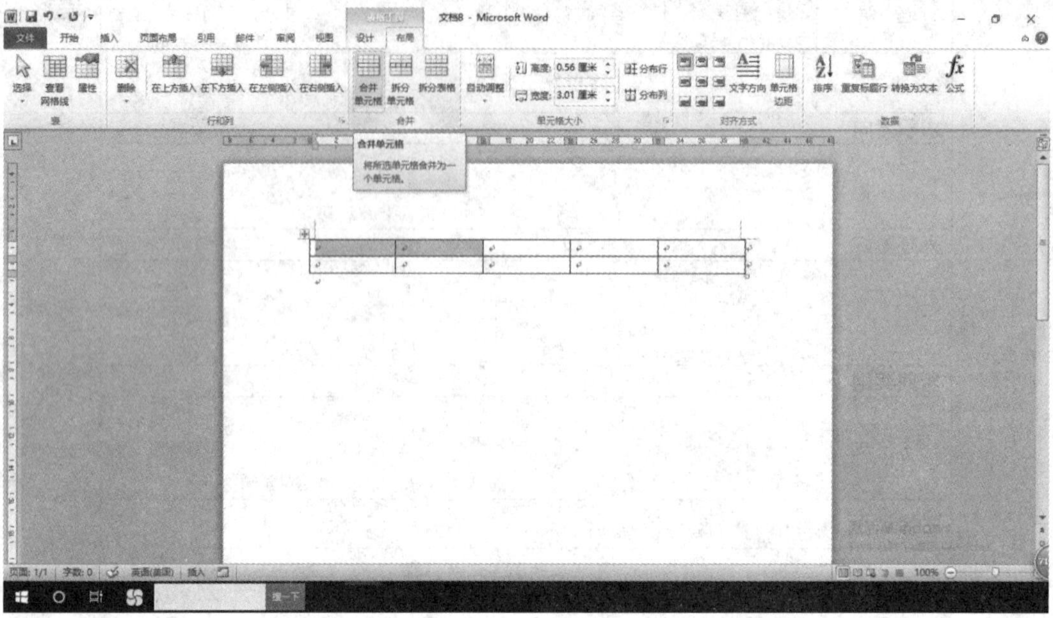

图 5-17　合并单元格

在 Word 2010 中不同的行可以有不同的高度，但同一行中的所有单元格必须具备相同的高度。

2) 个人简历表调整行高

(1) 首先在空白的单元格中输入相应的文本。

(2) 将鼠标光标移到第一行左边界的外侧，当光标变成箭头状时，单击鼠标左键则可选中该行。

(3) 在“布局”选项卡下“单元格大小”组的“表格行高”文本框中输入“0.8 厘米”，则选定的行高度被设置为 0.8 厘米。

(4) 按照相同的方法设置求职意向、主修课程、个人相关经历、职业技能、自我评价各行的行高为 0.8 厘米。

(5) 将鼠标光标移到第二行左边界的外侧，当光标变成箭头状时，单击鼠标左键则可选中该行，按住鼠标左键向下拖动选中 3、4、5、6、7 行。

(6) 在“布局”选项卡下“单元格大小”组的“表格行高”文本框中输入“0.8 厘米”，则选定的行高度被设置为 0.8 厘米，如图 5-18 所示。

(7) 将鼠标光标移动到“希望应聘贵公司……”行的下边框线上，当出现一个改变大小的行尺寸工具时按住鼠标左键向下拖动，此时出现一条水平的虚线，显示改变行高度后的位置，当行高调整合适时松开鼠标。

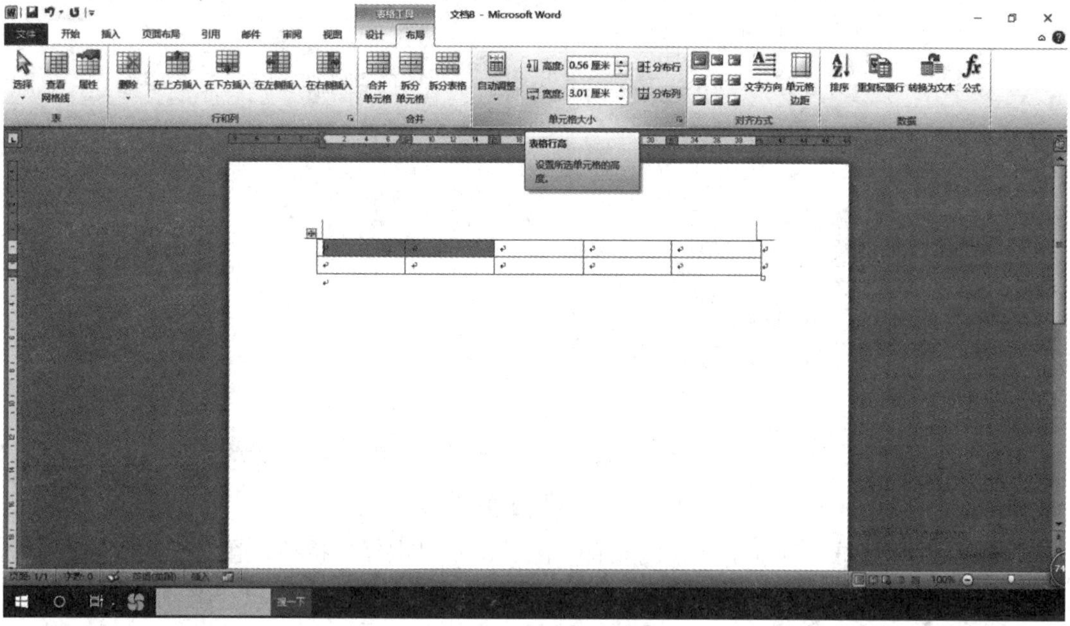

图 5-18　精确调整行高

(8) 按照相同的方法适当调整主修课程、个人相关经历、职业技能、自我评价下面具体内容行的行高。

对于已有的表格，为了让各列的宽度与内容相符，用户可以调整行列宽。在 Word 2010 中不同的列可以有不同的宽度，同一列中各单元格的宽度也可以不同。

3) 调整个人简历表的列宽

(1) 将鼠标光标移到第一行左边界的外侧，当光标变成箭头状时 ，单击鼠标左键则可选中该行。

(2) 在“布局”选项卡下“单元格大小”组的“表格列宽”文本框中输入“16 厘米”，则选定的列宽度被设置为 16 厘米。

(3) 将鼠标光标移到第八行左边界的外侧，当光标变成箭头状时 ，单击鼠标左键则可选中该行，按住鼠标左键向下拖动下面所有的行。

(4) 在“布局”选项卡下“单元格大小”组的“表格列宽”文本框中输入“16 厘米”，则选定的列宽度被设置为 16 厘米。

(5) 将鼠标光标移动到姓名后面的列边框线上，当出现一个改变大小的列尺寸工具时按住鼠标左键并拖动，此时出现一条垂直的虚线，显示列改变后的宽度，调整到合适位置时松开鼠标即可。

(6) 按照相同的方法适当设置“婚姻状况”和“照片”列的列宽。

4) 个人简历添加边框和底纹

(1) 单击表格左上角的控制按钮，选中整个表格。

(2) 单击“设计”选项卡下“绘图边框”组右侧的对话框启动器，打开“边框和底纹”对话框，如图 5-19 所示。

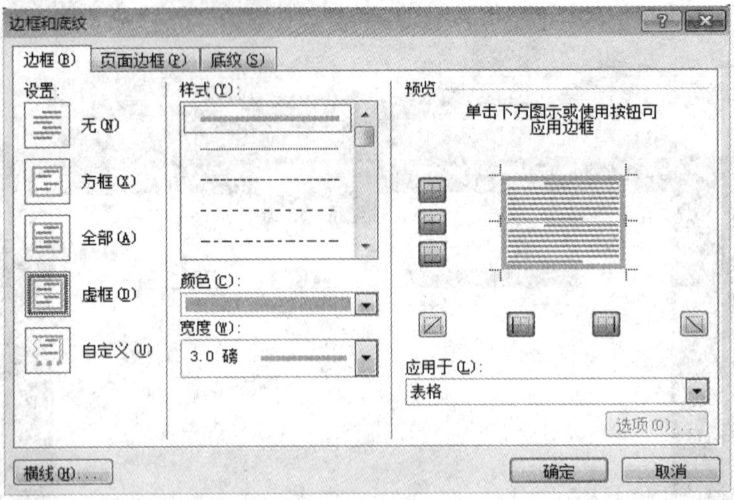

图 5-19　“边框和底纹”对话框

(3) 单击“边框”选项卡，在“设置”区域单击“虚框”按钮，在“样式”列表中选择“实线”，在“颜色”列表中选择“白色，背景 1，深色 25%”选项，在“宽度”列表中选择“3.0 磅”，在“应用于”下拉列表中选择“表格”选项。

(4) 单击“确定”按钮。

(5) 选中表格的“个人资料”一行，在“设计”选项卡下“表格样式”组中单击“底纹”按钮，打开一个下拉列表，在列表中选择“深蓝，文字 2，淡色 80%”选项。

5) 在单元格中插入图片

(1) 将“照片”单元格中的照片文本删除，并将鼠标定位在该单元格中。

(2) 单击“插入”选项卡下“插图”组中的“图片”按钮，如图 5-20 所示，打开“插入图片”对话框。

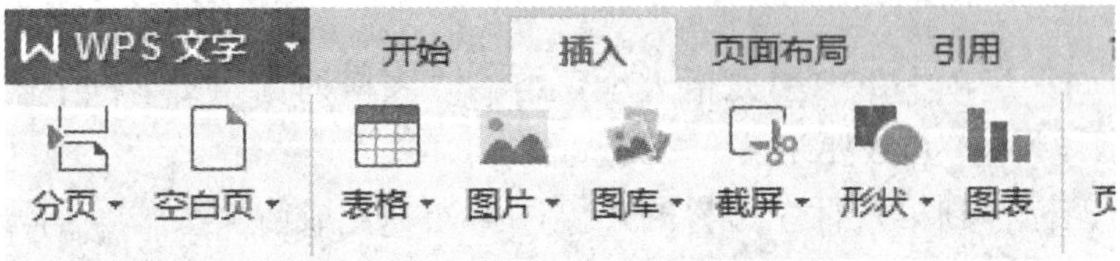

图 5-20　打开“插入图片”对话框

(3) 找到要插入的图片所在位置，在文件列表中选择需要插入的图片。

(4) 单击“插入”按钮，在单元格中插入图片。

(5) 单击图片将其选中，将鼠标光标移动到图片四角的控制点上，当光标变成双向箭头状时，按下鼠标左键并拖动，此时会显示出一个虚线框，表示调整后图片的大小。

6) 调整表格的对齐方式

(1) 单击表格左上角的控制按钮，选中整个表格，或将鼠标光标定位在表格的任意单元格中。

(2) 单击“布局”选项卡下“单元格大小”组右侧的对话框启动器按钮，打开“表格属性”对话框，如图 5-21 所示。

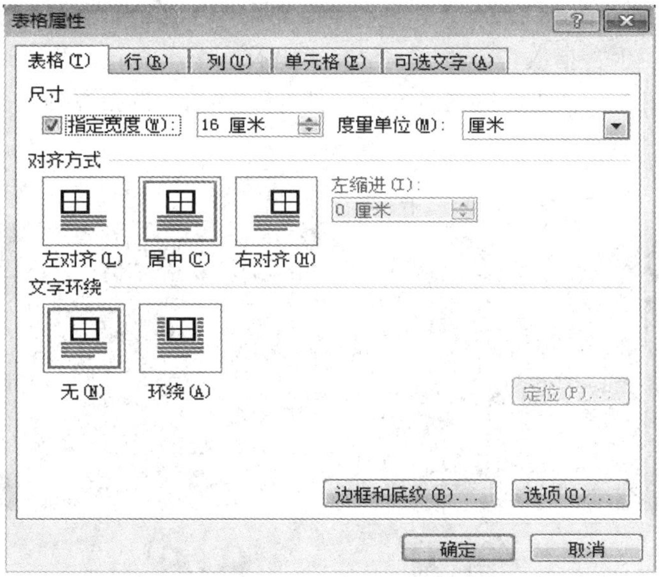

图 5-21　“表格属性”对话框

(3) 在“表格”选项卡的“对齐方式”区域选择“居中”选项，单击“确定”按钮，则表格居中对齐。

习　题

1. 制作一个关于自己的个人简历。
2. 按照所在班级的课程制作一个如表 5-4 所示的课程表。

表 5-4　课　程　表

星期 / 时间	星期一	星期二	星期三	星期四	星期五
上午					
下午					

知识拓展

1. 指法介绍

正确的指法有利于提高录入速度。

(1) 所谓标准指法，第一部分就是把你的双手依照下图的位置放在键盘上，如图 5-22 所示。即让你的左手食指放在字母 F 上(F 键上有一个小突起，我们通常称之为盲打坐标)，右手食指放在字母 J 上(J 键也有一个盲打坐标)然后将四指并列对齐分别放在相邻的键钮上。

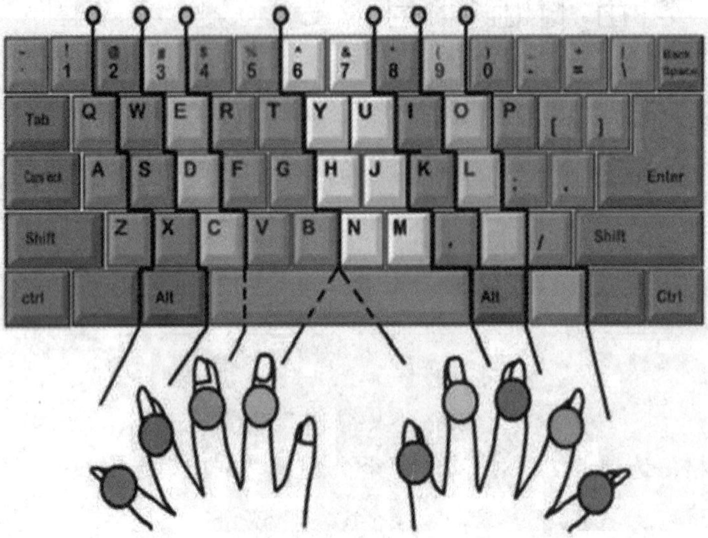

图 5-22　标准指法

(2) 标准指法的第二部分是手指的“平行”移动规律，也就是说从你把手搭到键盘上起，你的每只手的四个手指就要并列对齐并且“同上同下”。 标准指法的第三部分是手的“倾斜”移动原则，即无论是你的左手还是右手，都要遵从“左高右低”的方式上下移动，如图 5-23 所示。也就是说，左手的食指的移动规范是 4 R F V 一条线，右手食指的移动规范是 7 U J M 一条线。其中挨着左手食指的 5 T G B 由左手食指去打，同理，靠着右手食指的 6 Y H N 四个键由右手食指去打。当你对标准指法有了初步印象以后，就可以了解键盘上其他键钮的手指分工了。

图 5-23　标准指法的移动原则

(3) 通常情况下，键盘上使用率较高的其他几个键钮还包括：回车确认(Enter)键、空格键、删除键(键盘右上角上的那个 Backspace 键)以及上档键(Shift)。空格键(也称空格棒)是你打字过程中使用频率最高的一个功能键，可以用两手的大拇指随你去敲(大部分人喜欢用右手大拇指，这个不限)；回车(确认)键是使用率第二的功能键，由右手小指去敲；删除键是在你打字过程中使用频度第三的功能键，通常用于打字错误的修正(删除)，也由右手的小指去敲。

(4) 所谓上挡键，就是当一个键钮上有两个字符时的辅助选择键，像标注在数字 1 上的!，就是在你用右手小指压下 Shift 键之后，用左手小指敲击数字 1 而打出来的。其他的一些像@ 、: ——等道理相同。需要说明的是，有两个字符的键钮左右都有分布，所以这个上挡键在键盘上的布局也是左右各放一个，以利于你双手配合好把它打出来，如图 5-24 所示。

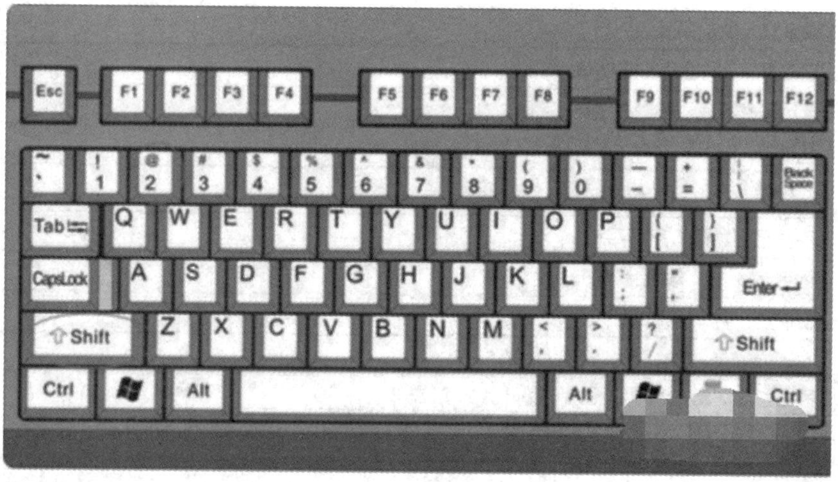

图 5-24　上挡键(Shift)

2．五笔字型输入法介绍

五笔字型字根分布图如图 5-25 所示；五笔字型字根表如表 5-5 所示；单字输入基本准则如图 5-26 所示。

图 5-25　五笔字型字根分布图

表 5-5　五笔字型字根表

G 王旁青头戋（兼）五一（“兼”与“戋”同音）
F 土士二干十寸雨（可别忘了革字底）
D 大犬三羊古石厂（羊底龙头套上套下）
S 木丁西
A 工戈草头右框七（“右框”即“匚”）
H 目具上止卜虎皮（“具上”指具字的上部）
J 日早两竖与虫依
K 口与川，字根稀
L 田甲方框四车力（“方框”即“口”）
M 山由贝，下框几
T 禾竹一撇双人立，反文条头共三一
R 白手看头三二斤（R的键盘布局编号为32）
E 月彡（衫）乃用家衣底（爱头豹脚舟字底）
W 人和八，登祭头
Q 金勺缺点无尾鱼，犬旁留叉儿一点夕，氏无七
N 已半巳满不出己，左框折尸心和羽
B 子耳了也框向上。（“框向上”即“凵”）
V 女刀九臼山朝西。（“山朝西”即“彐”）
C 又巴马，丢矢矣，（“矣”去“矢”为“厶”）
X 慈母无心弓和匕，幼无力（“幼无力”即“幺”）
Y 言文方广在四一，高头一捺谁人去（Y的键盘布局编号为41）
U 立辛两点六门疒
I 水旁兴头小倒立
O 火业头，四点米
P 之字军，摘礻（示）衤（衣）（之字军盖建道底）

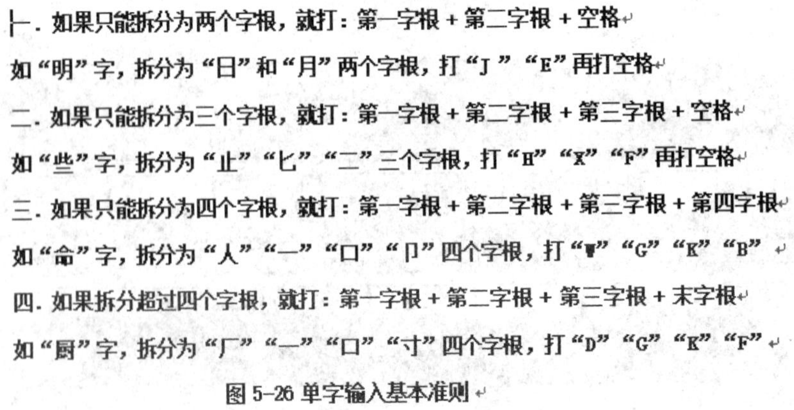
一. 如果只能拆分为两个字根，就打：第一字根 + 第二字根 + 空格
如“明”字，拆分为“日”和“月”两个字根，打“J”“E”再打空格
二. 如果只能拆分为三个字根，就打：第一字根 + 第二字根 + 第三字根 + 空格
如“些”字，拆分为“止”“匕”“二”三个字根，打“H”“X”“F”再打空格
三. 如果只能拆分为四个字根，就打：第一字根 + 第二字根 + 第三字根 + 第四字根
如“命”字，拆分为“人”“一”“口”“卩”四个字根，打“W”“G”“K”“B”
四. 如果拆分超过四个字根，就打：第一字根 + 第二字根 + 第三字根 + 末字根
如“厨”字，拆分为“厂”“一”“口”“寸”四个字根，打“D”“G”“K”“F”
图 5-26 单字输入基本准则

图 5-26　单字输入基本准

项目六

Excel 2010 应用

项目目标

(1) 掌握 Excel 2010 的基本操作，创建学生基本信息表。
(2) 掌握 Excel 2010 中公式的应用。
(3) 掌握 Excel 2010 中函数的应用。
(4) 掌握 Excel 2010 中数据排序与筛选的操作方法。
(5) 打印输出电子表格。

项目导入

Microsoft Office Excel 2010(下文简称 Excel 2010)是由微软公司推出的一款电子表格处理软件，是 Microsoft Office 2010 办公软件套装的一个重要组成部分。Excel 2010 简单直观、易学易用，已广泛应用于众多领域，成为办公人员必不可少的应用软件之一。

项目描述

Excel 2010 具有强大的制作电子表格和处理数据的功能，如数据分析处理、创建图表、绘制图形和结构图、使用外部数据库以及自动化处理。本项目使用 Excel 2010 设计学生基本信息表，将通过 5 个任务来实现。

任务 1 创建学生基本信息表

任务目标

(1) 了解 Excel 2010 的工作界面。
(2) 掌握数据录入的方法。
(3) 掌握设置单元格格式的方法。
(4) 掌握条件格式的使用方法。

任务导入

通过 Excel 2010 创建一个学生基本信息表，要进行数据的录入、单元格格式的设置及条件格式的应用等基本操作。

任务描述

在本任务中学生基本信息表分为三个部分完成，第 1 部完成工作表的创建与数据的录入，第 2 部分完成单元格格式的设置，第 3 部分完成表格样式的设置。

知识链接

1．数据录入和工作表操作

熟悉 Excel 2010 的工作界面，完成“学生基本信息表”的创建，并进行数据的录入、工作表标签的重命名等操作。

1) *程序的启动*

方法 1：选择“开始”→“所有程序”→“Microsoft Office”→“Microsoft Office Excel 2010”命令，启动 Excel 2010。

方法 2：双击“Excel 2010”桌面快捷方式。

2) Excel 2010 的工作界面

启动 Excel 2010 后，进入 Excel 2010 的工作界面，如图 6-1 所示。

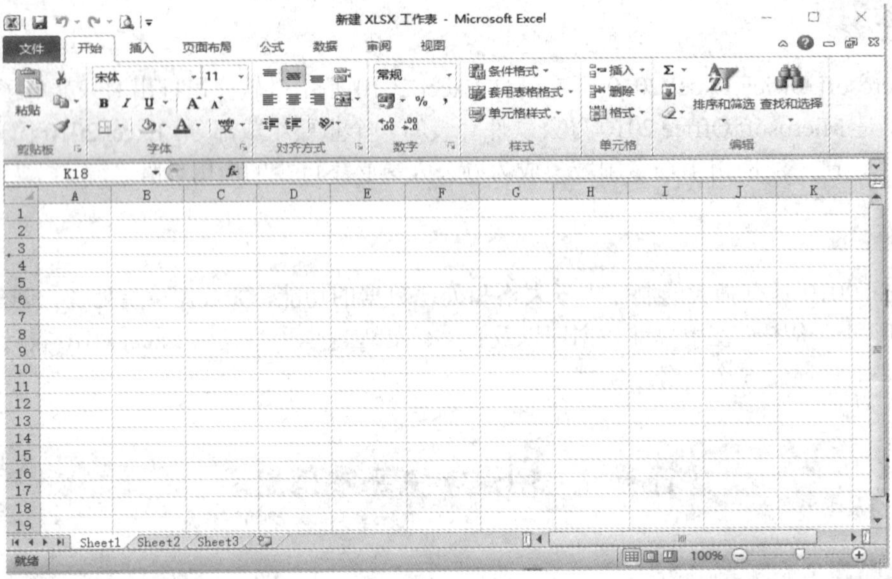

图 6-1　Excel 2010 工作界面

(1) 快速访问工具栏。该工具栏位于工作界面的左上方，主要为一组使用频率较高的工具，如“保存”“撤销”和“恢复”工具，用户还可以单击该工具栏右侧的下拉按钮，在展开的工具栏列表中选择需要显示或隐藏的工具按钮。

(2) 功能选项卡。常用的功能选项卡一般为 7 个，Excel 2010 将用于处理数据的所有命令分类归结在不同的选项卡中，单击不同的选项卡，相关的工具命令会在下方的功能区显示。

(3) 功能区。功能区用于显示不同选项卡对应的工具命令，每个选项卡的命令被分类放置在功能区的不同组当中。各个组的右下角通常都会有各个对话框显示按钮，该按钮用来打开与该组功能相关的对话框，方便用户做出进一步的设置。

(4) 数据栏。数据栏由名称框、数据按钮及数据编辑栏 3 个部分组成。名称框用于显示或修改数据区的名称；数据按钮由“取消”“确认”及“编辑公式”按钮组成；数据编辑栏用于输入和修改当前单元格中的数据。

(5) 全选按钮。单击该按钮，可以选中整个工作表。

(6) 行序号。行序号按钮用于显示单元格所在行号，单击行序号按钮可以选中整行单元格。

(7) 列序号。列序号按钮用于显示单元格所在列号，单击列序号按钮可以选中整列单元格。

(8) 活动单元格。活动单元格也称为当前单元格，是指当前正在操作的单元格，由一个加粗的边框标示，只有在活动单元格内才能输入数据。

(9) 填充句柄。每个活动单元格的右下角均有一个小黑点，称为填充句柄，拖动填充句柄可以将单元格的内容自动填充或者复制到相邻的单元格内。

(10) 工作表标签。工作表标签用来表示每一个工作表的名称，默认名称为“Sheet1”“Sheet2”“Sheet3”……单击不同的工作表标签可以切换到不同的工作表。

(11) 标签滚动按钮。当工作表过多时，窗口将无法显示所有的工作表标签，可以通过此按钮滚动显示工作表标签。

3) 工作簿、工作表和单元格

(1) 工作簿。工作簿是指 Excel 文件。新建工作簿的默认文件名为“工作簿 1”，在标题栏文件名处显示。默认情况下，一个工作簿由 3 张工作表组成，分别以“Sheet1”“Sheet2”和“Sheet3”命名。工作簿中工作表的数量可以根据用户需要添加。

① 创建工作簿的方法：

方法 1：启动 Excel 2010 后，由系统自动创建一个名为“工作簿 1”的新工作簿。

方法 2：选择“文件”→“新建”命令，在“可用模板”选项组中选择“空白工作簿”选项，单击“创建”按钮，如图 6-2 所示。

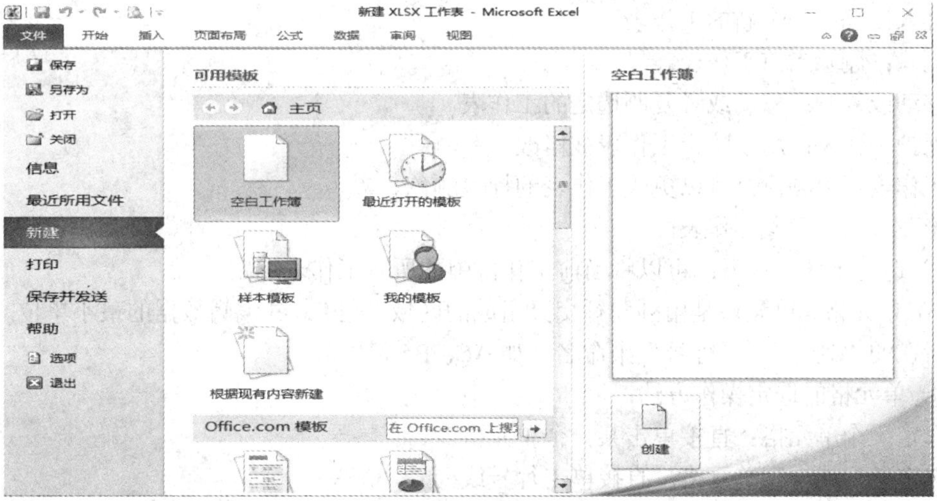

图 6-2 创建“空白工作簿”

② 保存工作簿的方法：单击“文件”选项卡，在弹出的下拉菜单中选择“另存为”命令，弹出“另存为”对话框，选择文件需要保存的位置和保存类型，输入文件名，如图 6-3 所示。

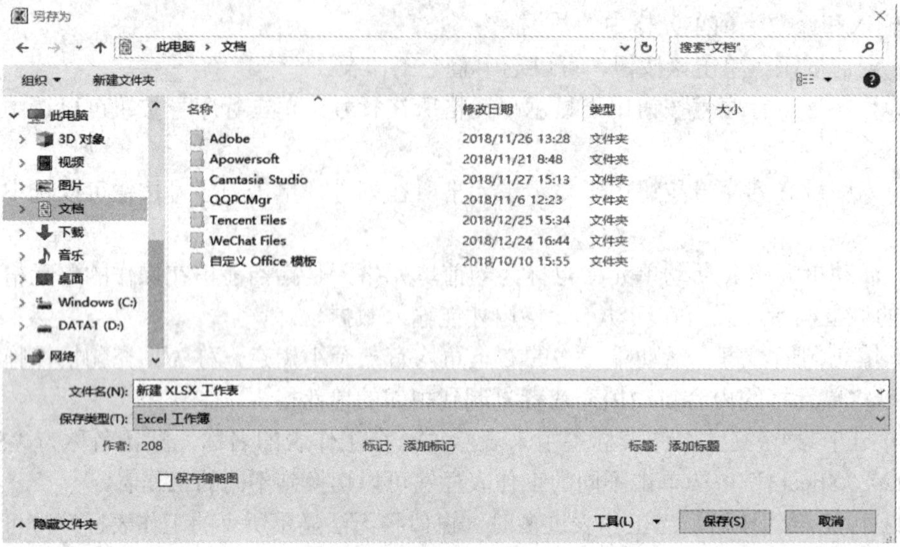

图 6-3 “另存为”对话框

(2) 工作表。工作表是组成工作簿的基本单位，每张工作表以工作表标签的形式显示在工作表的编辑区底部，用户可单击标签名切换。每张工作表由若干行、若干列组成。行标用于显示工作表中的行，以数字编号，如 1、2、3……；列标用于显示工作表中的列，以字母编号，如 A、B、C…… 一张工作表最多可以有 1048576 行、16384 列。

工作表的操作方法：

① 重命名：对当前工作表重命名。操作方法是双击工作表标签，进入标签重命名状态；或者右击工作表标签，在弹出的快捷菜单中选择“重命名”命令。

快捷菜单中其余命令的作用如下：

插入：插入一个新的工作表。

删除：删除当前工作表。

移动或复制：移动或者复制选定的工作表。

保护工作表：用于防止工作表被修改。

工作表标签颜色：可以更改工作表的标签颜色。

隐藏：用于隐藏工作表。

② 选定全部工作表：可以将当前工作簿中的所有工作表选定。

(3) 单元格。单元格是由列和行交叉组成的区域，是 Excel 编辑数据的最小单位。单元格由所在的“列号”+“行号”来命名，如 A6、B5 等。

① 单元格的选定操作方法：

选定一个单元格：直接单击某一个单元格。

选定一行或一列单元格：直接单击行号或列号。

选定多个连续的单元格：在表格内单击并拖动鼠标；或者先单击第一个需要选择的单元格，然后按住 Shift 键并单击最后一个需要选取的单元格。

选定多个不连续的单元格：按住 Ctrl 键，然后逐个单击需要选择的单元格。

选定多行或多列连续的单元格：拖动选中需要选择的行号或列号；或者先单击需要选择的第一行(第一列)单元格的行号(列号)，然后按住 Shift 键并单击最后一行(列)需要选取的单元格对应的行号(列号)。

选定多行或多列不连续的单元格：按住 Ctrl 键，然后逐个单击需要选择的单元格对应的行号或列号。

② 单元格的复制和粘贴方法：

方法 1：右击单元格，在弹出的快捷菜单中选择“复制”或“粘贴”命令。

方法 2：在“开始”选项卡的“剪贴板”功能区中单击“复制”或“粘贴”按钮。

方法 3：使用 Ctrl+C 组合键或 Ctrl+V 组合键。

方法 4：使用填充句柄，对相邻单元格进行复制操作。

4) 数据录入和工作表操作实训

(1) 实训要求：创建一个名为“学生基本信息表.xlsx”的工作簿，完成学生基本信息的录入，并将工作表重命名为“学生基本信息表”。

(2) 实训操作。具体步骤如下：

① 启动 Excel 2010。双击桌面的“Excel 2010”快捷方式启动 Excel 2010。

② 保存工作簿。选择“文件”→“保存”命令，弹出“另存为”对话框，选择文件的保存路径，输入文件名为“学生基本信息表”，文件类型为 Excel 工作簿(*.xlsx)。

③ 输入数据。根据表的内容，在工作表中录入相应信息。数据录入时，其中“学号”“性别”“民族”“专业”列可以利用填充句柄，通过自动填充序列的方式进行添加，以提高录入速度。

“学号”列的数据，其规律为下一行的数字为上一行的数字加 1，因此在使用填充句柄时，先在 A2 单元格录入“20163301”，在 A3 单元格录入“20163302”，然后选中 A2、A3 单元格，再拖动填充句柄，直到 A19 单元格，如图 6-4 所示。

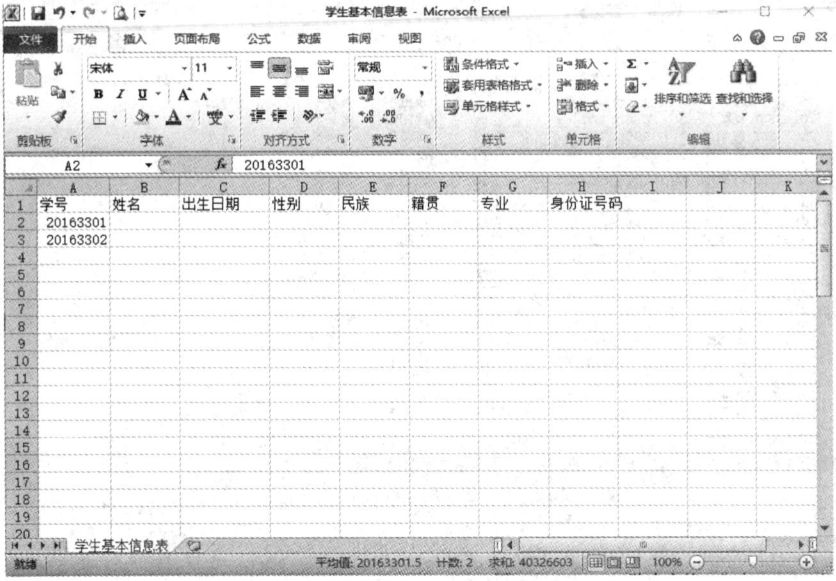

图 6-4　输入“学号”列的数据

“性别”“民族”“专业”列录入的内容基本相同，可以先利用直接拖动填充句柄的方式进行复制操作，再对个别需要修改的地方另行修改。

录入“身份证号码”列的时候，由于录入数字位数超过 12 位，所以会自动转换成科学计数法的方式保存数据，从而导致身份证号码信息不完整。解决方法：在录入身份证号码之前，先输入英文状态下的单引号“’”，将数字转换成文本序列显示，如图 6-5 所示。

图 6-5　输入“身份证号码”列的数据

④工作表的重命名和删除。双击“Sheet1”工作表标签，将工作表重命名为“学生基本信息表”。删除多余的工作表“Sheet2”和“Sheet3”，如图 6-6 所示。

图 6-6　工作表的重命名和删除

⑤ 保存文件。直接单击快速选取工具栏中的保存按钮，或者选择“文件”→“保存”命令保存文件。

2．单元格格式的设置

Excel 2010 提供了丰富的格式化命令，在创建了“学生基本信息表”后，还可以对表格进行格式化操作，使其更加美观。

1) 数字格式

在“开始”选项卡的“数字”功能组中单击右下角的对话框显示按钮，弹出“设置单元格格式”对话框，在“数字”选项卡中进行相关的设置，如图 6-7 所示。常用的数字格式设置也可以在功能区的“数字”功能组中直接设置。

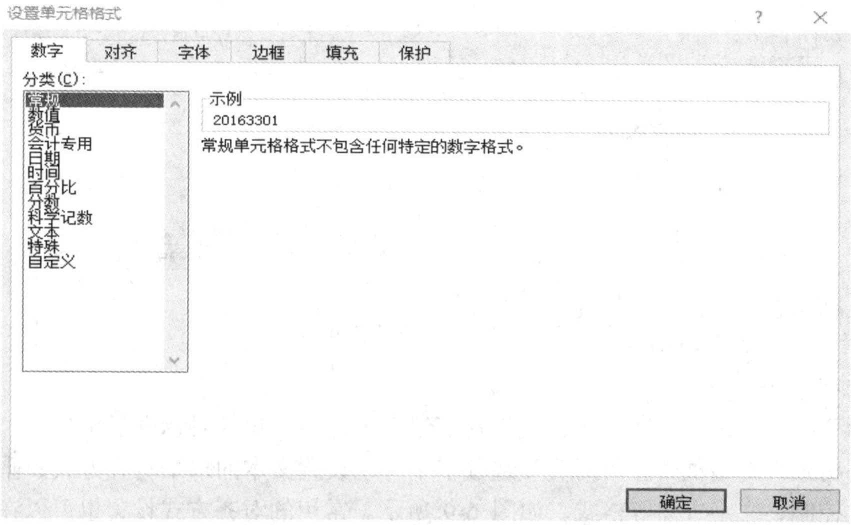

图 6-7 “数字”选项卡

常用的数据类型如下：

(1) 常规格式：不包含任何特定的数字格式。

(2) 数值格式：用于一般数字的表示，可以设置小数位数、千位分隔符、负数的不同表现形式。

(3) 货币格式：用于表示一般货币数值，可以设置小数位数、不同国家/地区的货币符号、负数的不同表现形式。

(4) 日期、时间格式：可以选择不同的日期、时间的表现形式。

(5) 百分比格式：将单元格中数值乘以 100，并以百分数形式表示，可以设置小数位数。

(6) 文本格式：在文本单元格格式中，将数字作为文本处理。单元格显示的内容与输入的内容完全一致。

(7) 自定义格式：在现有格式的基础上，生成自定义的数字格式。

2) 字体格式

在“开始”选项卡的“字体”功能组中单击右下角的对话框显示按钮，弹出“设置单元格格式”对话框，在“字体”选项卡中可以设置字符的字体、字形、字号、颜色、下划线、特殊效果等格式，如图 6-8 所示。常用的字体格式也可以在功能区的“字体”功能组中直接设置。

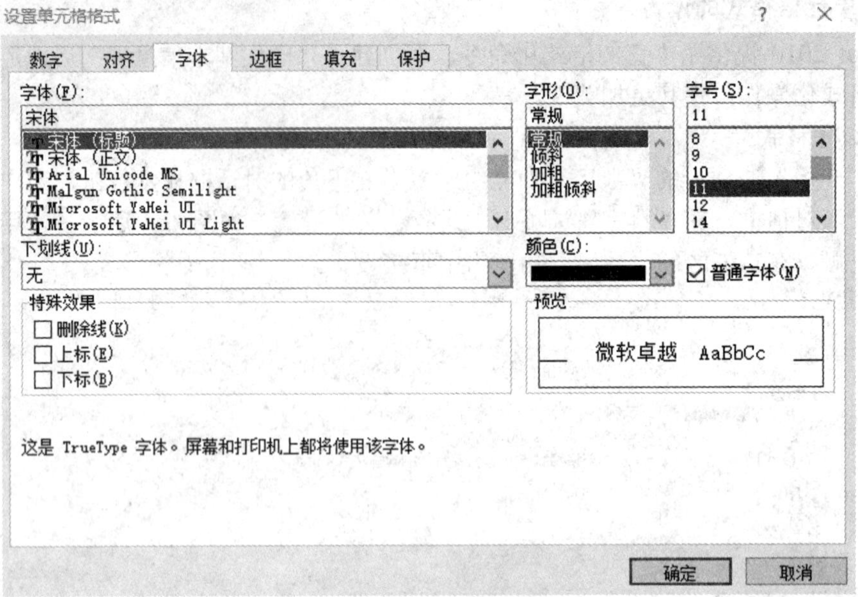

图 6-8 “字体”选项卡

3) 对齐方式

在“开始”选项卡的“对齐方式”功能组中单击右下角的对话框显示按钮，弹出“设置单元格格式”对话框，在“对齐”选项卡中可以设置文本的水平对齐方式、垂直对齐方式、文本控制、文字方向等格式，如图 6-9 所示。常用的对齐方式设置也可以在功能区的“对齐方式”功能组中直接设置。

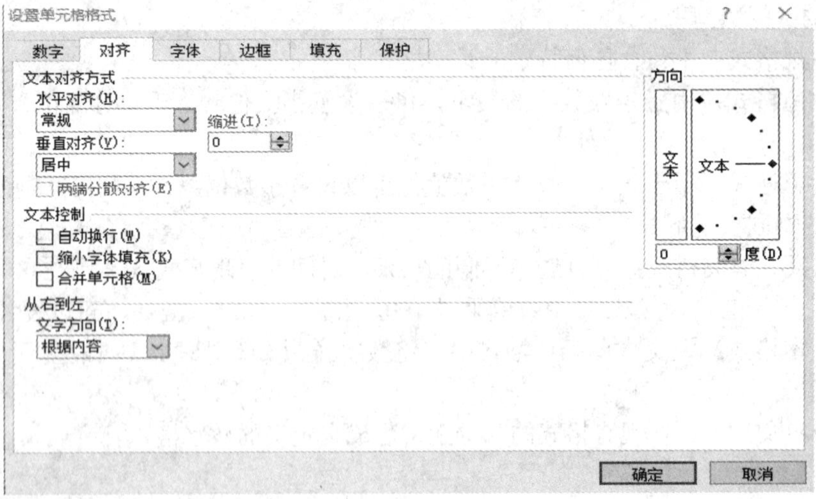

图 6-9 “对齐”选项卡

4) 边框格式

选中需要设置格式的单元格或表格并右击，在弹出的快捷菜单中选择“设置单元格格式”命令，弹出“设置单元格格式”对话框，在“边框”选项卡中可以设置单元格或表格的边框，如图 6-10 所示。先选择线条的样式和颜色，再在“边框”选项组中选择需要添加边框的位置。

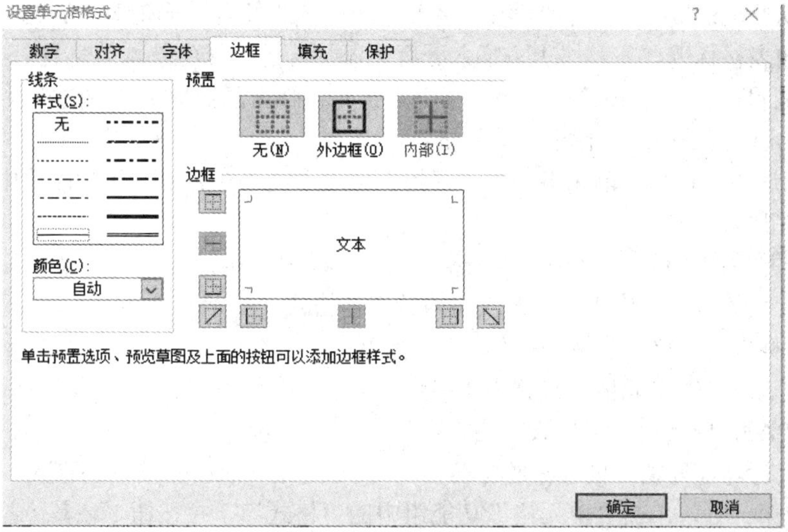

图 6-10　“边框”选项卡

5) 填充格式

选中需要设置格式的单元格或表格并右击，在弹出的快捷菜单中选择“设置单元格格式”命令，弹出“设置单元格格式”对话框，在“填充”选项卡中设置单元格或表格的底纹和要填充的图案，如图 6-11 所示。

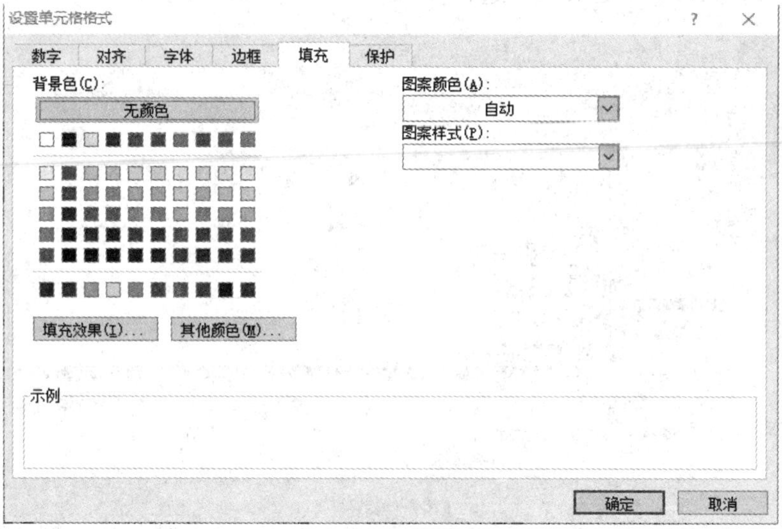

图 6-11　“填充”选项卡

6) 单元格格式的设置实训

(1) 实训要求：对“学生基本信息表.xlsx”进行格式设置，添加表格标题，并把标题和表格数据设置成不同的大小和颜色，设置工作表中的行高、列宽，添加单元格底纹，给表格加上边框。通过设置，让表格数据更加清晰明了，数据窗口更直观友好。完成后将文件名保存为“学生基本情况表-单元格格式设置.xlsx”。

(2) 实训操作。具体步骤如下：

① 启动 Excel 2010，打开“学生基本信息表.xlsx”文件，当前为“开始”选项卡。

② 添加表格标题。在表格上方插入一行，添加标题“学生基本信息表”。

a. 单击行序号 1，选中第一行单元格并右击，在弹出的快捷菜单中选择“插入”命令，在第一行单元格前面插入一行空白单元格。

b. 拖动选中 A1：H1 单元格，在“开始”选项卡的“对齐方式”功能组中单击“合并后居中”按钮。

c. 在合并后的 A1 单元格中输入表格标题“学生基本信息表”。

③ 设置字体格式。修改标题及表格内的字体格式。

a. 选中标题单元格，设置为黑体、20 号、红色、加粗。

b. 选中 A2：H2 单元格，设置为 16 号、加粗。

c. 选中 A3：H20 单元格，设置为 14 号。

④ 设置行高、列宽。设置标题行的行高为 30 毫米，表格自动调整行高、列宽。

a. 选中第一行，单击“单元格”功能组中的“格式”下拉按钮，在其下拉列表中选择“行高”选项，设置行高为 30 毫米。

b. 选中 A2：H20 单元格，单击“单元格”功能组中的“格式”下拉按钮，在其下拉列表中选择“自动调整行高”和“自动调整列宽”选项。

⑤ 设置日期格式。设置“出生日期”列的日期为“年-月-日”的格式。

选中 C3：C20 单元格，单击“数字”功能组右下角的对话框显示按钮，弹出“设置单元格格式”对话框，在分类列表框中选择“自定义”选项，在右侧类型中输入“yyyy-mm-dd”，如图 6-12 所示。

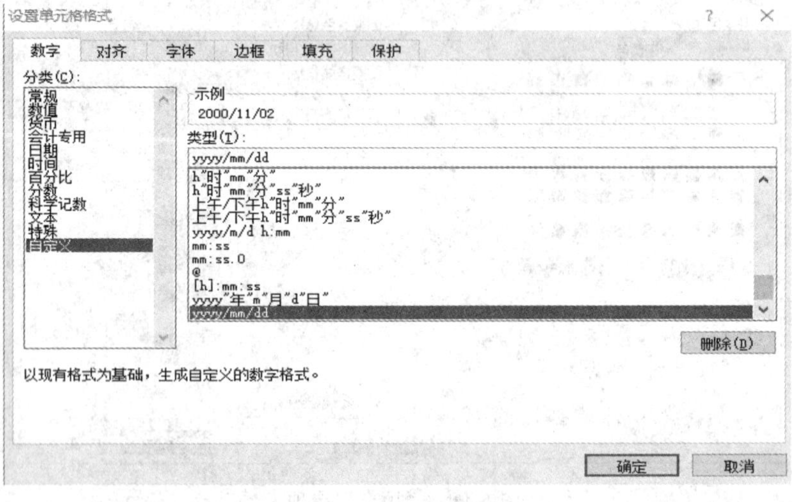

图 6-12 “自定义”选项

⑥ 设置边框。设置表格外边框为粗线，内边框为细线，表格首行的下框线为双底框线。

a. 选中整个表格 A2：H20 并右击，在弹出的快捷菜单中选择“设置单元格格式”命令，弹出“设置单元格格式”对话框。

b. 单击“边框”选项卡，选择线条样式为粗线，单击预置“外边框”按钮，设置表格的外边框。

c. 选择线条样式为细线，单击预置“内部”按钮，设置表格的内边框。

d. 选中 A2：H2 单元格，单击“字体”功能组内的“下框线”旁边的下拉按钮，在弹出的下拉列表中选择“双底框线”选项，为表格首行添加双底框线。

⑦ 设置填充格式。设置表格首行的底纹及填充。

选中 A2：H2 单元格并右击，在弹出的快捷菜单中选择“设置单元格格式”命令，弹出“设置单元格格式”对话框，单击“填充”选项卡，设置背景为“深蓝，文字 2，淡色 80%”，图案颜色为“深蓝，文字 2，淡色 40%”，图案样式为“细对角线条纹”。

对“学生基本信息表”进行单元格格式设置后，最终效果如图 6-13 所示。

	A	B	C	D	E	F	G	H
1	学生基本信息表							
2	学号	姓名	出生日期	性别	民族	籍贯	专业	身份证号码
3	20163301	杨家权	2000/11/02	男	汉族	揭阳市	电子商务	
4	20163302	唐加选	2000/02/04	男	汉族	茂名市	电子商务	
5	20163303	陈耿杰	2001/03/10	男	汉族	揭阳市	电子商务	
6	20163304	朱越伟	2000/08/24	男	汉族	揭阳市	电子商务	
7	20163305	张泽彬	2000/08/25	男	汉族	广州市	电子商务	
8	20163306	陈晓翔	2000/06/13	男	汉族	汕头市	电子商务	
9	20163307	李宇伟	2001/08/20	男	汉族	茂名市	电子商务	
10	20163308	冼伟鹏	2001/05/29	男	汉族	揭阳市	电子商务	
11	20163309	陈东杰	2000/07/02	男	汉族	广州市	电子商务	
12	20163310	张泽菲	2000/11/13	女	汉族	广州市	电子商务	
13	20163311	蔡芳洁	2000/12/11	女	汉族	广州市	电子商务	
14	20163312	李雪红	2001/05/29	女	汉族	广州市	电子商务	
15	20163313	李佳仪	2001/05/26	女	汉族	揭阳市	电子商务	
16	20163314	陈晓婷	2001/07/07	女	汉族	湛江市	电子商务	
17	20163315	黄晓怡	2001/01/01	女	汉族	衡阳市	电子商务	
18	20163316	宋丽琳	2001/04/20	女	汉族	揭阳市	电子商务	
19	20163317	刘佳英	2000/11/02	女	汉族	衡阳市	电子商务	
20	20163318	张雪漫	2000/09/04	女	汉族	汕尾市	电子商务	

图 6-13　“学生基本信息表”

⑧ 保存文件。单击“文件”选项卡，在弹出的下拉菜单中选择“另存为”命令，在“另存为”对话框中输入文件名“学校基本信息表-单元格格式设置”，保存类型为“Excel 工作簿(*.xlsx)”。

3. 表格样式的应用

Excel 2010 内置了很多精美的表格样式，可以直接应用也可以根据条件设定某项格式。通过表格样式的合理使用，可以轻松制作出令人惊艳的表格效果。

1) 条件格式

Excel 的条件格式功能可以为某些满足条件的单元格或单元格区域设定某项格式。它可以根据指定的公式或数值来确定搜索条件，然后将格式应用到符合搜索条件的选定单元格中，并突出显示要查看的动态数据，如图 6-14 所示。

图 6-14　条件格式

“条件格式”下拉按钮位于“开始”选项卡的“样式”功能组中，它包含以下几组功能。

① 突出显示单元格规则。通过使用大于、小于、等于等比较运算符来限定数据范围，对符合该数据范围的单元格设定格式。这也是“条件格式”应用最广的一个功能，如图 6-14 所示。

② 项目选区规则。可以将选定区域的前若干个最高值或后若干个最低值、高于或低于该区域的平均值的单元格设定为特殊格式。

③ 数据条。数据条可以帮助用户查看某个单元格相对于其他单元格的值，数据条的长度代表单元格中的值，通常用于比较各个项目的多少。

④ 色阶。色阶指通过颜色渐变来直观比较单元格中的数据分布和数据变化。

⑤ 图标集。图标集具有注释数据的作用，每个图标代表一个值的范围。

此外，还可以通过“条件格式”下拉列表新建规则、清除规则及管理规则。

2) 套用表格格式

Excel 2010 的套用表格格式功能可以根据预设的格式，将制作的表格格式化，产生美观的效果，通常用于美化报表。“套用表格格式”下拉按钮位于“开始”选项卡的“样式”功能组中，选定需要套用格式的单元格区域后，单击“套用表格格式”下拉按钮，在其下拉列表中选择需要的表格样式即可，如图 6-15 所示。

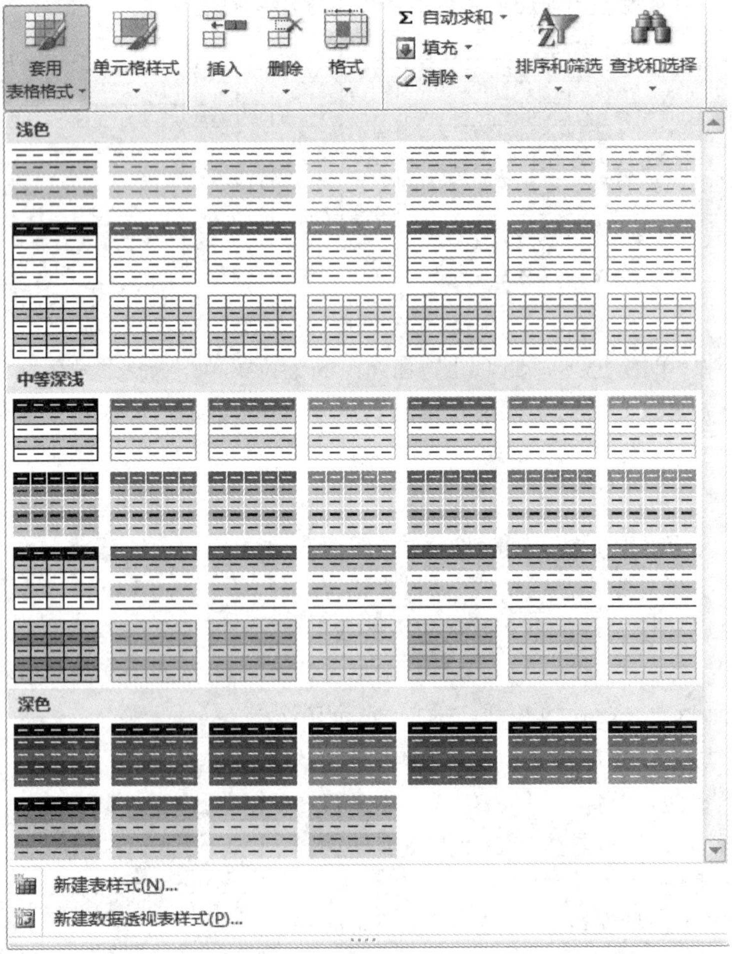

图 6-15　套用表格格式

3) 单元格格式

Excel 2010 中含有多种内置的单元格样式，可以帮助用户快速实现表格的格式化，其作用范围仅限于被选中的单元格区域。“单元格样式”下拉按钮位于“开始”选项卡的“样式”功能组中，选中需要应用单元格样式的单元格后，单击“单元格样式”下拉按钮，在其下拉列表中选择合适的样式即可，也可以新建单元格样式，如图 6-16 所示。

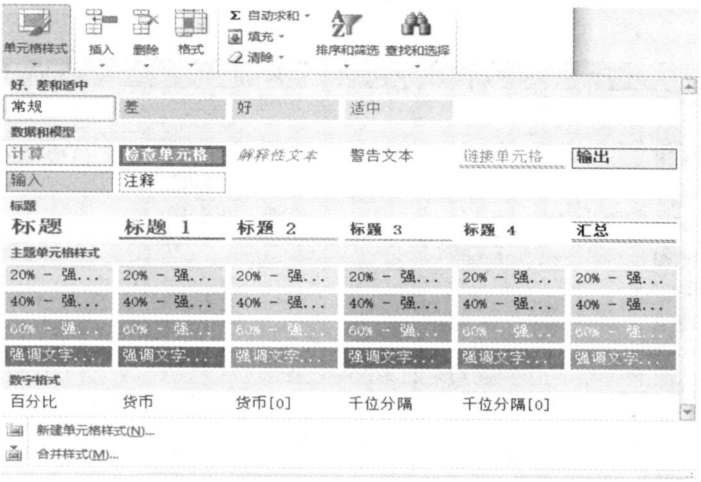

图 6-16　单元格样式

4) 样式的设置实训

(1) 实训要求：对“学生基本信息表-单元格格式设置.xlsx”文件进行样式设置，完成后将文件另存为“学生基本信息表-样式设置.xlsx”。

(2) 实训操作。具体步骤如下：

① 启动 Excel 2010，打开“学生基本信息表-单元格格式设置.xlsx”文件，当前为“开始”选项卡。

② 套用表格格式。设置整张表格套用表格格式“表样式浅色 16”。

单击选中表格内任一单元格或选中表格范围 A2：H20，单击“样式”功能组的“套用表格格式”下拉按钮，在其下拉列表中选择“表样式浅色 16”格式。

③ 设置条件格式。为“出生日期”列添加条件格式，突出显示出生日期在“2001-01-01”以后的单元格。

选中 C3：C20 单元格，单击“样式”功能组中的“条件格式”下拉按钮，在其下拉列表中选择“突出显示单元格规则”→“大于”选项，在弹出的“大于”对话框中输入“2001-01-01”，然后单击“确定”按钮，如图 6-17 所示。

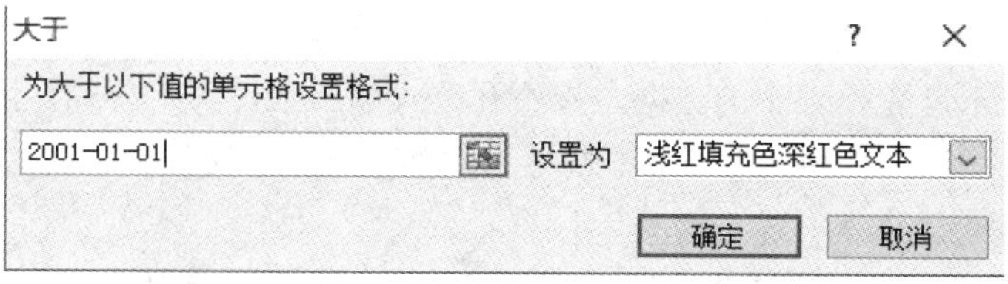

图 6-17　“大于”对话框

④ 设置单元格样式。修改“学号”列的单元格样式为“强调文字颜色 1”。

• 选中 A2：A20 单元格，单击“格式”功能组中的“单元格格式”下拉按钮，在其下拉列表中选择“强调文字颜色 1”样式。

• 修改单元格字号为“14”。

对“学生基本信息表”进行表格样式设置后，最终效果如图 6-18 所示。

学生基本信息表

学号	姓名	出生日期	性别	民族	籍贯	专业	身份证号码
20163301	杨家权	2000/11/02	男	汉族	揭阳市	电子商务	
20163302	唐加选	2000/02/04	男	汉族	茂名市	电子商务	
20163303	陈耿杰	2001/03/10	男	汉族	揭阳市	电子商务	
20163304	朱越伟	2000/08/24	男	汉族	揭阳市	电子商务	
20163305	张泽彬	2000/08/25	男	汉族	广州市	电子商务	
20163306	陈晓翔	2000/06/13	男	汉族	汕头市	电子商务	
20163307	李宇伟	2001/08/20	男	汉族	茂名市	电子商务	
20163308	冼伟鹏	2001/05/29	男	汉族	揭阳市	电子商务	
20163309	陈东杰	2000/07/02	男	汉族	广州市	电子商务	
20163310	张泽菲	2000/11/13	女	汉族	广州市	电子商务	
20163311	蔡芳洁	2000/12/11	女	汉族	广州市	电子商务	
20163312	李雪红	2001/05/29	女	汉族	广州市	电子商务	
20163313	李佳仪	2001/05/26	女	汉族	揭阳市	电子商务	
20163314	陈晓婷	2001/07/07	女	汉族	湛江市	电子商务	
20163315	黄晓怡	2001/01/01	女	汉族	衡阳市	电子商务	
20163316	宋丽琳	2001/04/20	女	汉族	揭阳市	电子商务	
20163317	刘佳英	2000/11/02	女	汉族	衡阳市	电子商务	
20163318	张雪漫	2000/09/04	女	汉族	汕尾市	电子商务	

图 6-18 “学生基本信息表”

⑤ 保存文件。单击“文件”选项卡，选择“另存为”命令，在弹出的“另存为”对话框中输入文件名“学生基本信息表-样式设置”，保存类型为“Excel 工作簿(*.xlsx)”。

任务 2　设计学生成绩统计表

任务目标

(1) 理解单元格地址的概念。

(2) 理解运算符的类型与优先级。

(3) 理解单元格地址及其引用。

(4) 掌握公式的复制及移动操作方法。

任务导入

分析和处理 Excel 工作表中的数据，离不开公式和函数，其中公式是函数的基础。

任务描述

本任务通过对公式的基本操作来计算学生总人数，并统计各级别学生所占比例。本任务分为两个部分，第 1 部分为运算符及公式的基本操作；第 2 部分为公式复制与地址引用。

知识链接

1. 公式计算

1） 单元格地址

(1) 一个单元格地址：工资表中的每一个单元格对应一个地址，地址的组成为所在单元格的列号+行号，如 B5 表示在第 B 列第 5 行的单元格。

(2) 多个连续单元格的地址：也称为单元格区域，使用“最靠左上的单元格地址：最靠右下的单元格地址”的形式来表现。如图 6-19 所示，被选中的单元格区域为 B2：F5。

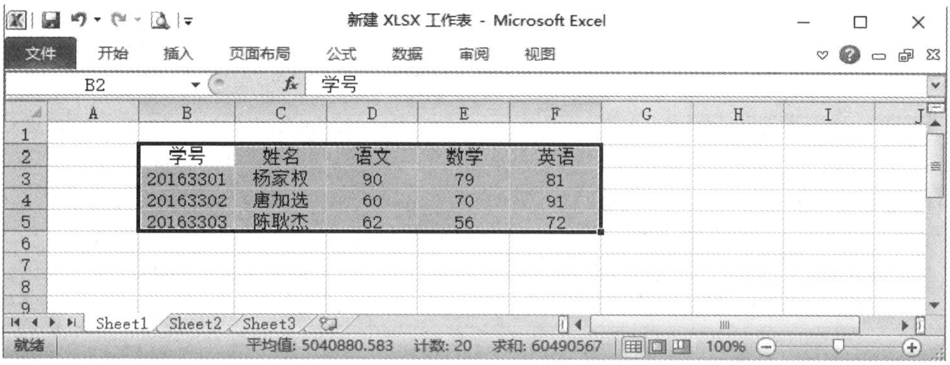

图 6-19　多个连续单元格的地址

2) 运算符

运算符用来说明对运算对象进行的操作，如“+”运算符表示将前后两个操作对象进行加法运算。Excel 中常用的运算符主要有算术运算符、文本连接运算符、比较运算符及引用运算符。

(1) 算术运算符：算术运算符主要用于完成基本的数学运算，如加、减、乘、除等。

(2) 文本连接运算符：文本连接运算符用于加入或连接一个或多个文本符号串，从而产生一串新的文本。

(3) 比较运算符：比较运算符是比较两个数值大小关系的运算符。使用比较运算符计算后将返回逻辑值“TRUE”或“FALSE”。

(4) 引用运算符：引用运算符用于对单元格区域的合并计算。引用运算符如表 6-1 所示。

表 6-1　引用运算符

运算符号	运算符名称	功　　能
：	冒号	区域选择，包括两个引用单元格之间的所有单元格。如 A1：A4 是指 A1、A2、A3、A4 四个单元格
，	逗号	联合运算符，将多个区域联合为一个引用。如 A1：A3，B1：B3 是指 A1：A3 和 B1：B3 两个区域
	空格	交叉运算符，取两个区域的公共单元格。如 A1：B3 B1：C3 是指 B1、B2、B3 三个单元格

(5) 运算符的优先级。在公式中，每个运算符都有一个优先级。当公式中同时用到多个运算符时，Excel 2010 将会依照运算符的优先级来依次完成运算。如果公式中包含相同优先级的运算符，则从左到右进行运算。Excel 2010 运算符的优先级由高到低如表 6-2 所示。

表 6-2　运算符的优先级

优先级	运算符号	运算符名称	例　　子
1	^	幂运算	2^2
2	*	乘号	2*3
2	/	除号	4/2
3	+	加号	1+1
3	-	减号	1−1
4	&	连接符号	将两个文本或多个文本连接在一起形成一个文本值，如“你好”&“中国”，显示结果为“你好中国”
5	=	等于号	A1=B2
5	<	小于号	A1<B2
5	<=	小于等于号	A1<=B2
5	>	大于号	A1>B2
5	>=	大于等于号	A1>=B2
5	<>	不等号	A1<>B2

3) 公式的基本操作

(1) 输入公式。在 Excel 2010 中输入公式的方法与输入文本的方法类似。选择需要输入公式的单元格，直接输入“=”符号，然后输入公式内容，按 Enter 键，即可将公式运算的结果显示在所选单元格中。利用求和公式运算的结果如图 6-20 所示。

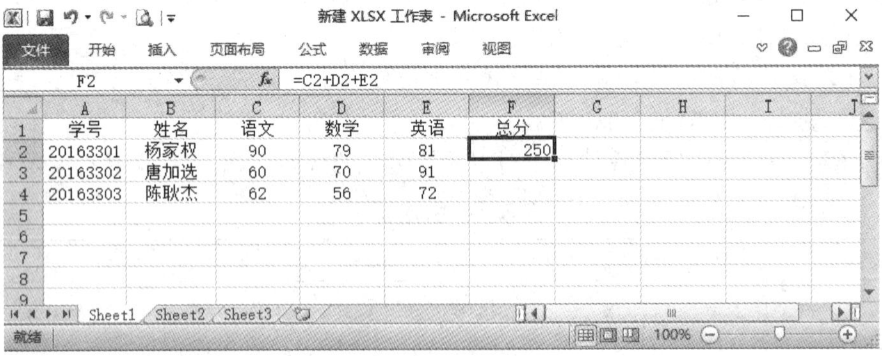

图 6-20　输入公式

(2) 显示公式。默认设置下，单元格中只显示公式计算的结果，公式本身则显示在编辑栏中。为方便用户检查公式的正确性，也可以设置在单元格中显示公式。在“公式”选项卡的“公式审核”功能组中单击“显示公式”按钮，即可设置在单元格中显示公式。显示公式的效果如图 6-21 所示。

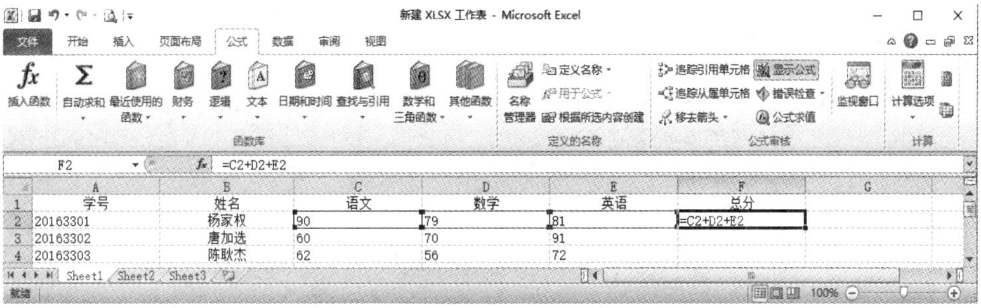

图 6-21 显示公式

(3) 删除公式。当使用公式计算运算结果后，可以设置删除该单元格中的公式，但保留计算结果。具体操作：选中公式所在单元格，进行复制，再在“开始”选项卡的“剪贴板”功能组中单击“粘贴”下方的下拉按钮，在其下拉列表中选择“粘贴数值”→“值”选项。

4) 公式计算实训

(1) 实训要求：打开“学生成绩统计表.xlsx”，如图 6-22 所示。利用公式计算“总人数”，并统计各级别人数所占比例，完成后将表格另存为“学生成绩统计表-公式计算.xlsx”。

	A	B	C	D
1	成绩统计表			
2	级别	一年1班	一年2班	一年3班
3	优秀（>=90）	30	28	32
4	良好（80-90）	15	18	14
5	中等（70-80）	7	5	5
6	及格（60-70）	2	3	2
7	不及格（<=60）	1	2	1
8	总人数			
9				
10	统计	一年1班	一年2班	一年3班
11	优秀（所占比例）			
12	良好（所占比例）			
13	中等（所占比例）			
14	及格（所占比例）			
15	不及格（所占比例）			

图 6-22 “学生成绩统计表”

(2) 实训操作。具体步骤如下：

① 计算总人数。总人数等于各个级别成绩的人数总和，在 B8 单元格输入“=B3+B4+B5+B6+B7”，在 C8 单元格输入“=C3+C4+C5+C6+C7”，在 D8 单元格输入“=D3+D4+D5+D6+D7”。

② 计算各级别人数所占比例。各级别人数所占比例=各级别人数/总人数。根据公式，在 B11 单元格输入=“B3/B8”，在 B12 单元格输入=“B4/B8”，在 B13 单元格输入=“B5/B8”，在 B14 单元格输入=“B6/B8”，在 B15 单元格输入=“B7/B8”。然后利用同样的方法，输入 C11：D15 单元格的公式。设置 B11：D15 单元格的数字格式为“百分比”，小数位数为“2”。

③ 检查公式。在“公式”选项卡的“公式审核”功能组中单击“显示公式”按钮，可查看输入的公式，以检查是否有误，如图 6-23 所示。

	A	B	C	D
1	成绩统计表			
2	级别	一年1班	一年2班	一年3班
3	优秀（>=90）	30	28	32
4	良好（80-90）	15	18	14
5	中等（70-80）	7	5	5
6	及格（60-70）	2	3	2
7	不及格（<=60）	1	2	1
8	总人数	=B3+B4+B5+B6+B7	=C3+C4+C5+C6+C7	=D3+D4+D5+D6+D7
9				
10	统计	一年1班	一年2班	一年3班
11	优秀（所占比例）	=B3/B8	=C3/C8	=D3/D8
12	良好（所占比例）	=B4/B8	=C4/C8	=D4/D8
13	中等（所占比例）	=B5/B8	=C5/C8	=D5/D8
14	及格（所占比例）	=B6/B8	=C6/C8	=D6/D8
15	不及格（所占比例）	=B7/B8	=C7/C8	=D7/D8

图 6-23　查看输入的公式

公式计算结果如图 6-24 所示。

	A	B	C	D
1	成绩统计表			
2	级别	一年1班	一年2班	一年3班
3	优秀（>=90）	30	28	32
4	良好（80-90）	15	18	14
5	中等（70-80）	7	5	5
6	及格（60-70）	2	3	2
7	不及格（<=60）	1	2	1
8	总人数	55	56	54
9				
10	统计	一年1班	一年2班	一年3班
11	优秀（所占比例）	54.55%	50.00%	59.26%
12	良好（所占比例）	27.27%	32.14%	25.93%
13	中等（所占比例）	12.73%	8.93%	9.26%
14	及格（所占比例）	3.64%	5.36%	3.70%
15	不及格（所占比例）	1.82%	3.57%	1.85%

图 6-24　公式计算结果

④ 保存文件。单击“文件”选项卡，在弹出的下拉菜单中选择“另存为”命令，在“另存为”对话框中输入文件名“学生成绩统计表-公式计算”，保存类型为“Excel 工作簿(*.xlsx)”。

2. 公式的复制与地址引用

1) 单元格地址的引用

单元格地址的引用简称为单元格引用，指的是在公式中引用一个单元格或一组单元格。公式中对单元格地址的引用分为相对引用、绝对引用及混合引用 3 种。

(1) 相对引用。Excel 一般使用相对引用来表示单元格的位置。相对引用是指在复制或者移动公式时，公式中引用的单元格地址会随着移动的位置自动改变。相对引用的单元格地址表示方式为直接写列字母和行号，如 A1、B5 等。

(2) 绝对引用。在复制或移动公式时，如果不希望公式中引用的单元格地址随着公式的位置改变而改变，则可以用绝对引用的方式进行单元格地址的书写。绝对引用的单元格地址表示方式为在行号和列号前均加上“$”，如$A$1。

(3) 混合引用。混合引用是指单元格地址中既有相对引用，又有绝对引用。例如：$A1 表示具有绝对列和相对行，在复制或移动公式时，保持列不变，行变化；A$1 则表示具有相对列和绝对行，在复制或移动公式时，保持行不变，列变化。

2) 公式的复制

公式的复制跟单元格地址的引用方式有很大的关系。公式的复制有 2 种方法，最常见的是利用单元格的填充句柄直接拖动填充，另一种是利用直接复制、粘贴的方式。公式中地址的改变根据单元格地址引用的方式不同而发生变化。

如图 6-25 所示，利用不同的单元格地址引用方式输入公式，在利用填充句柄进行公式复制后，公式中地址的改变如图 6-26 所示。

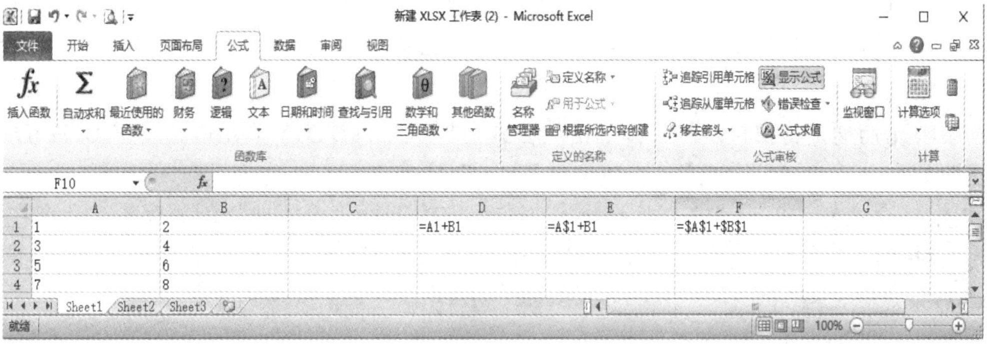

图 6-25　利用不同的单元格地址引用方式输入公式

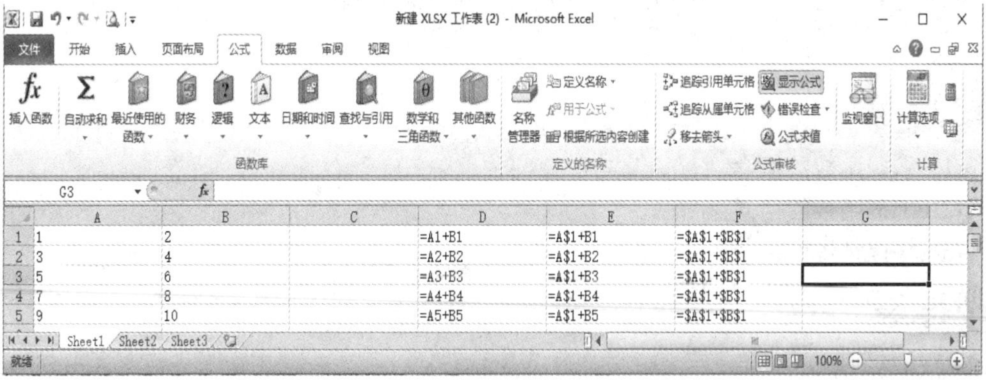

图 6-26　利用填充句柄进行公式复制

对于图中的公式，如果用复制、粘贴的方式进行公式的复制，相对地址和混合地址会随粘贴的相对位置变化而变化，绝对地址不变。例如：把 D1、E1 及 F1 单元格的公式分别复制到 H1、H3、H5 单元格，公式变化如图 6-27 所示。

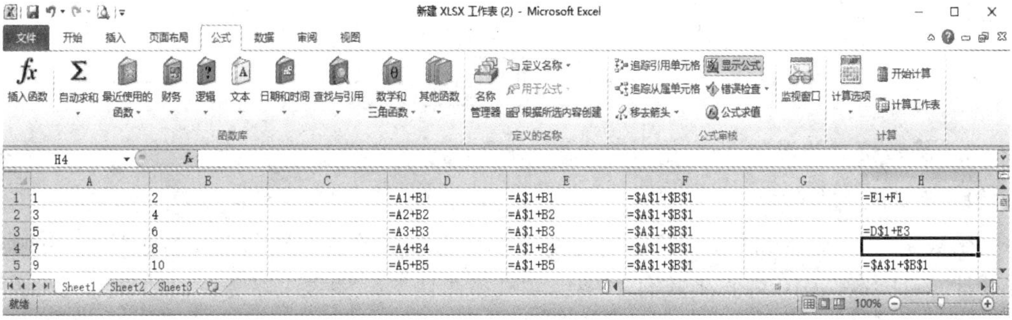

图 6-27　复制公示后公式的变化

3) 公式的复制与地址引用实训

(1) 实训要求：打开“学生成绩统计表.xlsx”，利用公式的复制计算出“总人数”，并统计各级别人数所占比例，完成后将表格另存为“学生成绩统计表-公式复制.xlsx”。

(2) 实训操作。具体步骤如下：

① 计算总人数。总人数等于各个级别成绩的人数总和，在B8单元格输入“=B3+B4+B5+B6+B7”，利用填充句柄，将公式复制到C8、D8单元格。

② 计算各级别人数所占比例。各级别人数所占比例=各级别人数/总人数。由于总人数所在行在计算中保持不变，根据公式，在B11单元格输入“=B3/B$8”；然后利用填充句柄，将公式复制到B12：B15单元格。统计项中，第C、D列的计算方法与第B列一致，可直接利用填充句柄，将B11：B15单元格的公式复制到C11：D15单元格。设置B11：D15单元格的数字公式为“百分比”，小数位数为“2”。

③ 保存文件。单击“文件”选项卡，在弹出的下拉菜单中选择“另存为”命令在“另存为”对话框中输入文件名“学生成绩统计表-公式复制.xlsx”，保存类型为“Excel 工作簿(*.xlsx)”。

任务3 设计学生期末成绩表

任务目标

(1) 掌握函数的概念。

(2) 了解函数的格式。

(3) 掌握常用的函数。

任务导入

Excel 2010 将具有特定功能的一组公式组合在一起，形成函数，与直接使用公式进行计算相比，使用函数进行计算的速度更快，同时也能减少错误的发生。

任务描述

本任务分为两个部分来完成，第 1 部分为函数格式的设置，第 2 部分为常用函数的应用。

知识链接

1. 函数格式的设置

1) 函数的概念

函数是一些预定义的公式，它们使用一些称为参数的特定数值，按特定的顺序或结构进行计算。Excel 2010 内置函数有 13 类，400 多个函数，涵盖了财务、日期、工程、逻辑、数学、统计、文本等各种不同领域的数据处理任务。

2) 函数的结构

跟公式一样，函数的结构也是以等号“=”开始，后面紧跟函数的名称及左括号，然后以逗号分隔输入参数，最后加上右括号。

(1) 函数名。函数名也就是函数的名称，一般代表函数的用途，如 SUM 代表求和、AVERAGE 代表求平均、MAX 代表求最大值等。

(2) 函数参数。参数可以是数字、文本、逻辑值、数组、错误值或单元格引用等，指定的参数必须为有效的参数值，也可以是常量、公式或其他函数。

函数可以有一个或多个参数，一般结构为函数名(参数 1，参数 2，…)，每个函数都可以返回一个值，返回的值就是该函数的计算结果。

3) 函数的输入

在 Excel 2010 中，使用“插入函数”对话框可以插入 Excel 2010 内置的任意函数，若熟悉函数参数，则可以在编辑栏直接输入函数实现数据处理。

(1) 在“开始”选项卡的“编辑”功能组中，单击“自动求和”下拉按钮，在其下拉列表中进行函数选择和插入，如图 6-28 所示。选择“其他函数”可打开“插入函数”对话框。

(2) 函数分类显示在“公式”选项卡的“函数库”功能组中，可根据类别直接选择使用，如图 6-29 所示。

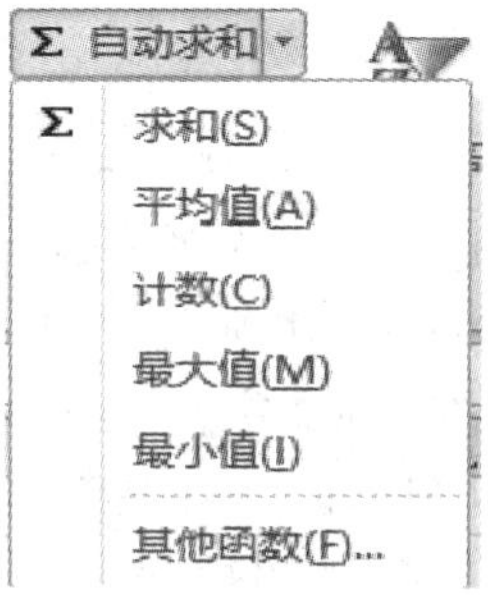

图 6-28 “自动求和”下拉按钮

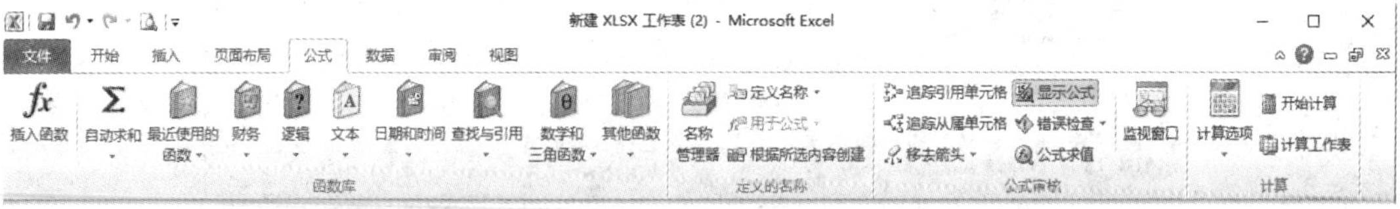

图 6-29 “公式”选项卡的“函数库”功能组

(3) 可以单击编辑栏旁边的按钮，打开“插入函数”对话框，也可以在编辑栏内直接输入函数，如图 6-30 所示。

图 6-30 编辑栏内直接输入函数

4) 函数的格式设置实训

(1) 实训要求：打开“学生期末成绩表.xlsx”，在“函数 1”工作表中，利用函数计算总分及平均分，完成后保存表格。

(2) 实训操作。具体步骤如下：

① 计算总分。单击 I3 单元格，在“开始”选项卡的“编辑组”功能组中，单击“自动求和”按钮，添加 SUM 函数，选择 C3：H3 单元格，单击“输入”按钮，确认输入，如图 6-31 所示。然后利用填充句柄，将函数复制到 I4：I46 单元格。

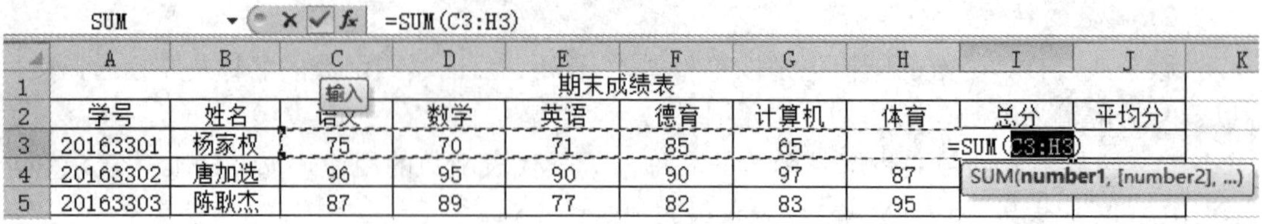

图 6-31　计算总分

② 计算平均分。单击 J3 单元格，在“开始”选项卡的“编辑组”功能组中，单击“自动求和”旁边的下拉按钮，在其下拉列表中选择“平均值”选项，添加 AVERAGE 函数，选择 C3：H3 单元格，单击“输入”按钮，确认输入。设置单元格的数字格式为“数值”，小数位数为“1”。然后利用填充句柄，将函数复制到 J4：J46 单元格。

③ 保存文件。单击“保存”按钮，保存表格。

2．常用函数的应用

1) 常用函数的功能及使用方法

(1) SUM 函数(求和)。SUM(Number 1，Number2，…)，其参数类型可以是数字、逻辑值和数字的文字表示等形式。例如：A1：A10 中分别存放数据 1~10，如果在 A11 中输入“=SUM(A1，A4：A8，30)”，则表示将 1、4、5、6、7、8、30 相加，显示计算结果为 61。使用“函数参数”窗口对 SUM 函数中的参数进行输入的方法如图 6-32 所示。

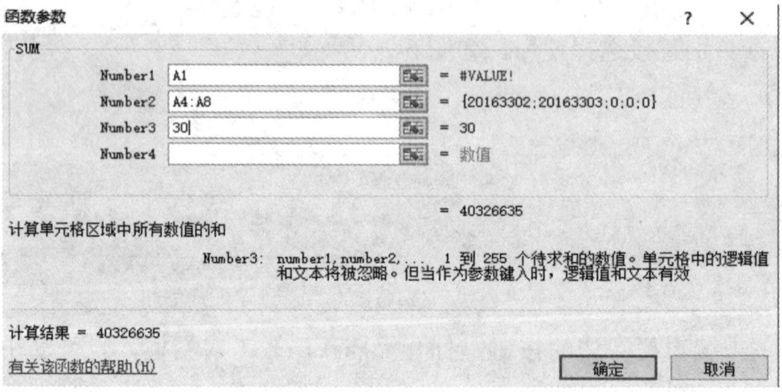

图 6-32　使用“函数参数”窗口对 SUM 函数中的参数进行设定

(2) AVERAGE 函数(求平均值)。AVERAGE(Number 1，Number2，…)，其参数可以是任何数字、单元格地址或包含数字的区域。如果区域中有空白表格，就自动忽略。AVERAGE 函数参数的设定与 SUM 函数相似。

(3) MAX、MIN 函数(求最大、最小值)。MAX(Number 1，Number2，…)和 MIN(Number 1，Number2，…)，其中参数最多为 255 个，可以是数字、数组、逻辑值，也可以是引用。

(4) RANK 函数(求排名)。RANK 函数是与 Excel 早期版本相兼容的一个函数，其格式为 RANK(Number，Ref，[Order])，其中，参数 Number 为参与排名的数值；Ref 为排名的数值区域；Order 有 0 和非 0 两种。当排序为降序(由大到小排名)时，参数为 0 或忽略；当排序为升序(由小到大排名)时，参数输入非 0 数值即可。

通常在使用 RANK 函数时会涉及智能复制函数，因此 Ref 参数需要添加绝对引用或混合引用，如 RANK(A2，A$2：A$51，0)或 RANK(A2，A2：A51，0)。

(5) IF 函数。IF(Logical_test，Value_if_true，Value_if_false)，其中，参数 Value_test 表示条件，通常是一个逻辑判断表达式；Value_if_true 表示判断条件成立(逻辑“真”)时显示的内容；Value_if_false 表示判断条件不成立(逻辑“假”)时显示的内容。例如：A1 存放着数值，则在 B1 单元格输入 IF 函数判断 A1 内的数值是否小于 60，如小于 60，则在 B1 单元格显示“不及格”，否则显示“及格”。使用“函数参数”窗口对 IF 函数中的参数进行设定，输入的方法如图 6-33 所示。

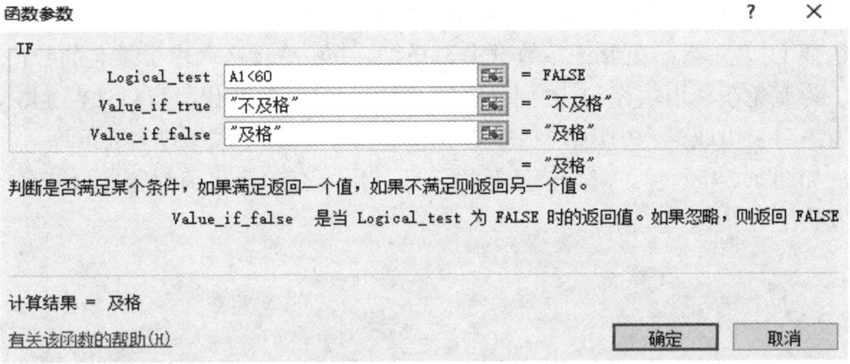

图 6-33 使用“函数参数”窗口对 IF 函数中的参数进行设定

(6) AND、OR 函数(逻辑与、逻辑或)。AND(Logical1，Logical2，…)和 OR(Logical1，Logical2，…)，参数为逻辑判断表达式。AND 函数，当所有的条件都满足时，返回“TRUE”，只要有条件不满足就返回“FALSE”。OR 函数，只要有条件满足就返回“TRUE”，当所有的条件都不满足时才返回“FALSE”。

(7) COUNT 函数。COUNT(Value1，Value2，…)，参数为单元格区域，用于统计区域内有多少个单元格。

(8) COUNTIF 函数。COUNTIF(Range，Criteria)，其中，参数 Range 表示统计区域，即单元格进行计数的区域；参数 Criteria 表示条件，形式可以是数字、文本或表达式。该函数用于统计指定单元格区域内符合条件的单元格个数。

(9) SUMIF 函数。SUMIF(Range，Criteria，Sum_range)，即 SUMIF(条件判断区域，条件，实际求和区域)，用来根据指定的条件对若干单元格进行求和。

2) 常用函数的应用实训

(1) 实训要求：打开“学生期末成绩表.xlsx”，在“函数 2”工作表中，完成以下设置。

① 在第 I 列，利用求和函数计算总分。

② 在第 J 列，利用求平均值函数计算平均分。

③ 在第 K 列，根据总分，利用排名函数求出排名情况。

④ 在第 L 列，利用条件判断函数(IF 函数)显示备注。如果平均分在 85 分以上(含 85 分)，则备注“优秀”；如果平均分在 60 分以下(不含 60 分)，则备注“待提高”；其余情况“备注”栏不显示内容。

⑤ 在 P15：U15 单元格统计各科成绩最高分。

⑥ 在 P16：U16 单元格统计各科成绩最低分。

⑦ 在 P17：U20 单元格统计成绩在指定范围的人数。

⑧ 设置完成后，将表格保存。

(2) 实训操作。

① 计算总分。在 I3 单元格插入 SUM 函数，选择计算范围为 C3：H3 单元格，并用填充句柄将函数智能填充至 I4：I46 单元格区域。

② 计算平均分。在 J3 单元格插入 AVERAGE 函数，选择计算范围为 C3：H3 单元格，并用填充句柄将函数智能填充至 J4：J46 单元格区域。

③ 统计排名。在 K3 单元格插入 RANK 函数，打开“函数参数”对话框，在 Number 参数框中选择 I3 单元格；在 Ref 参数框中选择 I3：I46 单元格，由于排名的数值区域是固定不变的，为避免在利用填充句柄复制该函数时引起行号的变化，可将 I3：I46 单元格地址引用改为绝对引用或混合引用；I3：I46 或 I$3：I$46；成绩排名为降序；Order 参数可不添加，如图 6-34 所示。确定该函数输入后，用填充句柄将函数智能填充至 K4：K46 单元格区域。

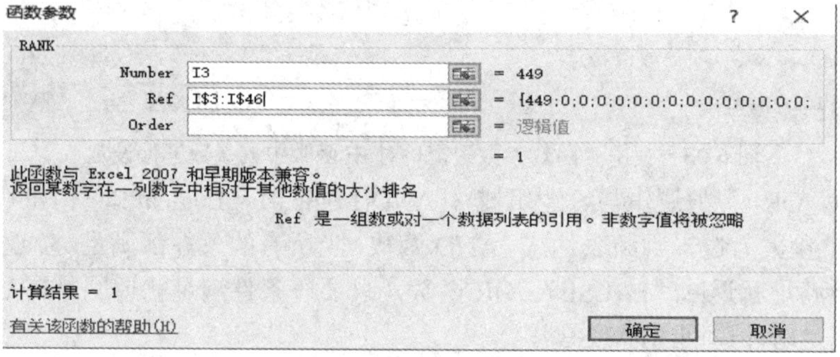

图 6-34 使用“函数参数”窗口对 RANK 函数中的参数进行设定

④ 显示备注。根据要求，在“备注”列可以选用条件判断函数 IF，且需采用嵌套函数。

在“备注”列的 L3 单元格，插入 IF 函数，打开“函数参数”对话框，在 Logical_test 参数框中输入条件“J3＞＝85”；在 Value_if_true 参数框中输入“优秀”；在条件不成立的情况下，Value_if_false 参数框有新的条件判断，因此需在该参数框插入一个嵌套的 IF 函数，如图 6-35 所示。

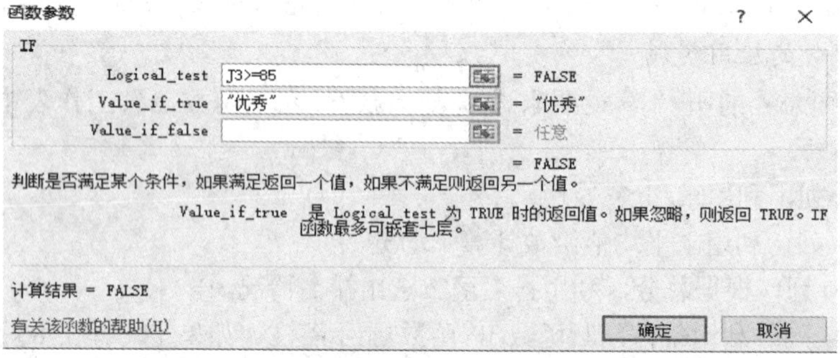

图 6-35 使用“函数参数”窗口对 IF 函数中的参数进行设定

嵌套的 IF 函数打开一个新的“函数参数”对话框，在 Logical_test 参数框中输入条件“J3＜60”；在 Value_if_true 参数框中输入“待提高”；在 Value_if_false 参数框内输入一对英文状态下的双引号，如图 6-36 所示。

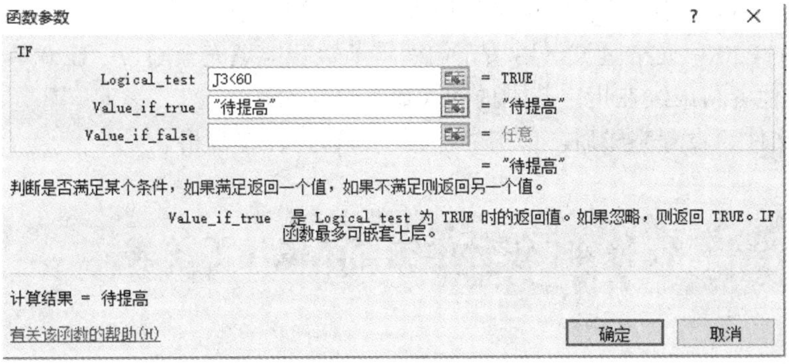

图 6-36 使用“函数参数”窗口对 IF 函数中的参数进行设定

最终生成公式：=IF(J3＞＝85，"优秀"，IF(J3＜60，"待提高"，" "))，然后用填充句柄将函数智能填充至 L4：L46 单元格区域。

⑤ 计算各科成绩最高分、最低分。在 P15 单元格插入最大值函数 MAX，选择计算范围为 C3：C46 单元格；在 P16 单元格插入最小值函数 MIN，选择计算范围为 C3：C46 单元格。由此可统计出语文科目的最高分和最低分。然后选中 P15：P16 单元格区域，用填充句柄将函数智能填充至 Q15：U16 单元格区域，从而获得其他科目的最高分和最低分。

⑥ 统计成绩在指定范围的人数。在 P17 单元格统计语文成绩在 85 分以上的人数，可插入条件计数函数 COUNTIF，在“函数参数”对话框中，为 Range 参数框选择统计范围 C3：C46 单元格；在 Criteria 参数框输入条件“＞＝85”，如图 6-37 所示，可统计出语文成绩在 85 分以上的人数。

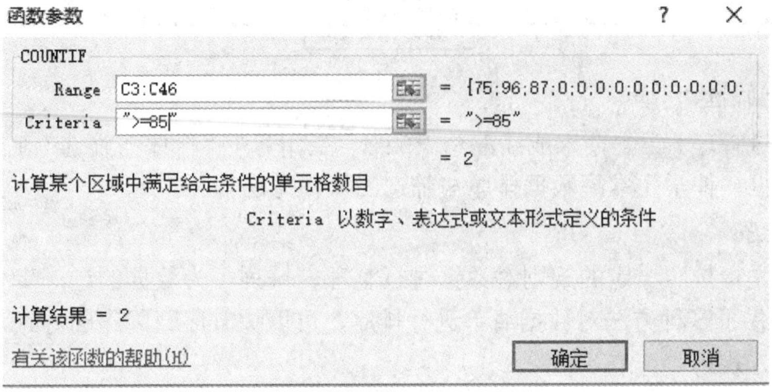

图 6-37 使用“函数参数”窗口对 COUNTIF 函数中的参数进行设定

用相同方法，可在 P18 单元格统计出成绩在“70 分以上的人数”，由于成绩在“70 分以上的人数”包含了成绩在“85 分以上的人数”，因此用 COUNTIF 函数统计后还需要修改公式为“=COUNTIF(C3：C46，“＞＝70”)-P17”。以此类推，在 P19 单元格用 COUNTIF 函数统计出成绩在“60 分以上的人数”后，也需要修改公式为“=COUNTIF(C3：C46，“＞＝60”)-P17-P18”。

在 P20 单元格统计语文成绩不及格人数，首先插入条件计数函数 COUNTIF，在“函数参数”对话框的 Range 参数框中选择统计范围单元格 C3：C46；在 Criteria 参数框中输入条件“<60”，即可统计出语文成绩不及格人数。

选中 P17：P20 单元格区域，用填充句柄将函数智能填充至 Q17：U20 单元格区域上，即可统计出其他各科成绩在指定范围内的人数。

⑦ 保存文件。设置完成后，单击“保存”按钮，保存表格。

任务 4　设计学生期末成绩汇总表

任务目标

(1) 掌握数据的排序与筛选操作方法。

(2) 掌握数据的分类汇总操作方法。

任务导入

Excel 2010 具有排序、筛选、分类汇总等强大的数据管理功能，并能将所处理的数据生成各种统计图表，使所处理的数据更加直观地表现出来。

任务描述

本任务分为两个部分来完成，第 1 部分为排序与筛选，第 2 部分为合并计算与分类汇总。

知识链接

1．排序与筛选

本任务通过管理“学生期末成绩汇总表.xlsx”工作簿中“排序与筛选”工作表内的“期末成绩表”数据，使学生掌握数据排序与筛选的操作方法。

1) 数据排序

数据排序是指按照一定的规则对数据进行整理、排列，为数据的进一步处理做准备。Excel 2010 提供了多种方法对数据清单进行排序，可以按升序、降序的方式，也可以由用户自定义排序方式。

(1) 简单排序。在 Excel 2010 中，对数据清单进行排序时，如果按照单列的内容进行简单排序，可以在“开始”选项卡的“编辑”功能组中单击“排序和筛选”下拉按钮，在其下拉列表中选择“升序”选项或“降序”选项。或者在“数据”选项卡的“排序和筛选”功能组中单击“升序”按钮或“降序”按钮进行简单的排序。

(2) 自定义排序。简单排序只能使用一个排序条件，当用户的排序需求较多时，可以设置多个排序条件，当排序值相同时，可以根据下一个排序条件进行排序。

在“数据”选项卡的“排序和筛选”功能组中，单击“排序”按钮，弹出“排序”对话框，在该对话框中可以添加排序的“主要关键字”和“次要关键字”进行自定义排序，如图 6-38 所示。

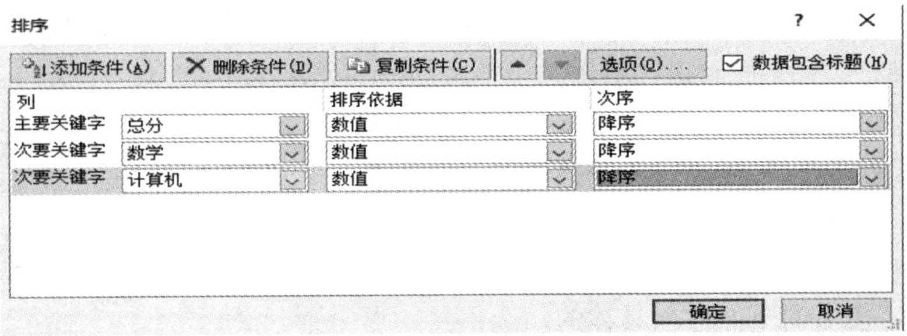

图 6-38 “排序”对话框

2) 数据筛选

数据筛选是迅速查找数据的一种方法，筛选可以将表格或者数据区域中所有不满足条件的记录暂时隐藏起来，只显示满足条件的数据行，方便用户浏览和分析。Excel 2010 提供了自动筛选和高级筛选两种筛选数据的方式。

(1) 自动筛选。自动筛选后，在原来位置只显示符合条件的数据行，隐藏其他行。在“数据”选项卡的“排序和筛选”功能组中单击“筛选”按钮，数据表的第一行单元格都会出现一个下拉按钮，单击下拉按钮，在其下拉列表中直接选择要筛选的数据选项即可进行筛选，如图 6-39 所示。如果要筛选的条件在“自动筛选”的下拉列表中找不到，则可以使用“自定义自动筛选方式”的功能来筛选数据，如图 6-40 所示。

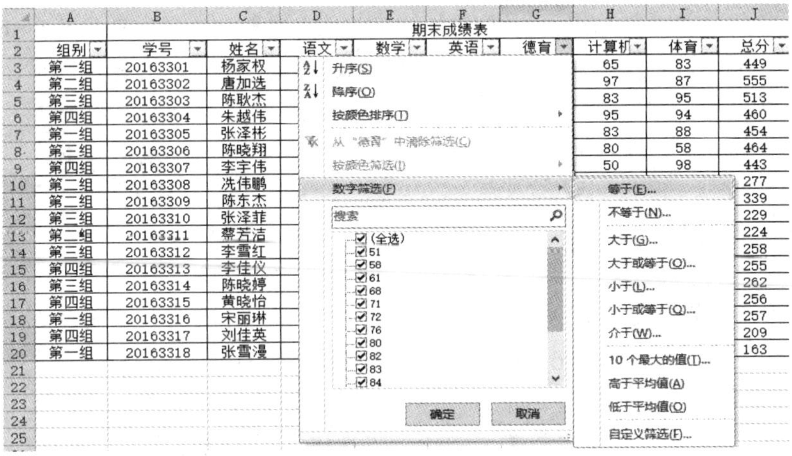

图 6-39 自动筛选

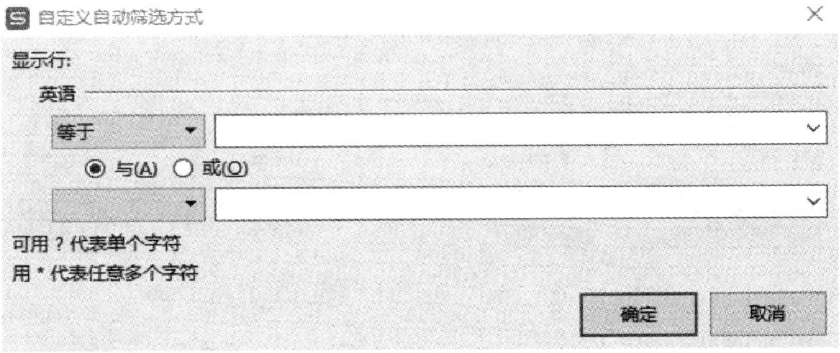

图 6-40 自定义自动筛选方式

(2) 高级筛选。自动筛选只能完成条件简单的数据筛选，当筛选条件较复杂时，自动筛选将难以满足需求，此时可以使用高级筛选功能来处理。

使用高级筛选功能时，需要先建立一个条件区域，用来存放指定的筛选条件。条件区域的第一行为筛选条件的字段名，这些字段名与表格中的字段名必须一致(建议在建立条件区域时，直接从表格中复制字段名)，在字段名的下方输入具体的筛选条件。当条件是“与”关系时，条件输入到同一行；当条件是“或”关系时，条件输入到不同行，如图 6-41 所示。

语文	数学	英语	
>=90	>=90	>=90	
语文	数学	英语	
>=90			
	>=90		
		>=90	

图 6-41　高级筛选

条件区域确定后，选择需筛选的数据表，在“数据”选项卡的“排序和筛选”功能组中单击“高级筛选”按钮，弹出“高级筛选”对话框，可设置高级筛选的“列表区域”和“条件区域”，筛选结果显示方式可选择“在原有区域显示筛选结果”或“将筛选结果复制到其他位置”选项。

3) 排序和筛选操作实训

(1) 实训要求：打开“学生期末成绩汇总表.xlsx”，在“排序与筛选”工作表中，对“期末成绩表”内数据进行排序与筛选。

① 按“组别”由小到大进行排序，“组别”相同的，按“总分”由大到小进行排序。

② 通过高级筛选，筛选出语文成绩在 90 分以上(含 90 分)或数学成绩在 90 分以上(含 90 分)或英语在 90 分以上(含 90 分)的数据，将结果显示在以 A48 开始的区域。条件区域建立在以 L2 开始的单元格区域内。

③ 通过自动筛选，将各科成绩均在 80 分以上(含 80 分)的记录筛选出来。

④ 保存表格。

(2) 实训操作。

① 排序：

a. 打开“学生期末成绩汇总表.xlsx”文件，将“排序与筛选”工作表选定为当前工作表。选择排序数据区域 A2：J46 单元格(或选择数据表内任意一个单元格)，在“数据”选项卡的“排序和筛选”功能组中，单击“排序”按钮，弹出“排序”对话框，设置“主要关键字”为“组别”，“排序依据”为“数值”，“次序”为“升序”。

b. 单击“添加条件”按钮，添加“次要关键字”为“总分”，“排序依据”为“数值”，“次序”为“降序”，如图 6-42 所示。

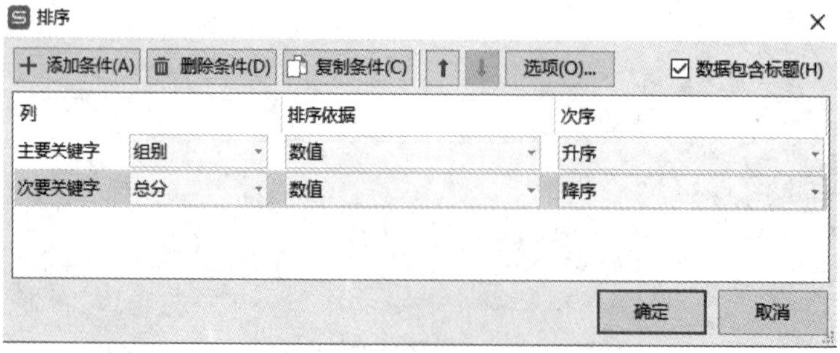

图 6-42　“排序”对话框

② 高级筛选：

高级筛选条件为“或”关系，在以 L2 单元格开始的区域输入字段名及条件，如图 6-43 所示。选择需筛选的数据区域 A2：J46 单元格(或选择数据表内任意一个单元格)，在“数据”选项卡的“排序和筛选”功能组中单击“高级筛选”按钮，弹出“高级筛选”对话框，设置相应参数。

语文	数学	英语
>=90		
	>=90	
		>=90

图 6-43　高级筛选

③ 自动筛选：

a. 在“数据”选项卡的“排序和筛选”功能组中，单击“筛选”按钮，选择“语文”字段名旁边的下拉按钮，在下拉列表中选择“数据筛选”→“大于或等于”选项，弹出“自定义自动筛选方式”对话框，在对话框中输入条件“80”，如图 6-44 所示。

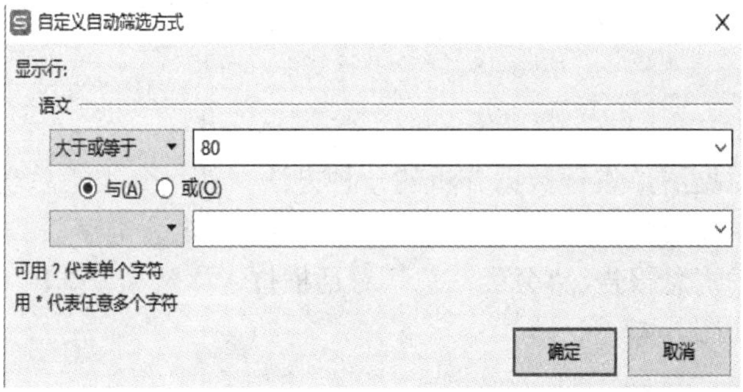

图 6-44　自动筛选

b. 用同样的方法，设置“数学”“英语”“德育”“计算机”“体育”字段的条件，自动筛选后的结果如图 6-45 所示。

	A	B	C	D	E	F	G	H	I	J
1		期末成绩表								
2	组别	学号	姓名	语文	数学	英语	德育	计算机	体育	总分
4	第二组	20163302	唐加选	96	95	90	90	97	87	555

图 6-45　自动筛选后的结果

2．合并计算与分类汇总

本任务以管理“学生期末成绩汇总表.xlsx”工作簿中“数据 1”、“数据 2”、“数据 3”“数据 4”及“合并计算与分类汇总”工作表为例介绍数据的合并计算与分类汇总的操作方法。

1) 合并计算

合并计算功能可以把多个格式相同的表格数据进行合并计算，可以将合并计算链接到数据源区域，数据源区域发生变化，合并计算显示的结果也会变化。

合并计算有两种方式。第一种方式是按位置合并，这种方式对不同数据区域有严格要求，数据单元格在相同位置存储的必须是相同类型的内容，在进行合并计算时可不勾选标签位置。第二种方式是通过分类进行合并计算，此时需要勾选标签位置(首行、最右列)，该方式适用于合并计算具有相同行标题和列标题，但以不同的方式组织数据的工作表。

在“数据”选项卡的“数据工具”功能组中单击“合并计算”按钮，弹出“合并计算”对话框，如图 6-46 所示。

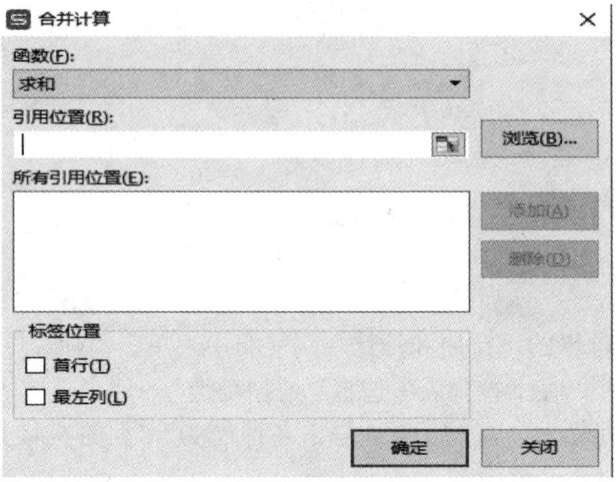

图 6-46 “合并计算”对话框

2) 分类汇总

分类汇总是对数据清单进行数据分析的一种方法。使用分类汇总功能可对数据表指定的字段进行分类，并统计同一类记录的有关信息。通过指定分类字段、汇总方式及汇总项，可以快捷地创建各种汇总报告。“分类汇总”对话框位于“数据”选项卡的“分级显示”功能组中，其对话框如图 6-47 所示。

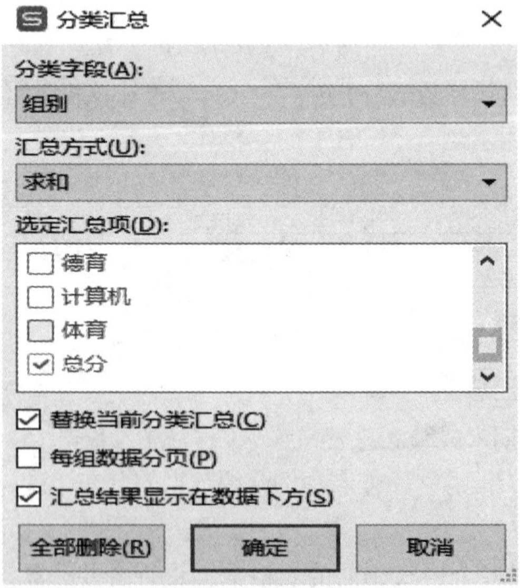

图 6-47 “分类汇总”对话框

使用分类汇总功能时，一般需先根据“分类字段”通过“排序”对需处理数据进行分类操作，然后添加“分类汇总”功能。

任务 5 打印输出电子表格

任务目标

(1) 掌握页面设置的方法。

(2) 掌握打印文件的方法。

任务导入

使用打印机可以把电子表格打印为纸质文档，以方便保存或阅读。在打印文档之前，需要进行相关的打印设置，主要设置内容包括与电子表格匹配的纸张大小、页边距、页眉和页脚、表头等。如果需要强化打印效果，可以考虑添加电子表格边框线、标题等内容。

任务描述

本任务分为两个部分来完成，第 1 部分为学生成绩表页面设置，第 2 部分为打印学生成绩表。

知识链接

1．学生成绩表页面设置

通过“页面设置”功能设置打印格式及内容，包括设置纸张大小、调整页边距、设置页眉和页脚、设置工作表及其他常用页面参数，使成绩表打印效果达到最佳。

(1) 打开“学生期末成绩汇总表.xlsx”。

(2) 选择“页面布局”选项卡，在“页面设置”组中单击右下角的“页面设置对话框启动器”按钮，打开“页面设置”对话框，如图 6-48 所示。

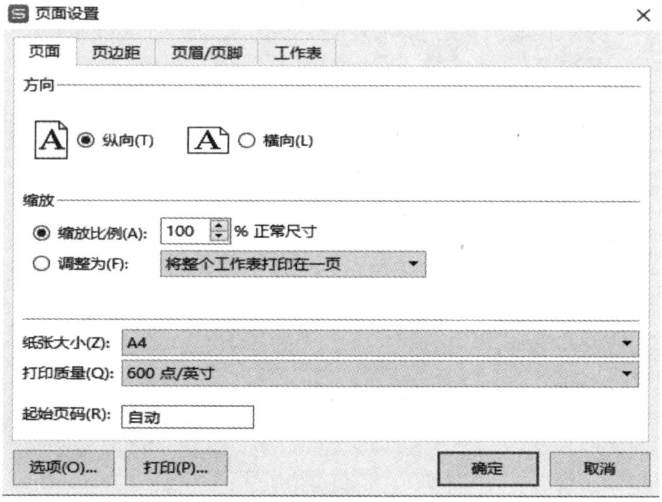

图 6-48 “页面设置”对话框

(3) 在“页面”选项卡的“方向”选项中，选中“纵向”单选钮，在“纸张大小”下拉列表选择“A4”选项，“起始页码”设为“自动”。

(4) 单击“页边距”选项卡，设置“上”“下”“左”“右”4 个页边距值。在“页眉”“页脚”框中输入或选择距上、下边的距离，该距离要小于上、下页边距，以保证页眉、页脚不被表格数据覆盖。在“居中方式”选项中，选中“水平”复选框，如图 6-49 所示。

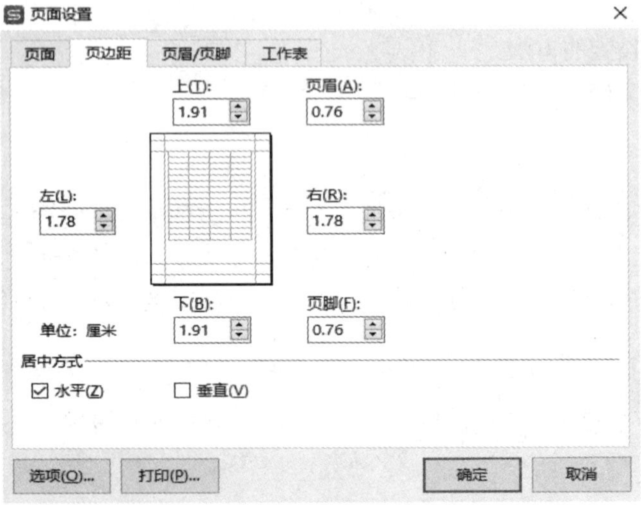

图 6-49　“页边距”选项卡

(5) 选择“页眉/页脚”选项卡，单击“自定义页眉”按钮，打开“页眉”对话框。

(6) 在“页眉”对话框的“中”文本框中，输入“2013-2014 学年第一学期学生成绩单”，单击“格式文本”按钮，打开“字体”对话框，设置文本的字体为“楷体”、字形为“加粗”、字号为“14”，颜色为“蓝色”，单击“确定”按钮，如图 6-50 所示。

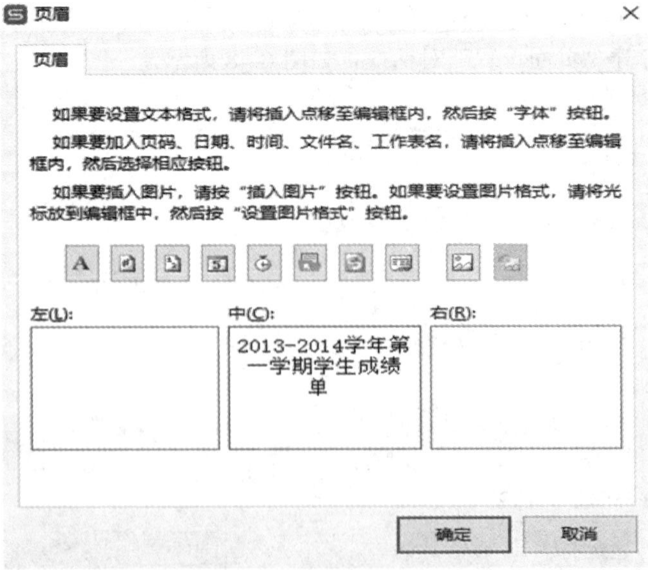

图 6-50　“页眉”对话框

(7) 在“页面设置”对话框的“页脚”下拉列表中，选择“第 1 页，共？页”。

(8) 单击“自定义页脚”，打开“页脚”对话框(如图 6-51 所示)，分别选中“中”“右”文本框中的文字，单击“格式文本”按钮，打开“字体”对话框，设置文本的字体为“楷体”、字号为“12”、颜色为“蓝色”，单击“确定”按钮完成页眉、页脚设置。

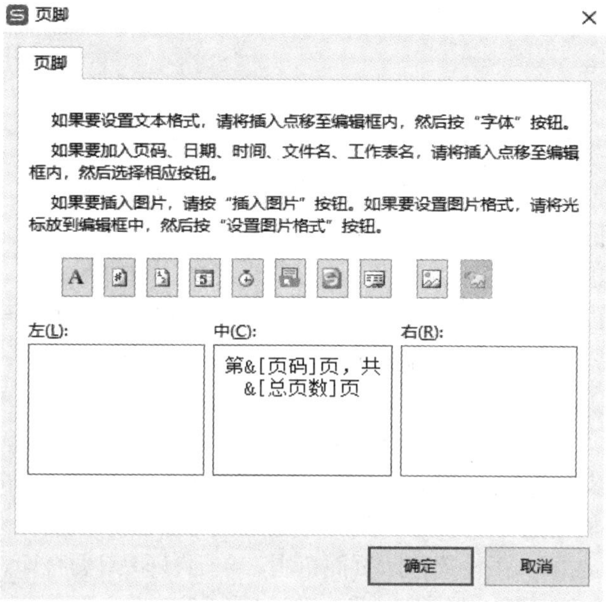

图 6-51　“页脚”对话框

(9) 选择“页面设置”对话框中的“工作表”选项卡，在“打印区域”文本框中输入打印的工作区域“A1：G55”，或者单击右侧“折叠对话框”按钮，在工作表中选择打印区域。

(10) 在“打印标题”区中，单击“顶端标题行”文本框右侧的“折叠对话框”按钮，在工作表中选择表头，如图 6-52 所示。

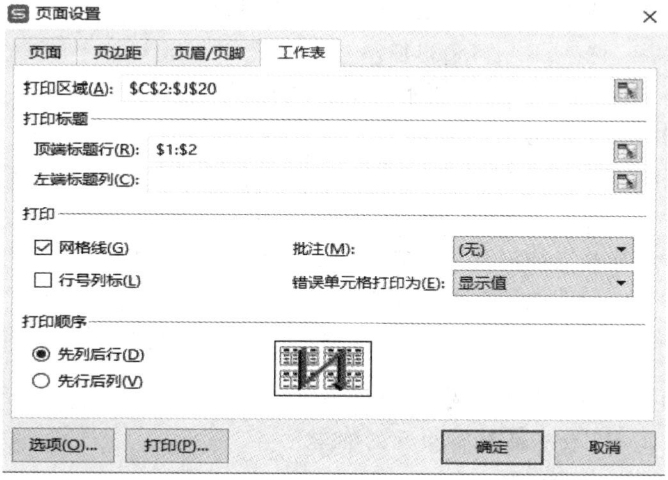

图 6-52　“工作表”选项卡

(11) 选中“打印”选项中的“网络线”复选框，可在打印内容的同时打印分隔线。在“批注”下拉列表中选中“工作表末尾”选项，单击“确定”按钮，完成“工作表”选项卡中的设置。

(12) 在“视图”选项卡中，单击“工作簿视图”组中的“页面布局”视图，即可查看打印效果，在查看的同时也可以编辑工作表。

(13) 单击“普通”视图返回。

(14) 保存文件。

2. 打印学生成绩表

在执行打印操作时，既需要依据打印内容合理设置纸张大小、打印范围、单双面打印等，也可以根据打印要求合理设置打印机。

在正确连接打印机的前提下，利用“文件”菜单的“打印”功能，设置打印机和各种打印参数。不同打印机的属性设置有差别，具体设置内容和打印机型号有关。

打印学生期末成绩汇总表实训步骤如下：

(1) 打开“学生期末成绩汇总表.xlsx”。

(2) 单击“文件”菜单中的“打印”命令，显示工作表的打印预览效果。

(3) 在“打印机”选项的打印机下拉列表中，选择已连接好的打印机。

(4) 单击“打印机属性”，打开相应的打印机属性对话框，设置打印质量和效果等内容。

(5) 在“设置”选项中，设置打印页面范围、单面打印/双面打印、纵向、页面大小、页边距等。

(6) 在“打印”选项中，输入打印份数，单击“打印”按钮，开始打印输出。

习 题

1. 单项选择题。

(1) 在单元格中输入数字字符串450034(邮政编码)时，应输入(　　)。

A. 450034　　B. “450034”　　C. “450034　　D. 450034”

(2) 在单元格中输入(　　)，使该单元格显示0.6。

A. 6/10　　B. = “6/10”　　C. = 6/10　　D. = 6/20

(3) 设A1、B1、C1、D1中的值分别是2、6、7、5，则SUM(A1：C1)/D1为(　　)。

A. 3　　B. 5　　C. 15/5　　D. 15

(4) 当输入的文字被系统辨别为正确时，会采用(　　)对齐方式。

A. 居中　　B. 靠右　　C. 靠左　　D. 不动

2. 判断题。

(1) 在Office 2010中，Excel文件的扩展名是.xls。

(2) 工作表中的B5表示第B行第5列的单元格。

(3) 工作簿中默认包含两张工作表。

(4) 删除单元格就是仅把选定单元格中的内容删除。

3. 简答题。

(1) 什么是工作簿？什么是工作表？二者之间有什么区别？

(2) 在单元格中可以输入哪些类型的数据？

(3) 公式由哪几部分组成？函数由哪几部分组成？

4. 操作题。

按要求创建“收入与开支统计表”，如图 6-53 所示。

(1) 表格要有可视的边框，并将表中的内容设置为宋体、12 磅、居中。

(2) 用函数计算总收入，将结果填入相应的单元格内。

(3) 用函数计算总支出，将结果填入相应的单元格内。

(4) 用公式计算剩余总额，将结果填入相应的单元格内。

(5) 用函数计算剩余总额低于 2500 元的人数，将结果填入相应的单元格内。

2013年12月收入与开支统计表 （单位：元）

姓名	收入					支出					剩余总额
	职务工资	补贴	奖金	职称工资	总收入	水电费	房贷	生活开支	其他话费	总支出	
张小宇	1600.0	600.0	800.0	1800.0		123.0	0	1250	500		
田野	1200.0	600.0	800.0	1700.0		105.0	600	1230	400		
张亮	1300.0	600.0	800.0	1750.0		89.0	600	1100	300		
孙越	1200.0	600.0	800.0	1700.0		53.0	700	900	450		
姜飞翔	1400.0	600.0	800.0	1800.0		68.0	0	890	330		
常宝强	1200.0	600.0	800.0	1700.0		56.0	600	760	400		
朱江河	1200.0	600.0	800.0	1700.0		67.0	700	680	320		
剩余总额低于2500元的人数											

图 6-53 收入与开支统计表

项目七 PowerPoint 2010 应用

项目目标

(1) 了解 PowerPoint 2010 的工作界面及启动方法。
(2) 熟练掌握演示文稿的制作方法。
(3) 熟练掌握演示文稿中音频、视频等素材的插入方法。

项目导入

PowerPoint 2010 是微软公司办公系列软件 Office 2010 中的一个重要组成部件，它集文字、图片、公式、声音、视频、动画等多种元素于一体，用于制作图文并茂、具有视觉震撼力的演示文稿，可由客户根据软件提供的功能自主设计、制作和放映，具有动态性、交互性和可视性，广泛应用在演讲、报告、产品演示和课件制作等的方面，借助演示文稿，可更方便快捷地进行展示。

项目描述

PowerPoint 是一款常见的办公协助软件。公司新产品宣传、楼盘介绍、个人简历等，都可以用它来实现。让我们通过本章学习，来玩转这不一样的新型工具。

任务1 PowerPoint 2010 概述

任务目标

(1) 认识 PowerPoint 2010 的工作界面。
(2) 掌握启动和退出 PowerPoint 2010 的方法。

任务导入

公司向客户介绍产品，教师上课讲课用的课件等这些演示文稿大多数是使用 PowerPoint

制作的。本任务可使我们一起学习如何制作精美的演示文稿。

任务描述

本任务简单介绍 PowerPoint 2010 的功能、启动方法及工作界面。

知识链接

1．初识 PowerPoint 2010

PowerPoint 2010 是演示文稿制作软件，可以方便、快速地建立演示文稿，基本功能包括幻灯片的建立、插入、删除以及幻灯片版式的选用，幻灯片中信息的编辑及最基本的放映方式等。

演示文稿是以“.pptx”为扩展名的文件，文件由若干张幻灯片组成，按序号由小到大排列，启动“MicroSoft PowerPoint 2010”，可开始使用 PowerPoint。

2．PowerPoint 2010 的启动

方法 1：单击“开始—所有程序—Microsoft Office—Microsoft PowerPoint 2010”命令。

方法 2：双击桌面上的 PowerPoint 2010 快捷方式图标或应用程序图标。

方法 3：双击文件夹中已存在的 PowerPoint 2010 演示文稿文件，启动 PowerPoint 2010 并打开该演示文稿。

使用方法 1 和方法 2，系统将启动 PowerPoint 2010，并在 PowerPoint 2010 窗口中自动生成一个名为“演示文稿 1”的空白演示文稿，如图 7-1 所示。使用方法 3 将打开已存在的演示文稿，在此也可以新建空白演示文稿。

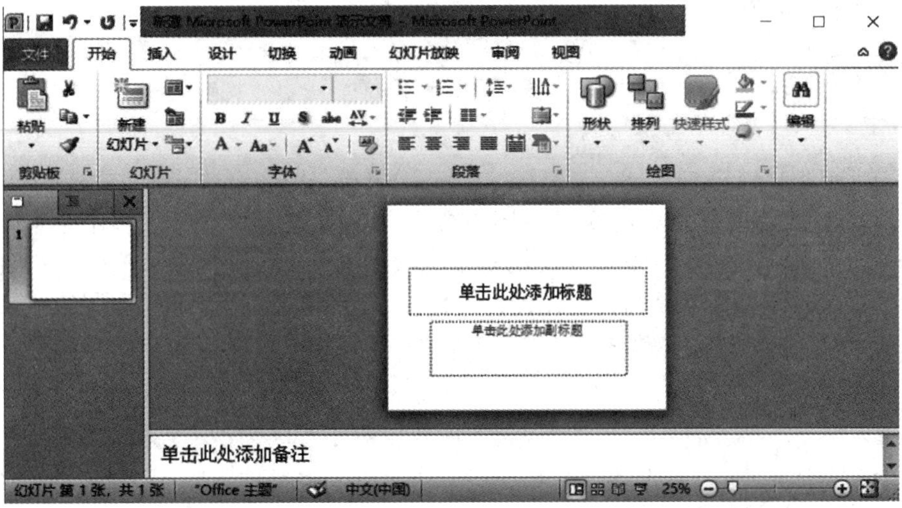

图 7-1　空白演示文稿

3．PowerPoint 2010 的工作界面

启动 PowerPoint 2010，即打开 PowerPoint 2010 应用程序工作窗口，如图 7-2 所示。工作窗口由快速访问工具栏、标题栏、选项卡、功能区、幻灯片/大纲浏览窗口、幻灯片窗口、备注窗口、状态栏、视图按钮、显示比例按钮等部分组成。

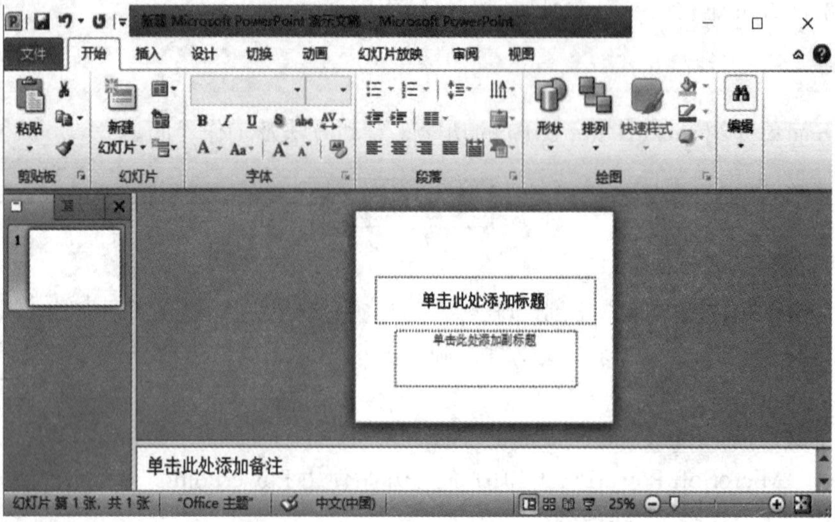

图 7-2　PowerPoint 工作窗口

1) 标题栏

标题栏位于窗口顶部，显示当前演示文稿文件名，右侧有“最小化”按钮、“最大化/向下还原”按钮和“关闭”按钮。标题栏的下面是“功能区最小化”按钮，单击该按钮，可隐藏功能区内的命令，仅显示功能区显示卡上的名称。拖动标题栏可以移动窗口，双击标题栏可最大化或还原窗口。

2) 快速访问工具栏

快速访问工具栏位于窗口的左端，通常由以图标形式提供的“保存”、“撤销键入”、“重复适应文字”、“打开”和“新建”等按钮组成，便于快速访问。利用工具栏右侧的“自定义快速访问工具栏”按钮，用户可以增加或更改按钮。

3) 选项卡

选项卡位于标题栏的下面，通常有“文件”“开始”“插入”“设计”“切换”“动画”“幻灯片放映”“审阅”“视图”9 个不同类别的选项卡，选项卡下含有多个命令组，根据操作对象的不同，还会增加相应的选项卡，称为“上下文选项卡”。例如：只有在幻灯片插入某一图片，选择该图片的情况下才会显示“图片工具.格式”选项卡。这些选项卡及其下面的命令组可以进行绝大多数 PowerPoint 2010 操作。

4) 功能区

功能区位于选项卡的下面，当选中某选项卡时，对应的多个命令组出现在其下方，每个命令组内含有若干命令。例如：单击“开始”选项卡，其功能区包含“剪贴板”“幻灯片”“字体”“段落”“绘图”“编辑”等命令组。

5) 演示文稿编辑区

演示文稿编辑区位于功能区下方，包括左侧的幻灯片/大纲缩览窗口、右侧上方的幻灯片窗口、右侧下方的备注窗口。拖动窗口之间的分界线或“显示比例”按钮可以调整各窗口的大小。幻灯片窗口显示当前幻灯片，用户可以在此编辑幻灯片的内容。备注窗口中可以添加与幻灯片有关的注释内容。

幻灯片/大纲缩览窗口含有“幻灯片”和“大纲”两个选项卡。单击“幻灯片”选项卡，可以显示各幻灯片缩略图。单击某幻灯片缩略图，将立即在幻灯片窗口中显示该幻灯片。利用幻灯片/大纲缩览窗口可以重新排序、添加或删除幻灯片。在“大纲”选项卡中，可以显示各幻灯片的标题与正文信息。

6) 视图按钮

视图按钮提供了当前演示文稿的不同显示方式，共有“普通视图”、“幻灯片浏览”、“阅读视图”和“幻灯片放映”四个按钮，单击某个按钮就可以方便地切换到相应视图。例如：在“普通视图”下可以同时显示幻灯片窗口、幻灯片/大纲浏览窗口和备注窗口，而在“幻灯片放映”下可以放映当前幻灯片或演示文稿。用户也可以选择“视图”选项卡下的命令组转换视图模式。

7) 显示比例按钮

显示比例按钮位于视图按钮右侧，单击该按钮，可以在弹出的“显示比例”对话框中选择幻灯片的显示比例，拖动其右方的滑块，也可以调节显示比例。

8) 状态栏

状态栏位于窗口底部左侧，在不同的视图模式下显示的内容略有不同，主要显示当前幻灯片的序号、当前演示文稿幻灯片的总张数、幻灯片主题等信息。

4. 退出 PowerPoint 2010

方法 1：双击窗口快速访问工具栏左端的控制菜单“关闭”图标按钮。

方法 2：单击“文件”选项卡“退出”命令。

方法 3：按 Alt+F4 组合键。

退出时会弹出对话框，要求用户确认是否保存对演示文稿的编辑工作，选择“保存”选项则存盘退出，选择“不保存”选项则退出但并不存盘。

任务 2 PowerPoint 2010 的基本操作

任务目标

(1) 熟练掌握演示文稿的基本操作方法。

(2) 熟练掌握幻灯片的插入、删除方法。

(3) 了解演示文稿的不同版式。

任务导入

上个任务我们了解了 PowerPoint 2010 的窗口，以及其启动和保存方法。演示文稿是由一张一张幻灯片组成的，那么如何选择、添加、删除灯片呢？

任务描述

本任务简单介绍了演示文稿的新建及保存、插入和删除方法。

知识链接

1．新建演示文稿

新建演示文稿主要采用的几种方式：新建空白演示文稿、根据主题、根据模板和根据现有演示文稿等。

使用空白演示文稿方式，可以创建一个没有任何设计方案和示例文本的空白演示文稿，根据自己需要选择幻灯片版式，开始演示文稿的制作。主题是事先设计好的一组演示文稿的样式框架，规定了演示文稿的外观样式，包括母版、配色、文字格式等设置，用户可直接在系统提供的各种主题中选择一个最适合自己的主题，创建一个该主题的演示文稿，使整个演示文稿外观一致。模板是预先设计好的演示文稿样本，一般有明确用途，PowerPoint 系统提供了丰富多彩的模板。根据现有演示文稿方式，可以根据现有显示文稿的风格样式，建立新演示文稿，此方法可快速创建与现有演示文稿类似的演示文稿，适当修改完善即可。本节只介绍新建空白演示文稿，其他方式在后面介绍。

1) 建立新演示文稿

方法 1：启动 PowerPoint 2010 系统自动建立新演示文稿，默认命名为“演示文稿 1”，用户可以在保存演示文稿时重新命名。

方法 2：单击“文件”选项卡下的“新建”命令，在“可用的模板和主题”下，双击“空白演示文稿”选项。

2) 保存演示文稿

方法 1：单击“文件”选项卡下的“保存”或“另存为”命令，在此，可以重新命名演示文稿及选择存放文件夹。

方法 2：单击功能区的“保存”图标按钮。

2．幻灯片版式应用

PowerPoint 2010 为幻灯片提供了多个幻灯片版式供用户根据内容需要进行选择，幻灯片版式确定了幻灯片内容的布局，选择“开始”选项卡下“幻灯片”命令组的“版式”命令，可为当前幻灯片选择版式，如图 7-3 所示，主要有“标题幻灯片”“标题和内容”

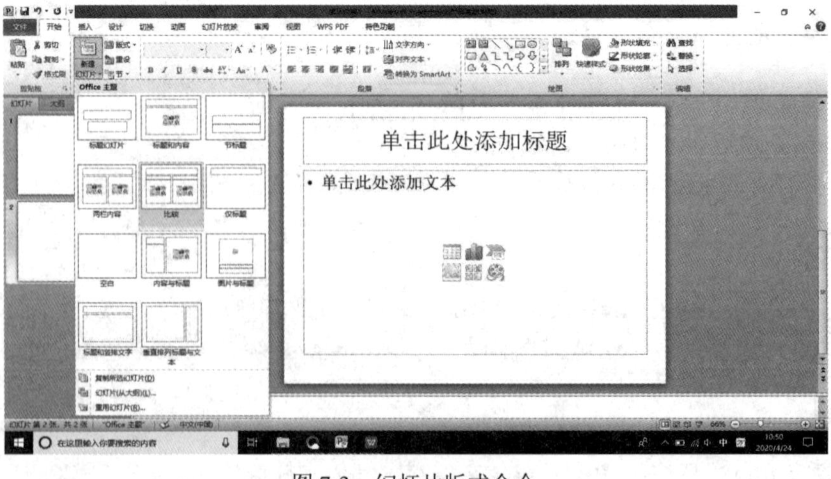

图 7-3　幻灯片版式命令

“节标题”“两栏内容”“比较”“仅标题”“空白”“内容与标题”“图片与标题”“标题和竖排文字”“垂直排列标题与文本”等，对于新建的空白演示文稿，默认的版式是“标题幻灯片”。

确定了幻灯片的版式后，即可在相应的栏目和对象框内添加或插入文本、图片、表格、图形、图标、媒体剪辑等内容，如图 7-4 所示，为“两栏内容”幻灯片版式。

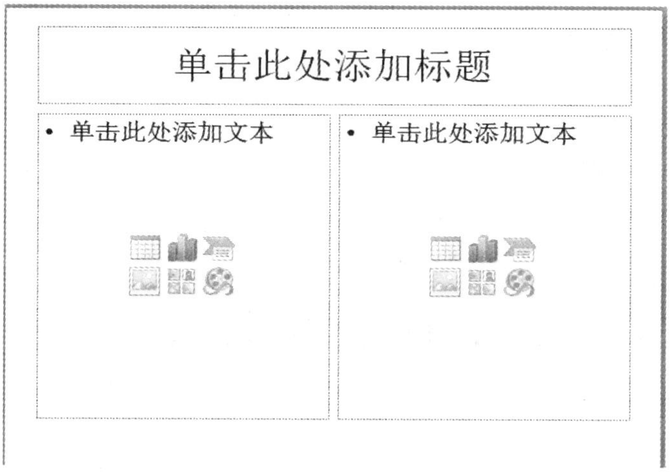

图 7-4　“两栏内容”版式

3．插入和删除幻灯片

演示文稿建立后，通常需要多张幻灯片表现用户的内容。

若要插入或删除幻灯片，首先要选中当前幻灯片，它代表插入位置，新幻灯片将插在当前幻灯片后面，删除幻灯片将删除该幻灯片。

1) 选中幻灯片

在幻灯片窗口左侧的幻灯片或大纲缩览图中，单击某当前幻灯片即选中该幻灯片。选中某当前幻灯片的同时按住 Shift 键可连续选中多张幻灯片；按住 Ctrl 键单击幻灯片可选择不连续的幻灯片。

2) 插入幻灯片

插入幻灯片可插入新幻灯片，也可以插入当前幻灯片的副本。前者将插入一张新的幻灯片，需确定版式等内容；后者直接复制某幻灯片作为新的插入幻灯片，可保留原有的格式，也可以重新设定和编辑内容。以下方法可插入新幻灯片：

(1) 在“幻灯片/大纲浏览”窗口选中某当前幻灯片缩略图(新幻灯片将插在该幻灯片之后)，在“开始”选项卡下单击“幻灯片”命令组的“新建幻灯片”下拉按钮，从出现的幻灯片版式列表中选择一种版式，则在当前选中幻灯片后出现新插入的制定版式幻灯片。

(2) 在“幻灯片/大纲浏览”窗口右击当前某幻灯片缩略图，在弹出菜单中选择“新建幻灯片”命令，则在当前选中幻灯片后面插入一张新幻灯片，如图 7-5 所示。

(3) 在“幻灯片浏览”视图模式下，移动光标到需插入幻灯片的位置，当出现黑色竖线时，单击鼠标右键，在弹出的快捷菜单中选择“新建幻灯片”命令，也可在当前位置插入一张新幻灯片。

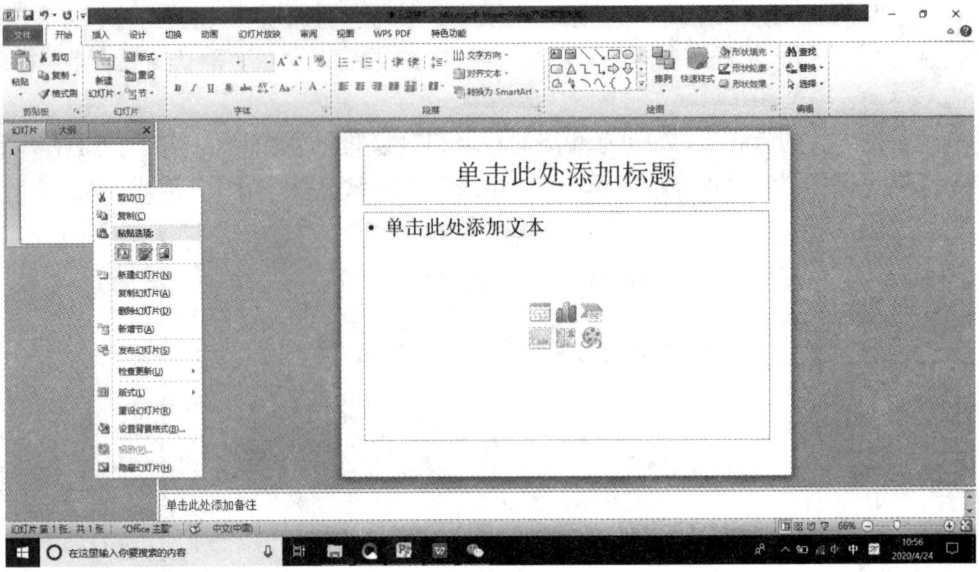

图 7-5　插入新幻灯片

3) 删除幻灯片

在“幻灯片/大纲”窗口选中当前幻灯片缩略图，按 Delete 键；也可以鼠标右击目标幻灯片缩略图，在出现的快捷菜单中选择“删除幻灯片”命令；或在“幻灯片浏览”视图模式下，按 Delete 键，均可删除当前幻灯片。若删除多张幻灯片，先选中这些幻灯片，然后按 Delete 键。

4．编辑幻灯片信息

PowerPoint 2010 为演示文稿的幻灯片提供了丰富的可编辑的信息，可在系统提供的版式、模板等样式下编辑信息(包括文本、图片、表格、图形、图标、媒体剪辑以及各种形状等)，用户可自行设计幻灯片布局，使幻灯片达到满意的效果，这里主要介绍文本编辑，其他内容在后面介绍。

1) 使用占位符

在“普通视图”模式下，占位符是指幻灯片中被虚线框起来的部分，当使用了幻灯片版式或设计模板时，每张幻灯片均有占位符。用户可在占位符内输入文字或插入图片等，一般占位符的文字字体具有固定格式，用户也可以通过选中文本更改内容。

2) 使用“大纲”缩览窗口

文稿中的文字通常具有不同的层次结构，有时还通过项目符号来体现，可使用“大纲”缩览窗口进行文字编辑，方法如下：

在“大纲”缩览窗口内选择一张需编辑的幻灯片图标，可直接输入幻灯片标题，此时，按 Enter 键可再插入一张新幻灯片，同样可输入该幻灯片的标题。

在“大纲”缩览窗口内新建一张幻灯片，按 Tab 键可将其转换为之前幻灯片的下级标题，同时输入文字，再按 Enter 键，可输入多个同级标题。

在“大纲”缩览窗口中，按 Ctrl+Enter 组合键可插入一张新幻灯片，按 Shift+Enter 组合键可实现换行输入。使用“大纲”缩览窗口输入的文本还可进行字体编辑等操作。

3) 使用文本框

幻灯片中的占位符是一个特殊的文本框，包换预设的格式，出现在固定的位置，用户可对其更改格式，移动位置。除使用占位符外，用户还可以在幻灯片的任意位置绘制文本框，并设置文本格式，以展现用户需要的幻灯片布局。

4) 插入文本框

方法 1：选择“插入”选项卡，单击“文本”命令组的“文本框”命令或单击“文本框”命令下的下三角按钮，可在幻灯片中插入文本框，并输入文本，按 Enter 键可输入多行。

方法 2：选择“插入”选项卡，单击“插图”命令组的“形状”命令，在出现的下拉列表中选择“基本形状”选项中图形可插入文本框，也可插入线条、矩形、箭头灯等多种图形并输入文本。

5) 设置文本格式

选择“开始”选项卡，单击“字体”命令组和“段落”命令组的命令，可对文本的字体、字号、文字颜色进行设置，也可对文本添加项目符号，对文本行距进行设置。

6) 设置文本框样式和格式

选中某一文本框时，功能区上方会出现“绘图工具/格式”选项卡，如图 7-6 所示，可设置文本框的形状样式和格式，插入艺术字，重新排列文本框等，在此还可插入新的文本框。

选择“绘图工具/格式”选项卡，单击“形状样式”命令组左侧的下拉列表，可更改形状或线条的外观样式，选择右侧的命令，可进行“形状填充”“形状轮廓”“形状效果”设置。

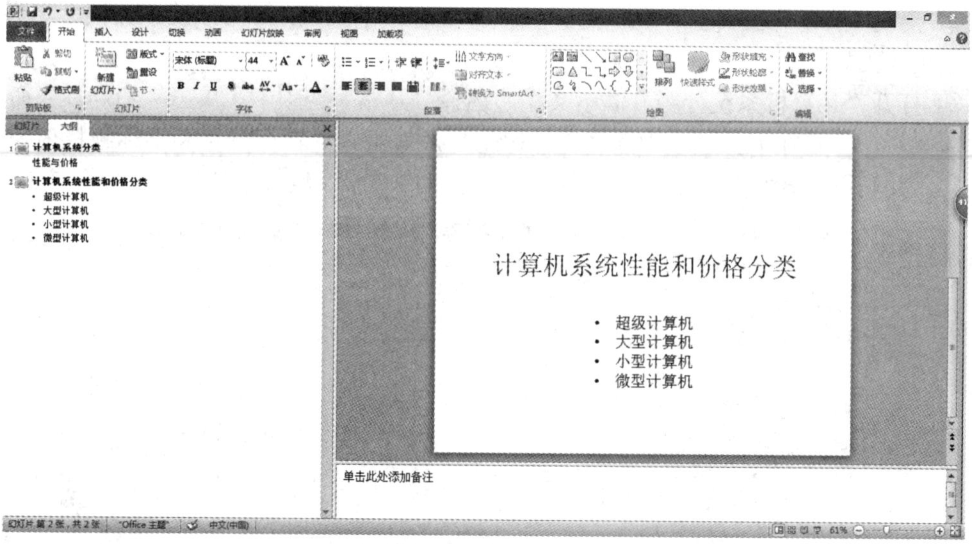

图 7-6 大纲视图“绘图工具/格式”选项卡

选择“绘图工具/格式”选项卡，单击“形状样式”命令组右下侧的按钮或单击“大小”命令组右下侧的按钮可弹出“设置形状格式”对话框，如图 7-7 所示，可进行“形状填充”“线条颜色”“阴影”“效果”“三维格式”“位置”等设置，使幻灯片更富可视性和感染力。

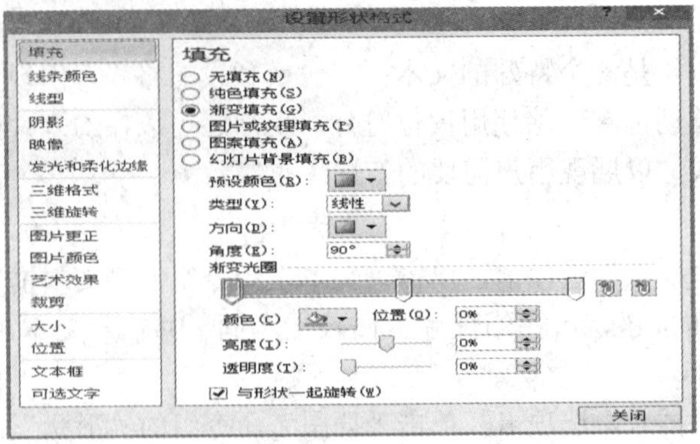

图 7-7 “设置形状格式”对话框

选择“绘图工具/格式”选项卡，单击“艺术字样式”命令组，可对已插入的艺术字进行颜色、字体、位置等样式设置。

7) 编辑幻灯片信息实训

(1) 实训要求：某用户为更好地介绍计算机系统分类，需新建名为“计算机系统分类”的演示文稿(具体素材见本书配套光盘素材文件夹)。先新建两张幻灯片，第 1 张幻灯片选择“标题幻灯片”版式，第 2 张幻灯片选择“标题和内容”格式，并输入相关内容；新建一张空白幻灯片，插入 5 个文本框，输入相关文字，并添加直线形成结构图，设置 5 个文本框的样式。

(2) 操作步骤：

① 启动 PowerPoint 2010，系统新建演示文稿，默认命名为“演示文稿 1”。

② 单击“文件”选项卡下“另存为”命令，保存演示文稿，可将该演示文稿命名为“计算机系统分类”，也可在操作结束后保存并命名。

③ 打开“计算机系统分类”演示文稿，选择“开始”选项卡，单击“幻灯片”命令组的“版式”命令，在下拉选项中选择“标题幻灯片”版式，在标题栏和副标题栏内输入相关内容，并利用“开始”选项卡下“字体”命令组内的命令设置字体格式，如图 7-8 所示。

图 7-8 “计算机系统分类”演示文稿

④ 选中第一张幻灯片，选择“开始”选项卡，单击“幻灯片”命令组的“新建幻灯片”命令，选择“标题和内容”版式，则新建一张幻灯片，如图 7-9 所示。

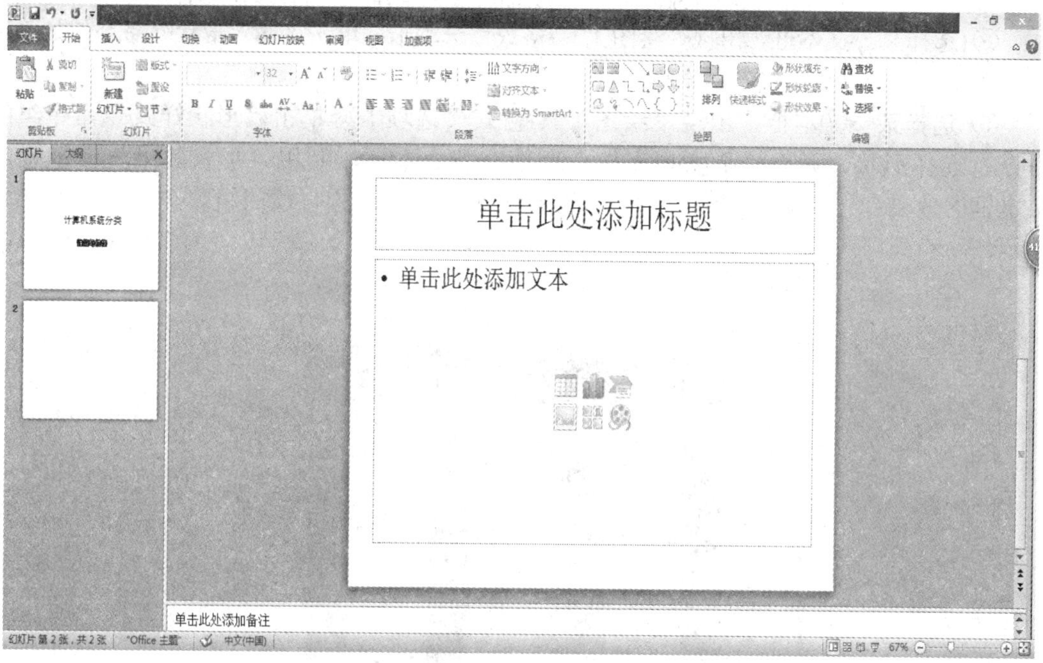

图 7-9　新建一张幻灯片

⑤ 选择编辑区左侧的“大纲”缩览窗口，选中第 2 张幻灯片缩略图，输入标题文本和内容文版，如图 7-10 所示，保存该演示文稿。

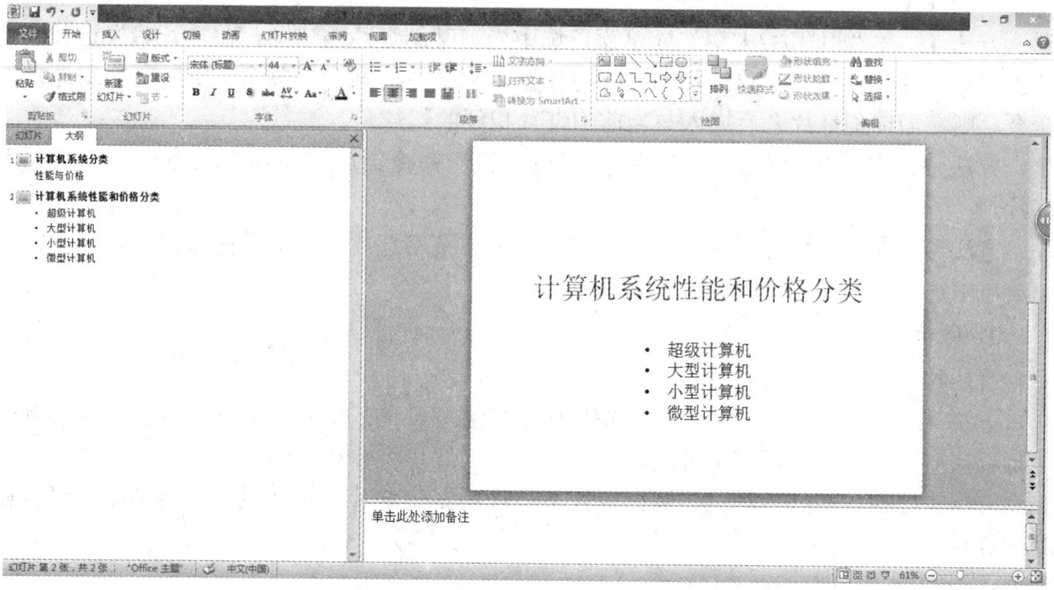

图 7-10　输入文本信息的幻灯片

⑥ 新建一张版式为“空白”的幻灯片，选择“插入”选项卡，单击“文本”命令组的“文本框”命令，插入一个“横排文本框”，四个“竖排文本框”，填入相应的文字。

⑦ 选择“开始”选项卡，单击“字体”命令组，设置合适的文本字体和字号。

⑧ 选择某一文本框，出现“绘图工具/格式”选项卡，单击“插入形状”命令组的“形状”命令，选择直线连接各文本框。

⑨ 选择某一文本框，出现“绘图工具/格式”选项卡，单击“形状样式”命令组的命令，选择形状，利用“形状填充”命令填充各文本框，利用“形状效果”命令设置文本框的效果；选中某一直线，利用“形状轮廓”命令设置直线的粗细，结果如图 7-11 所示。

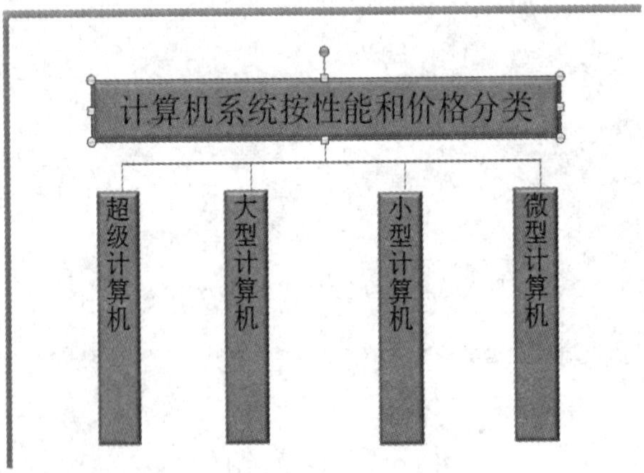

图 7-11　设置文本框样式的幻灯片

5．复制和移动幻灯片

1) 复制幻灯片

方法 1：在“幻灯片/大纲”缩览窗口选中当前某幻灯片缩略图，在“开始”选项卡下单击“幻灯片”组的“新建幻灯片”下拉按钮，从出现的列表中单击“复制所选幻灯片”命令，则在当前幻灯片之后插入与当前幻灯片相同的幻灯片。

方法 2：在“开始”选项卡下单击“剪切板”命令组的“复制”命令也可以复制幻灯片。

方法 3：在“幻灯片浏览”视图模式下，选中某幻灯片，单击鼠标右键，在弹出的快捷菜单中选择“复制”命令也可以复制幻灯片。

2) 移动幻灯片

有两种方法可移动幻灯片。

方法 1：在“幻灯片/大纲”缩览窗口中选中要移动的幻灯片，按住鼠标左键拖动到幻灯片要移动的位置并出现一条虚线时释放鼠标，幻灯片将被移动到该位置。

方法 2：在“幻灯片浏览”视图模式下，选中某幻灯片，按住鼠标左键拖动也可以移动幻灯片。

6．放映幻灯片

幻灯片制作完成后，按 F5 键，或单击视图按钮的“幻灯片放映”图标按钮，或利用“幻灯片放映”选项卡下的“开始放映幻灯片”命令组内的命令均可放映幻灯片。

任务 3 演示文稿的外观设计

任务目标

(1) 学习自定义主题设计。

(2) 能够设计出美观且符合主题风格的幻灯片外观。

任务导入

PowerPoint 2010 提供了多种演示文稿外观设计功能，用户可以采用多种方式修饰和美化演示文稿，制作出精致的幻灯片，更好地展示用户要表达的内容。

任务描述

外观设计可采用的主要方式有：使用主题、使用模板、设置背景等，此外，还可设计更能符合用户需要的幻灯片母版，使所有幻灯片具有一致外观。本任务学习设计演示文稿外观。

知识链接

1. 主题的应用

主题是 PowerPoint 2010 提供的方便演示文稿设计的一种手段，是一种包含背景图形、字体选择及对象效果的组合，是颜色、字体、效果和背景的设置，一个主题只能包含一种设置。主题作为一套独立的选择方案应用于演示文稿中，可以简化演示文稿的创建过程，使演示文稿具有统一的风格。PowerPoint 2010 提供了大量的内置主题供用户制作演示文稿时使用，用户可直接在主题库中选择并直接使用，也可以通过自定义方式修改主题的颜色、字体和背景，形成自定义主题。

1) 设置主题

(1) 打开 ppt 文件。

(2) 点击上方的“设计”选项卡。

(3) 出现主题列表，选择合适的主题即可。

2) 使用内置主题

打开演示文稿，选择“设计”选项卡，在“主题”命令组内显示了部分主题列表，单击主题列表右下角“其他”图标按钮，就可以显示全部内置主题，如图 7-12 所示。鼠标移到某主题，会显示该主题的名称。单击该主题，会按所选主题的颜色、字体和图形外观效果修饰演示文稿。如图 7-13 所示为使用“相邻”主题设置的演示文稿。

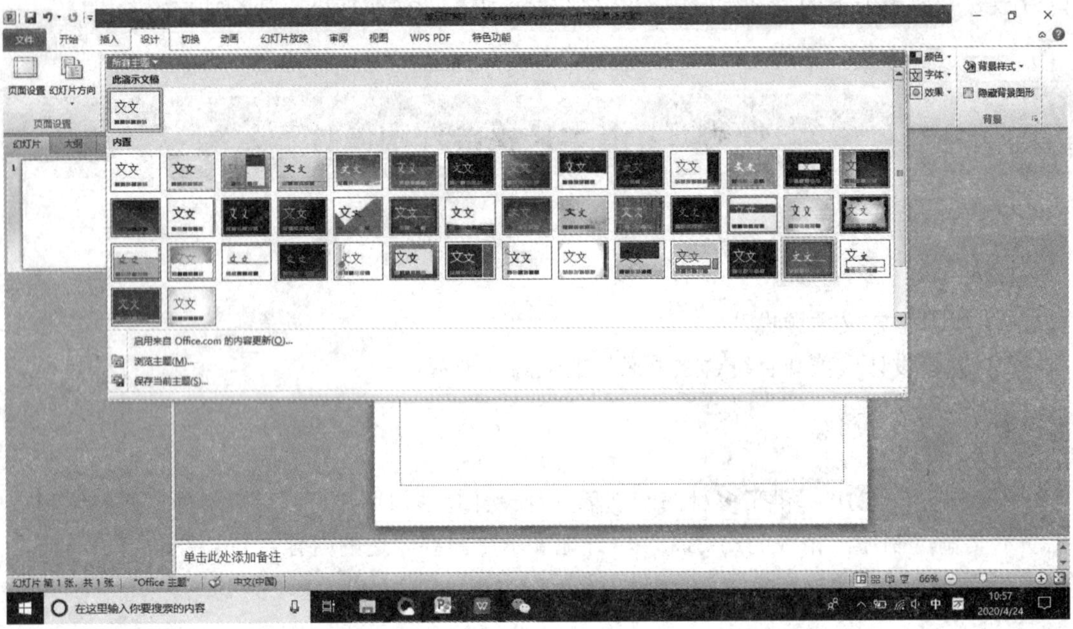

图 7-12 内置主题设置

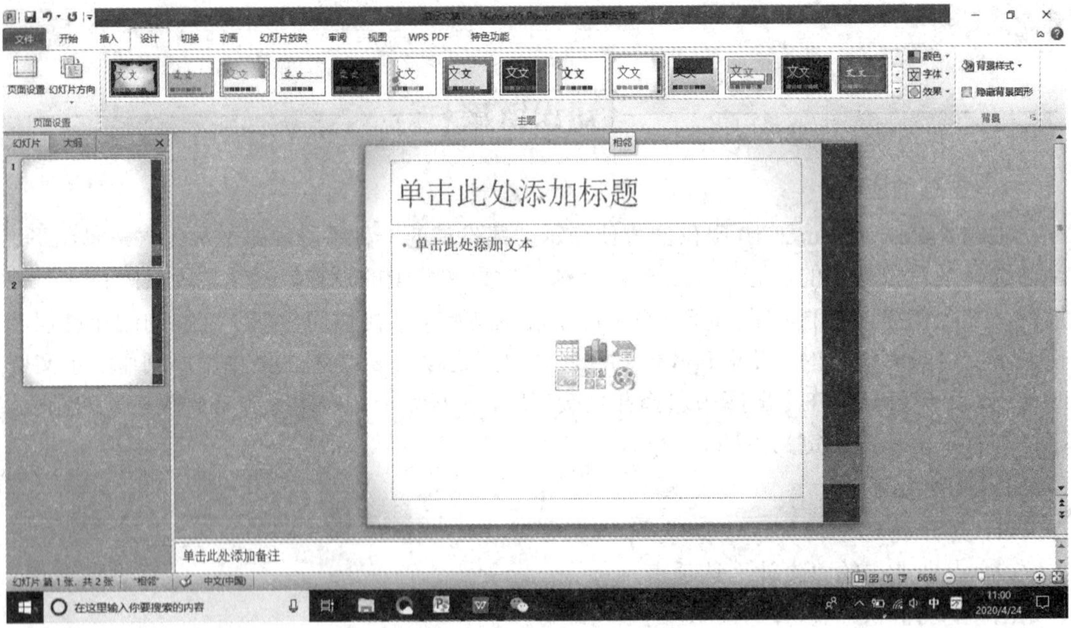

图 7-13 选择“相邻”主题设置的幻灯片

3) 使用外部主题

如果可选的内置主题不能满足用户的需求，可选择外部主题。选择“设计”选项卡，在“主题”命令组主题列表的下面选择“浏览主题”命令，可使用外部主题，如图 7-14 所示。

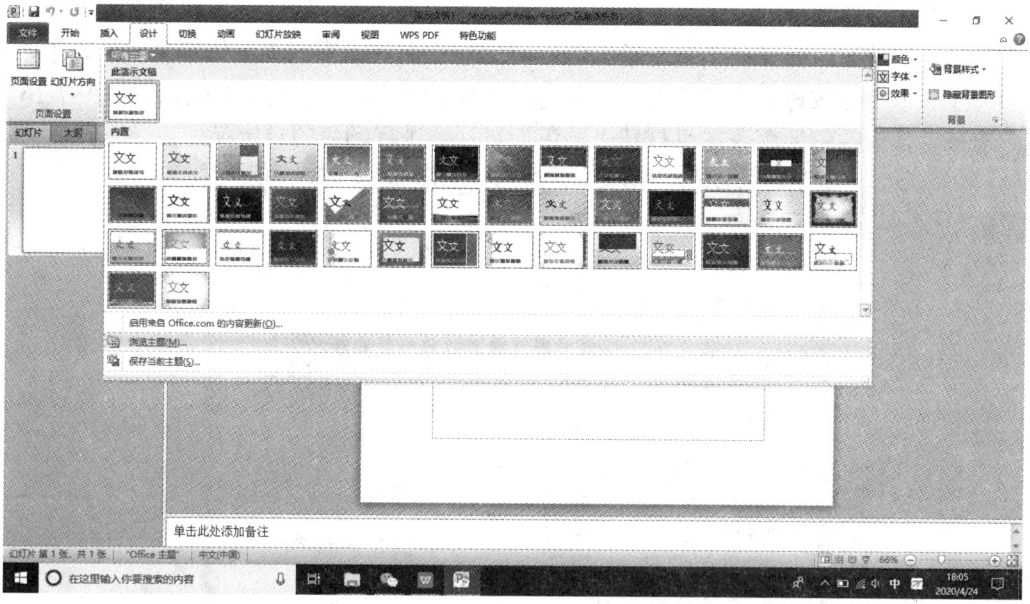

图 7-14 选择“浏览主题”命令

若只设置部分幻灯片主题，可选择欲设置主题幻灯片，右击该主题，在出现的快捷菜单中选择“应用于选定幻灯片”命令，则所选幻灯片按该主题效果更新，其他幻灯片不变。若选择“应用于所有幻灯片”命令，则整个演示文稿幻灯片均设置为所选主题。

4) 自定义主题设计

(1) 自定义主题颜色。对已应用主题的幻灯片，在“设计”选项卡的“主题”命令组内，单击“颜色”按钮，在颜色列表中选择一款内置颜色，如图 7-15 所示，幻灯片的标题文字颜色、背景填充颜色、正文文字的颜色也随之改变。

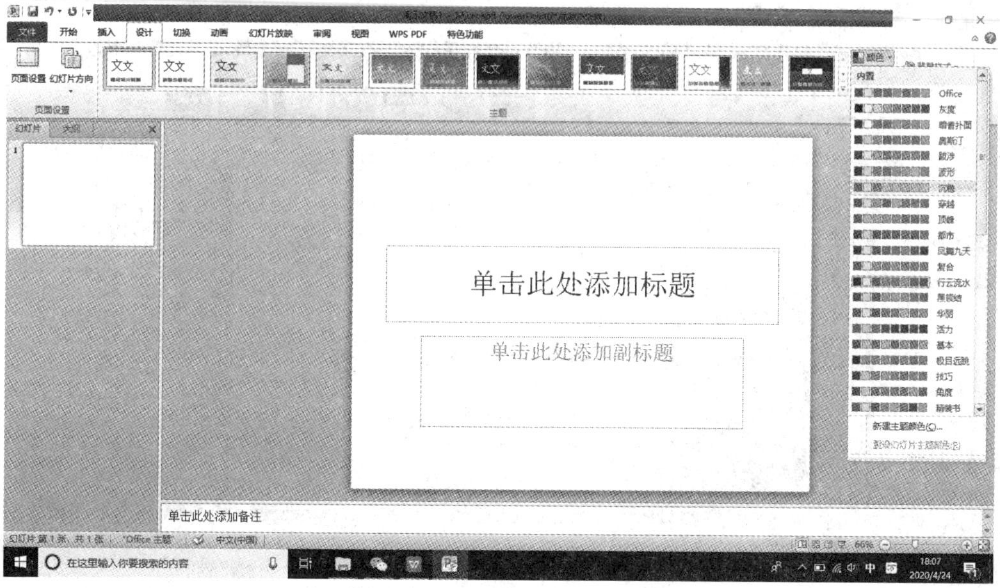

图 7-15 自定义主题颜色设置

在“设计”选项卡的“主题”命令组内，单击“颜色”按钮，在下拉列表中选择“新建主题颜色”命令，打开“新建主题颜色”对话框，在对话框的“主体颜色”列表中单击某一选择的下三角按钮，打开颜色下拉表，选择某个颜色则将更改主题颜色，如图7-16所示，选择“其他颜色”命令，可打开“颜色”对话框进行颜色的自定义。

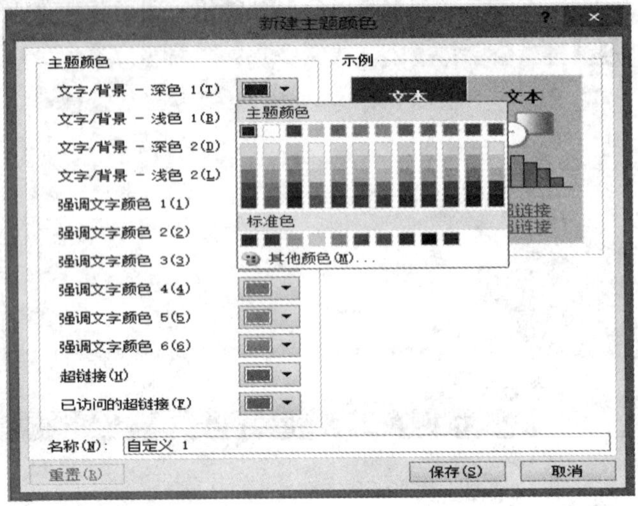

图 7-16 “新建主题颜色”对话框

在“新建主题颜色”对话框中设置颜色后，在“名称”文本框中输入当前自定义主题颜色的名称，单击“保存”按钮，幻灯片将应用自定义的主题颜色，该自定义的主题颜色将以所命名的名称存在“主题”命令组的“颜色”下拉列表中，可再次被使用。

(2) 自定义主题字体。自定义主题字体主要是定义幻灯片中的标题字体和正文字体。对已应用主题的幻灯片，在“设计”选项卡的“主题”命令组内，单击“字体”按钮，在下拉列表中选择一种自带的字体，如图7-17所示，单击某字体即将该字体应用于演示文稿中，此时，标题和正文是同一种字体。

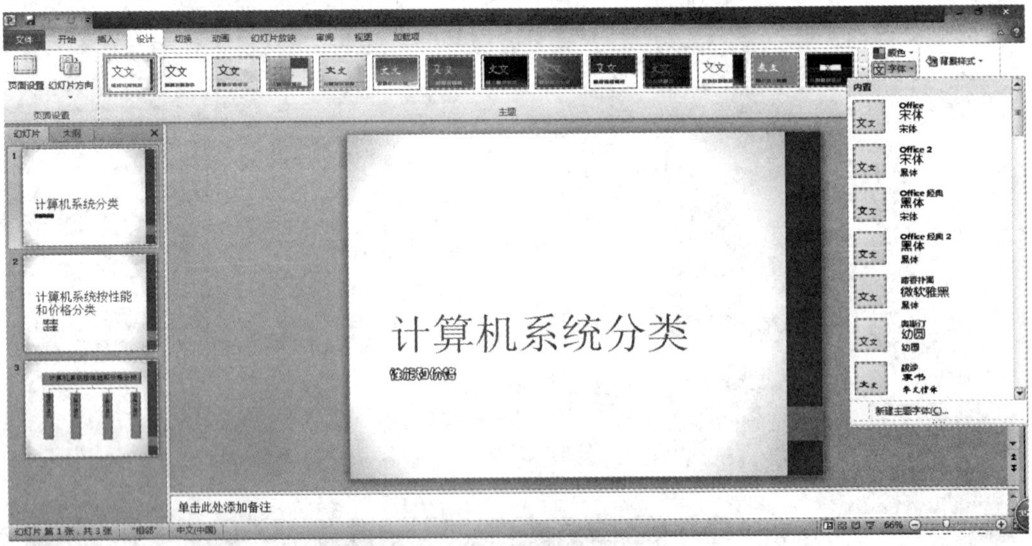

图 7-17 自定义主题字体设置

也可以对标题字体和正文字体分别进行设置，即新建主题字体。在“设计”选项卡的“主题”命令组内，单击“字体”按钮，在下拉列表中选择“新建主题字体”命令，打开“新建主题字体”对话框，如图 7-18 所示，在标题字体和正文字体中分别选择欲设置的字体，在“名称”文本框内输入字体方案的名称，单击“保存”选项，演示文稿中标题和正文字体按新方案设置，同时，字体下拉列表“自定义”中出现新建主题字体名称，如“自定义字体 1”，可再次被使用，如图 7-19 所示。

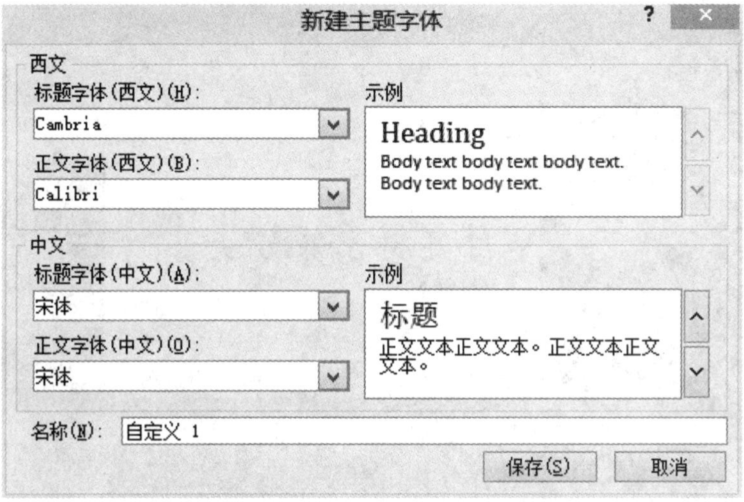

图 7-18　“新建主题字体”对话框

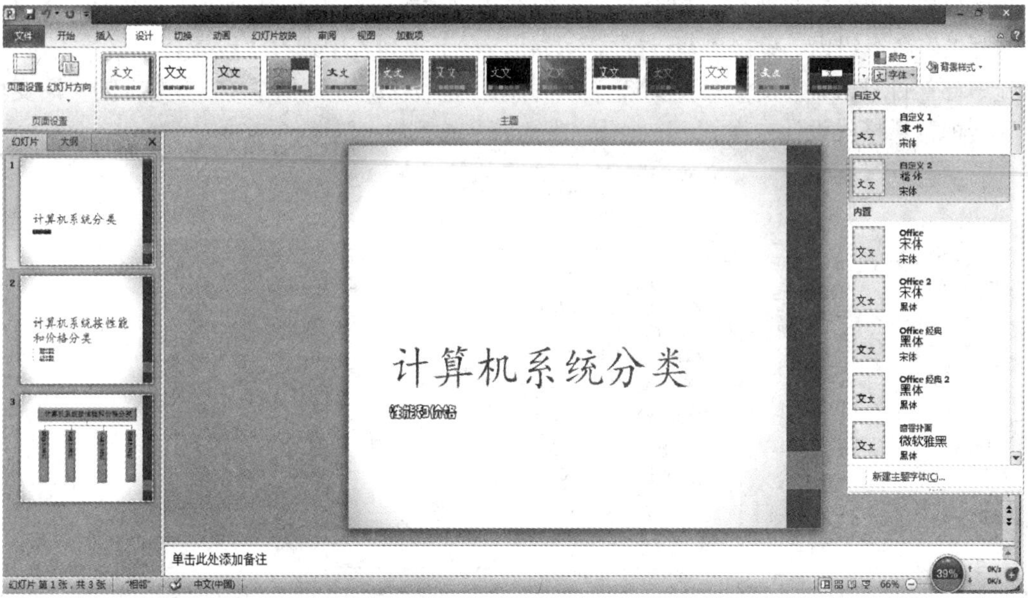

图 7-19　“自定义”栏中显示新建字体方案

(3) 自定义主题背景。幻灯片的主题背景通常是预设的背景格式，与内置主题一起供用户使用，用户也可以对主题的背景样式进行重新设置，创建符合演示文稿内容要求的背景填充样式。

在“设计”选项卡的“背景”命令组内，单击“背景样式”按钮，在下拉列表中选择一款适合的背景样式，如图 7-20 所示，光标移至该背景样式处会显示该样式的名称，如“样式 10”，单击选择即可应用到演示文稿中。

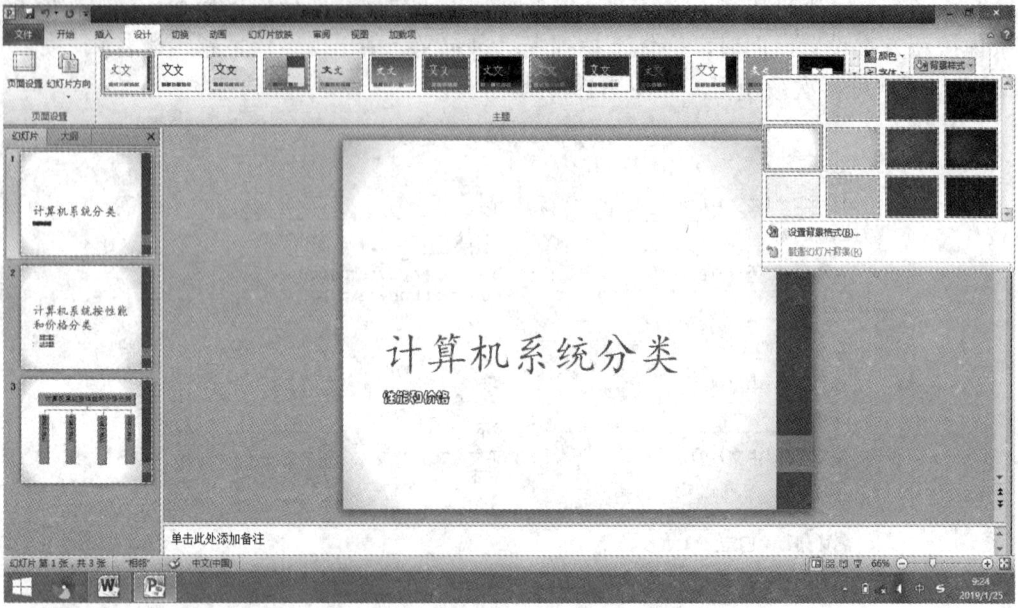

图 7-20　主题样式背景设置

用户也可以对背景颜色、填充方式、图案和纹理等进行重新设置。在“设计”选项卡的“背景”命令组内，单击“背景样式”按钮，在下拉列表中选择“设置背景格式”命令，打开“设置背景格式”对话框，如图 7-21 所示。图 7-22 是在“基本”主题下的“渐变填充”一种背景格式设计方案。

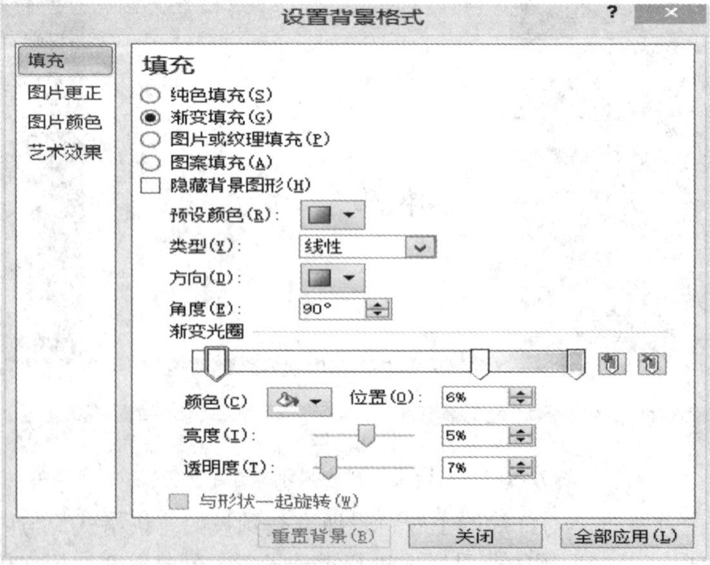

图 7-21　“设置背景格式”对话框

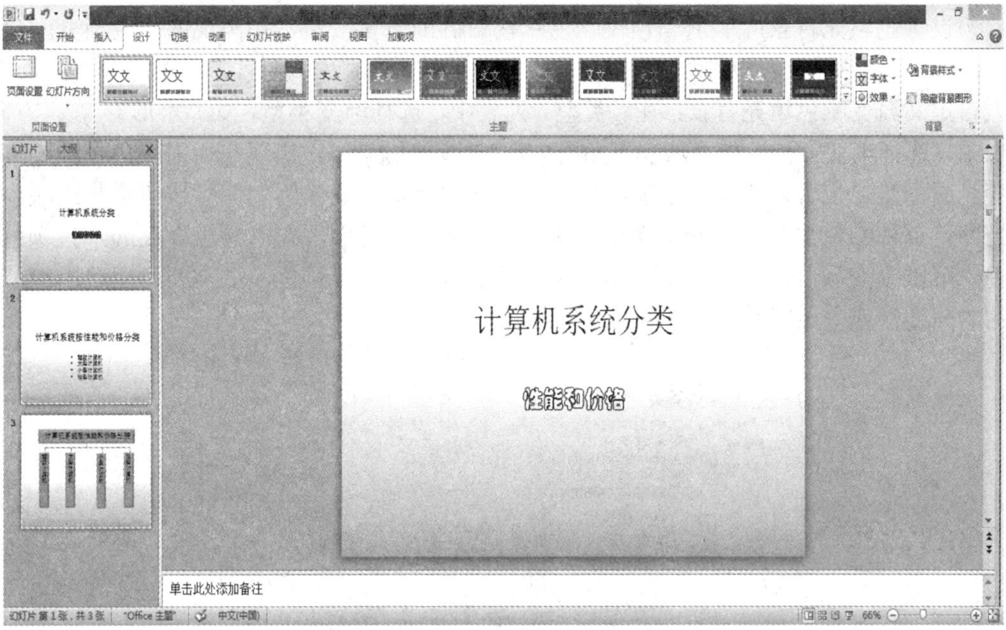

图 7-22　设置背景格式后的演示文稿

(4) 改变背景样式。PowerPoint 2010 为每个主题提供了 12 种背景样式，用户可以选择一种样式快速改变演示文稿中幻灯片的背景。改变背景样式既可以改变演示文稿所有幻灯片的背景，也可以只改变所选幻灯片的背景。通常情况下，从列表中选择一种背景样式，则演示文稿全体幻灯片均采用该背景样式。若只希望改变部分幻灯片的背景，则应先选中这些幻灯片，然后右击选择的背景样式，在出现的选项中选择“应用于所选幻灯片”命令，则选定的幻灯片采用该背景样式，而其他幻灯片不变。背景样式设置可以改变设有主题的幻灯片主题背景，也可以为未设主题的幻灯片添加背景，下一节详细介绍背景样式设置。

2. 背景设置

背景样式设置功能可用于设置主题背景，也可用于无主题设置的幻灯片背景，用户可自行设计一种幻灯片背景，以满足自己的演示文稿个性化要求。背景设置利用“设置背景格式”对话框完成，主要是对幻灯片背景的颜色、图案和纹理等进行调整，包括改变背景颜色、图案填充、纹理填充和图片天成等方式，以下背景设置同样可用于主题的背景设置。

1) 背景颜色设置

背景颜色设置有“纯色填充”和“渐变填充”两种方式。“纯色填充”是选择单一颜色填充背景，而“渐变填充”是将两种或更多种填充颜色逐渐混合在一起，以某种渐变方式从一种颜色逐渐过渡到另一种颜色。

在演示文稿中，打开“设置背景格式”对话框，单击左侧的“填充”选项，右侧提供两种背景颜色填充方式：“纯色填充”和“渐变填充”。

若选择“纯色填充”单选框，单击“颜色”选项右侧的下拉按钮，在下拉列表颜色中选择背景填充颜色。拖动“透明度”滑块，可以改变颜色的透明度，直到满意为止；用户也可以单击“其他颜色”选项，从“颜色”对话框中选择或按 RGB 颜色模式自定义背景颜色。

若选中“渐变填充”单选框，可以选择预设颜色填充，也可以自定义渐变颜色填充。

预设颜色填充背景：单击“预设颜色”栏右侧的下拉按钮，在出现的预设渐变颜色列表中选择一种，如“极目远眺”等。

自定义渐变颜色填充背景：在“类型”列表中，选择渐变类型，如“矩形”；在“方向”列表中，选择渐变方向，如“从左下角”；在“渐变光圈”下，出现与所需颜色个数相等的渐变光圈个数，也可以单击“添加渐变光圈”或“删除渐变光圈”图标按钮增加或减少渐变光圈；每种颜色都有一个渐变光圈，单击某一个渐变光圈，在“颜色”栏的下拉颜色列表中，可以改变颜色，拖动渐变光圈位置也可以调节该渐变颜色，如需要，还可以调节颜色的“亮度”或“透明度”，如图 7-23 所示。

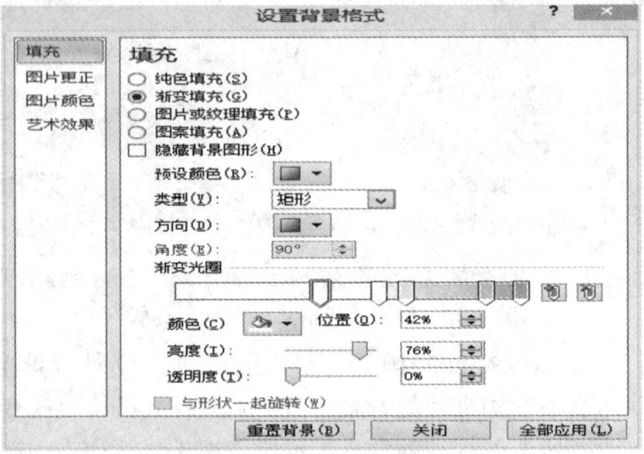

图 7-23　背景样式填充设置

单击“关闭”按钮，则所选背景颜色应用于当前幻灯片；若单击“全部应用”按钮，则应用于所有幻灯片的背景。若选择“充值背景”按钮，则撤销本次设置，恢复设置前状态。图 7-24 是预设颜色为“漫漫黄沙”，类型为“矩形”，方向为“从左下角”进行渐变填充后的演示文稿。

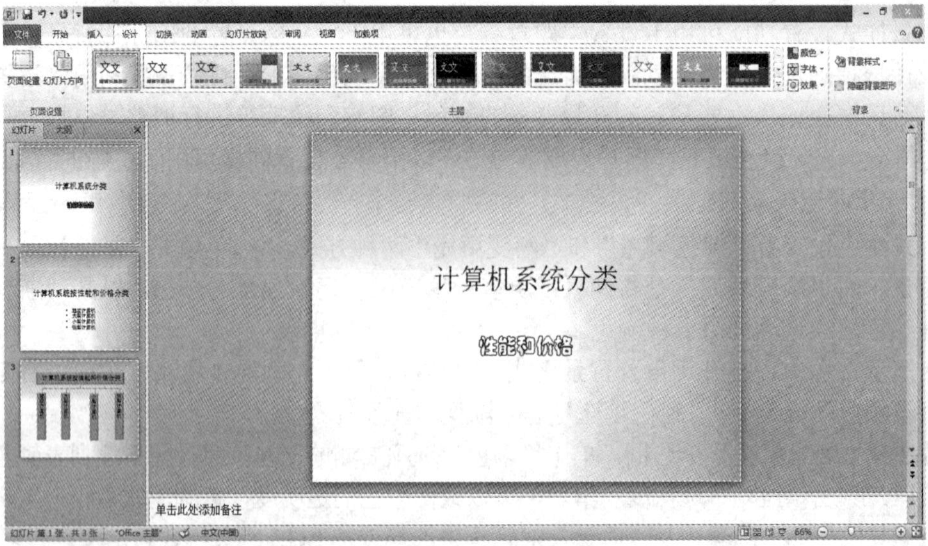

图 7-24　进行渐变填充后的演示文稿

2) 图案填充

打开“设置背景格式”对话框，单击左侧“填充”选项，选择右侧“图案填充”单选框，在出现的图案列表中选择所需图案，如“实心菱形”。通过“前景”和“背景”栏可以自定义图案的前景色和背景色，单击“关闭”(或“全部应用”)按钮，则所选图案成为幻灯片背景，图 7-25 为设置了“实心菱形”图案背景的演示文稿。

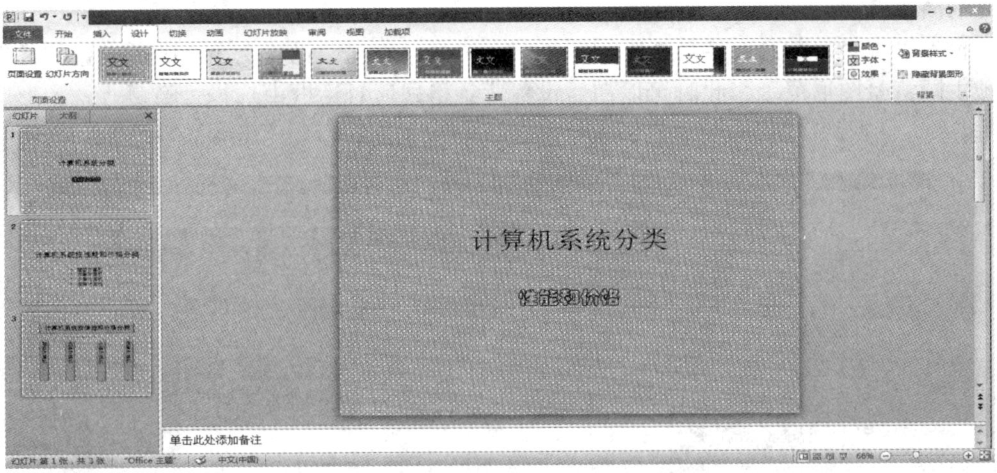

图 7-25　设置图案背景的演示文稿

3) 纹理填充

打开“设置背景格式”对话框，单击左侧的“填充”选项，选中右侧“图片或纹理填充”单选框，单击“纹理”选项框右侧的下拉按钮，在出现的各种纹理列表中选择所需纹理，如“鱼类化石”，单击“关闭”(或“全部应用”)按钮，则所选纹纹理成为幻灯片背景，图 7-26 为设置了“鱼类化石”纹理填充后的演示文稿。

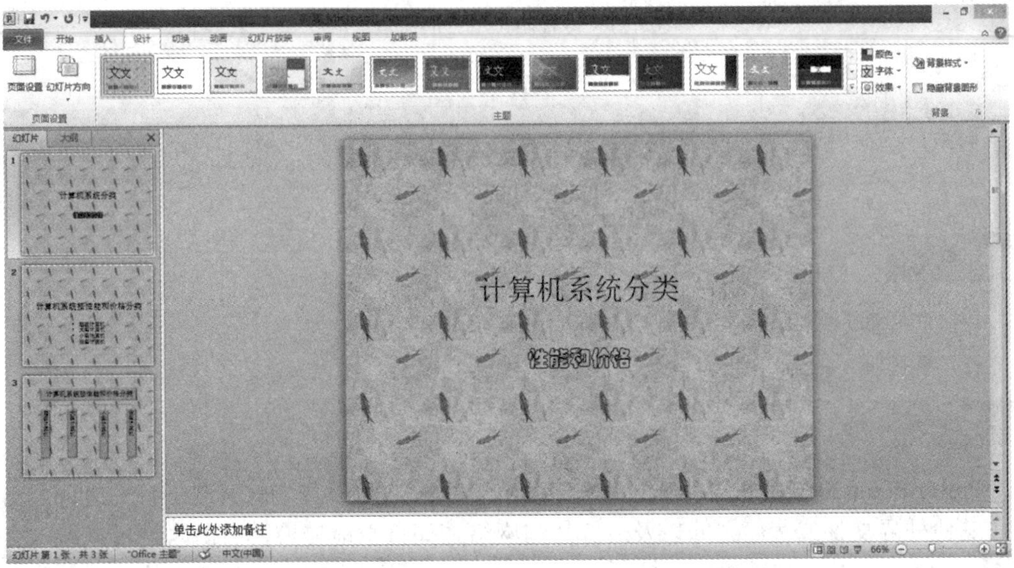

图 7-26　设置纹理填充的演示文稿

4) 图片填充

打开“设置背景格式”对话框，单击的左侧“填充”选项，选择右侧“图片或纹理填充”单选框，在“插入自”栏单击“文件”按钮，在弹出的“插入图片”对话框中选择所需图片文件，如：“沙漠”，并单击“插入”按钮，回到“设置背景格式”对话框，单击“关闭”(或“全部应用”)按钮，则所选图片成为幻灯片背景，图 7-27 为设置了“黄沙”图片填充的演示文稿。

也可以选择剪贴画或剪贴板中的图片填充背景。若已经设置主题，则所设置的背景可能被主题背景图形覆盖，此时可以在“设置背景格式”对话框中选择“隐藏背景图形”复选框。

图 7-27　设置图片填充的演示文稿

任务 4　实 训 操 作

任务目标

(1) 掌握演示文稿超链接的设置方法。

(2) 掌握演示文稿动画的设置方法。

任务导入

Power Point 2010 提供了强大的超链接功能，使用它可以在幻灯片与幻灯片之间、幻灯片与其他外界文件或程序之间以及幻灯片与网络之间自由地转换，黄山四绝景点展示实例详细介绍了超链接功能的设置。Power Point 2010 的动画设置可以让我们的演示文稿动起来，青春电子相册制作实例详细介绍了演示文稿的动画设置。

任务描述

要制作一个声情并茂的演示文稿，超链接和动画的设置必不可少，本任务通过两个实例对超链接和动画设置进行介绍和练习。

知识链接

1．创建超链接

在 PowerPoint 2010 中我们可以使用以下两种方法创建超链接：

1) 利用“动作设置”创建超链接

(1) 鼠标单击用于创建超链接的对象，使之高亮度显示，并将鼠标指针停留在所选对象上(对象指文字、图片等内容)。

(2) 单击鼠标右键，在弹出的快捷菜单中选择“动作设置”选项，打开“动作设置”对话框，如图 7-28 所示。在对话框中有两个选项卡“单击鼠标”与“鼠标移过”，通常选择默认的“鼠标单击”，单击“超级链接到”选项，打开超链接选项下拉菜单，根据实际情况选择其一，然后单击“确定”按钮即可。若要将超链接的范围扩大到其他演示文稿或 PowerPoint 2010 以外，则只需要在选项中选择“其他 PowerPoint 2010 演示文稿”或“其他文件”选项即可。

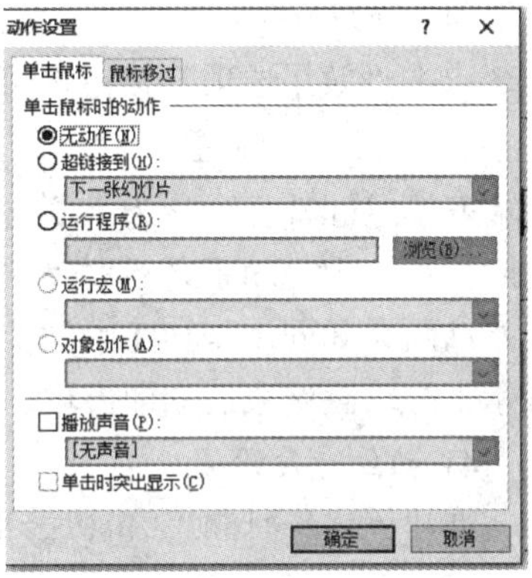

图 7-28　“动作设置”对话框

2) 利用“超链接”按钮创建超链接

利用常用工具栏中的“超链接”按钮(“地球”图标)来设置超链接是非常常用的一种方法，在超链接的创建过程中不仅可以方便地选择所要跳转的目的地文件，同时还可以清楚地了解到所创建的超链接路径。

(1) 同第一种方法，鼠标单击用于创建超链接的对象使之高亮度显示，并将鼠标指针停留在所选对象上。

(2) 单击常用工具栏中的“超链接”按钮，则系统将会弹出“插入超链接”对话框，如图 7-29 所示。

图 7-29　“插入超链接”对话框

2. 动画制作

1) 选择动画种类

选中图片或文字，再选择动画菜单，可以对这个对象进行四种动画设置，分别是：进入、强调、退出和动作路径。

“进入”是指对象“从无到有”。

“强调”是指对象直接显示后再出现的动画效果。

“退出”是指对象“从有到无”。

“动作路径”是指对象沿着已有的或者自己绘制的路径运动。

2) 方向序列设置

点击“效果选项”按钮，可以对动画出现的方向、序列等进行调整。

3) 开始时间设置

开始时间选择默认为“单击时”，如果单击开始后的下拉选框，则会出现“与上一动画同时”和“上一动画之后”。“单击时”：表示单击鼠标时，出现动画。“与上一动画同时”：表示动画会和同一张PPT中的前一个动画同时出现(包含过渡效果在内)。“上一动画之后”：表示上一动画结束后立即出现。

4) 动画速度设置

调整“持续时间”，可以改变动画出现的快慢。

5) 延迟时间设置

调整“延迟时间”，可以让动画在“延迟时间”设置的时间到达后才开始出现，对于动画之间的衔接特别重要，此设置便于观众看清楚前一个动画的内容。

6) 调整动画顺序

(1) 单击一个对象，在“对动画进行重新排序”下面选择“向前移动”或“向后移动”选项。

(2) 单击“动画窗格”选项，在右边框旁边出现“动画窗格”对话框。拖动每个动画改变其上下位置可以调整出现顺序。

7) 设置相同动画

如果希望在多个对象上使用同一个动画，则先在已有动画的对象上单击鼠标左键，再选择“动画刷”选项，此时鼠标指针旁边会多一个小刷子图标，用这种格式的鼠标单击另一个对象(文字图片均可)，则两个对象的动画完全相同。

8) 添加多个动画

同一个对象，可以添加多个动画。例如：进入动画、强调动画、退出动画和路径动画。设置好一个对象的进入动画后，单击“添加动画”按钮，可以再选择强调动画、退出动画或路径动画。

9) 添加路径动画

路径动画可以让对象沿着一定的路径运动，PowerPoint 2010提供了几十种路径。如果没有自己需要的，可以选择“自定义路径”，此时，鼠标指针变成一支铅笔，我们可以用这支铅笔绘制自己想要的动画路径。

3．黄山四绝景点展示实训

随着生活水平的不断提高，旅游成了人们休闲度假的一种很好的方式。各地旅游景点也是拿出看家本领，争取最大客源，以获取利益。给某个景点制作一份演示 PPT，配上一些图片文字说明，可以很好地让游客了解景点。下面就以黄山四绝为例进行演示。

1）背景的设置

(1) 首先，启动 PowerPoint 2010 后，新建一张空白幻灯片并右击鼠标，从右键菜单中选择“设置背景格式”选项，如图 7-30 所示。

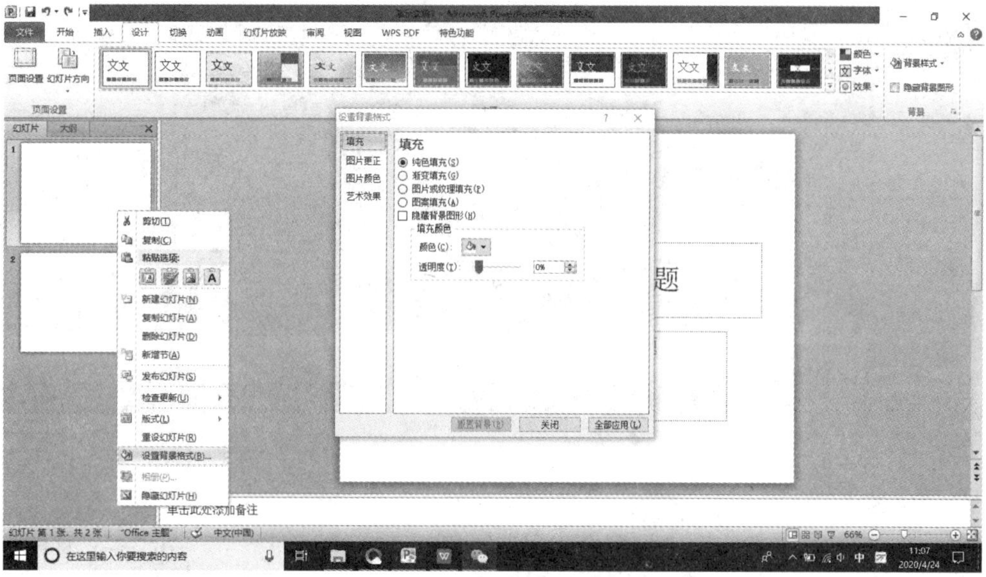

图 7-30　设置背景格式

(2) 出现“设置背景格式”窗格，我们可以进行纯色填充或是渐变填充、图片或纹理填充 等，如图 7-31 所示。

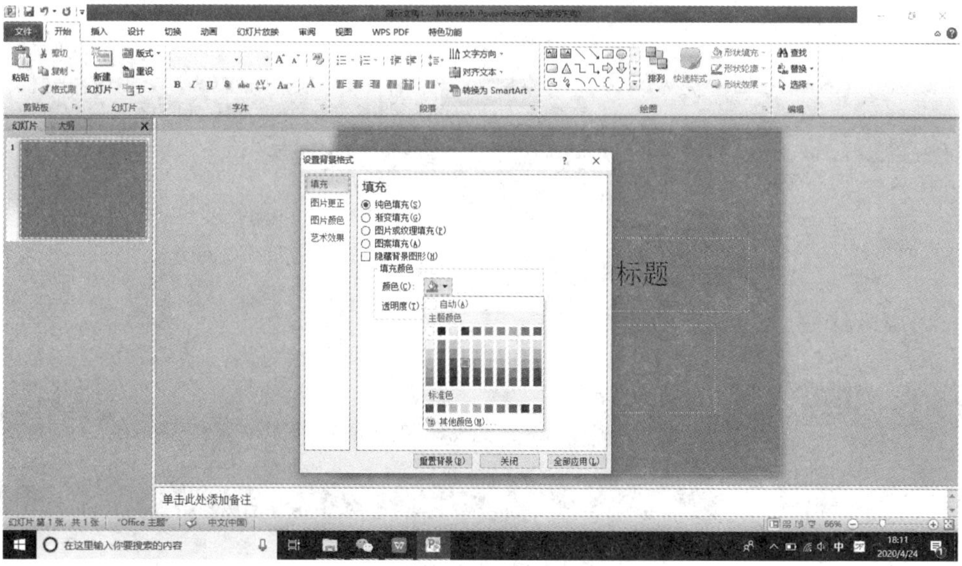

图 7-31　背景填充

(3) 然后切换到“插入”选项卡，选择“文本”组中的“文本框”选项，用插入文本框的方式在背景页面输入一些文字，效果如图 7-32 所示。

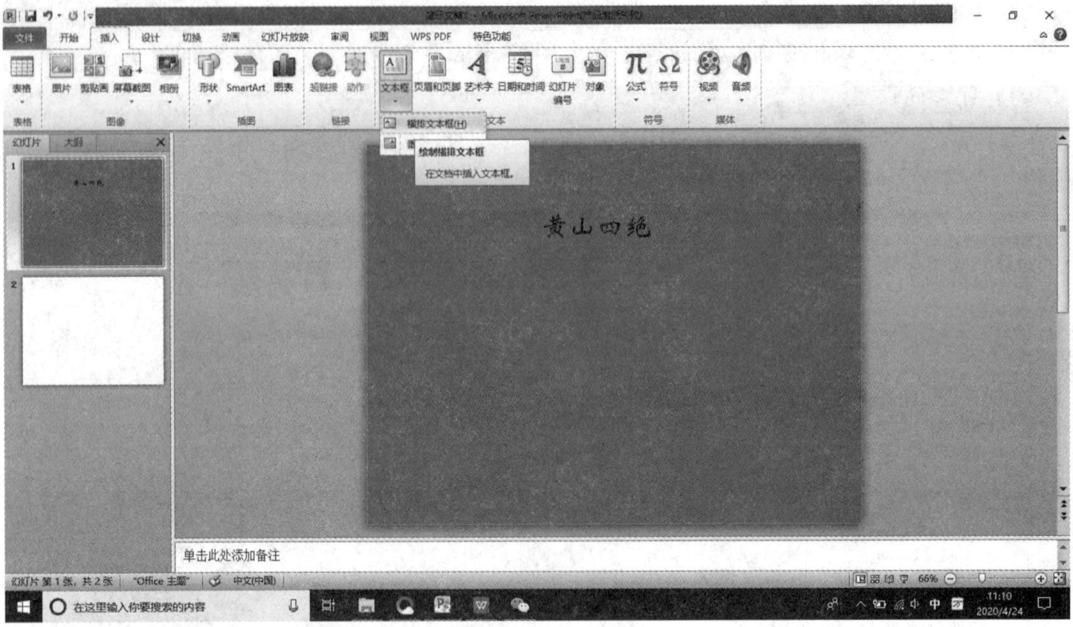

图 7-32　插入文本框

2) 建立分页面

(1) 主页已经建立好了，下面是各个分页的创建，首先我们来建立四绝之一怪石的分页，设置背景图案，插入形状，如图 7-33 所示。

图 7-33　插入形状

(2) 鼠标右击形状，编辑文字，输入分页标题，下方同样利用插入文本框的方法输入一些文字介绍，改变文字颜色、字形和字号，如图 7-34 所示。

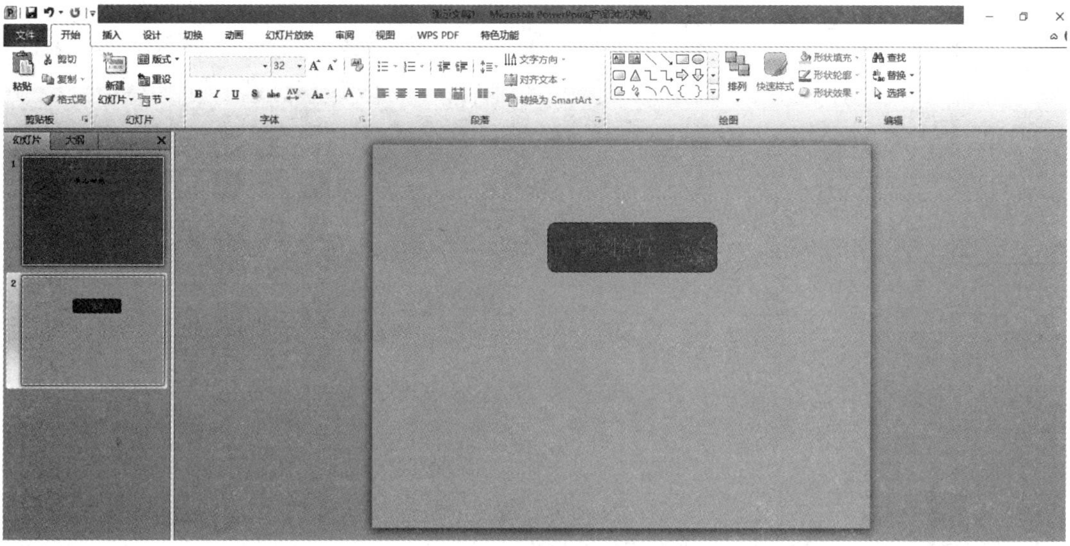

图 7-34　输入标题文字

3) 插入图片并设置样式

(1) 切换到“插入”选项卡，选择“图像”组中的“图片”选项，弹出本地对话框，选取与怪石相关的图片插入进来，如图 7-35 所示。

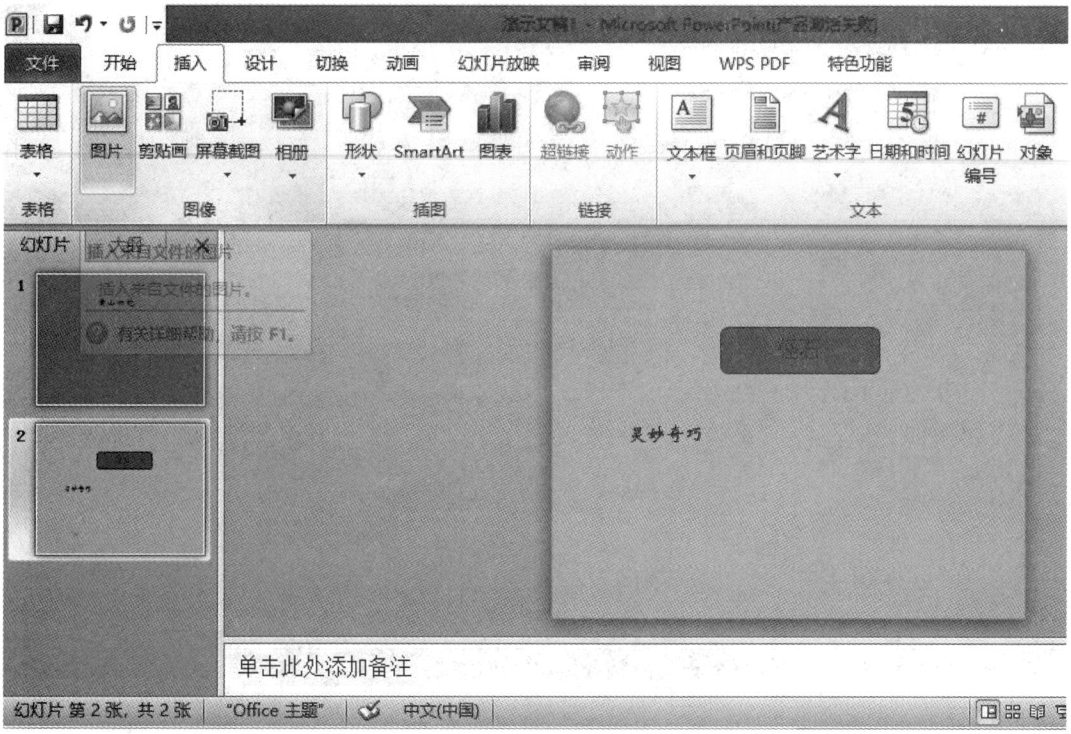

图 7-35　插入图片

(2) 选中图片，在“格式”选项卡下，单击“快速样式”选项，给图片设置样式。如图 7-36 所示。

图 7-36　设置图片样式

4) 超链接的添加

(1) 先来建立返回按钮，用插入形状的方法绘制一个箭头，右击该形状，选择“编辑文字”选项，如图 7-37 所示。

图 7-37　绘制箭头

(2) 在图形中输入文字之后，再次右击鼠标，选择“超链接”选项，如图 7-38 所示。

图 7-38　选择超链接

(3) 弹出插入超链接对话框，单击左侧本文档中的位置，选择链接到幻灯片 1，点击屏幕提示按钮，输入文字，点击“确定”按钮。这样光标移动到箭头上时可以有文字提示，便于大家知道用意，如图 7-39 所示。

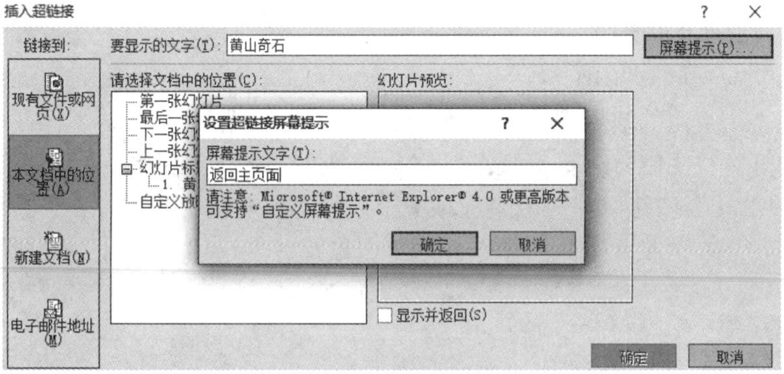

图 7-39　添加超链接

(4) 同上述步骤，给主页中怪石添加超链接，链接到指定的分页上。其他的三绝也是用同样的方法，如图 7-40 所示。

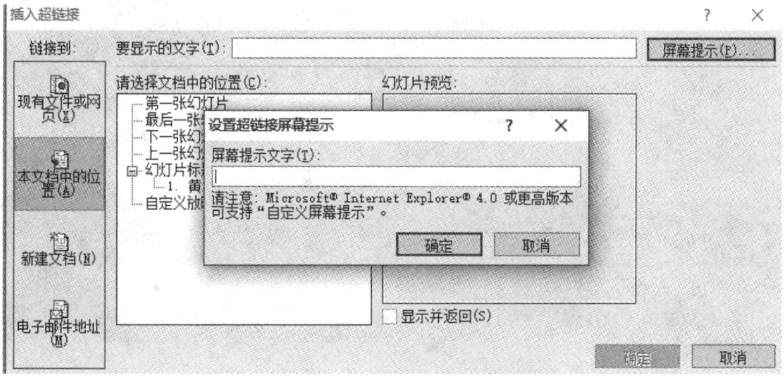

图 7-40　添加其他超链接

(5) 完成制作，按下 Shift+F5 键播放幻灯片，点击主页上的怪石，可以自动跳转到怪石的介绍分页中，点击返回，又可以返回到主页面，如图 7-41 所示。

图 7-41　超链接的效果

4．制作青春电子相册

(1) 启动 PowerPoint 2010。

(2) 创建一个空白的演示文稿，并命名为“青春纪念册”。

(3) 在幻灯片视图中，选择一张幻灯片，单击“切换”选项卡，在“切换到此幻灯片”组中，单击“翻转”按钮，在“效果选项”中选择“自右侧”选项，在“持续时间”中选择“3 秒”选项，在“换片方式”中选择“单击鼠标时”选项，如图 7-42 所示。

图 7-42　设置换片方式为“翻转”效果

(4) 分别设置第 2～4 张幻灯片的换片方式为“涟漪”、“传送带”和“摩天轮”。

(5) 在第 1 张幻灯片中，选中文本框，在“插入”选项卡的“链接”组中，单击“超链接”选项链接到第 2 张幻灯片。“插入超链接”对话框如图 7-43 所示。

图 7-43　“插入超链接”对话框

(6) 分别在第 2～4 张幻灯片中，打开“插入”选项卡的“插图”组中的“形状”下拉列表，选择“动作按钮”组中的“前进”和“后退”按钮(制作 2 个动作按钮)。

(7) 选择“前进”按钮，在“插入”选项卡的“链接”组中，单击“动作”按钮，链接到上一张幻灯片。以同样方法制作“后退”按钮，“动作设置”对话框如图 7-44 所示。

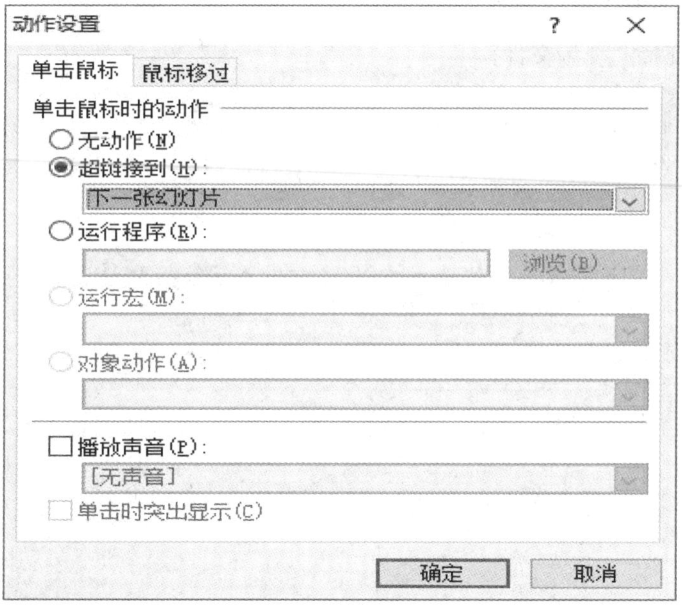

图 7-44　“动作设置”对话框

(8) 选中第 1 张幻灯片，选择“运动”图片，单击“动画”选项卡，在“动画”组中，选择“玩具风车”按钮；选择“我们正年轻”文本框，在“动画效果”中选择“弹跳”选项，如图 7-45 所示。

图 7-45　设定文字为“弹跳”动画效果的幻灯片

(9) 分别设置后面 4 张幻灯片中各元素的动画效果。

(10) 4 张幻灯片全部设置完成后，以“青春纪念册 pptx”为文件名保存文件。

(11) 插入第 5 张幻灯片，单击“插入”选项卡，在“媒体”组中，选择“视频”下拉列表，单击“文件中的视频”按钮，在计算机的指定位置，打开“亚运会开幕式”视频文件(必须是 PPT 支持的视频文件)。

(12) 按 F5 键播放幻灯片。

✧✧✧✧ 习　题 ✧✧✧✧

制作一个介绍自己班级文化的演示文稿(要求设置超链接及过渡动画)。

实　战　篇

项目八 实用工具软件

项目目标

(1) 了解各种多媒体工具软件及其特点。
(2) 掌握利用多媒体工具软件进行操作的方法和步骤。

项目导入

随着计算机的不断发展，各种软件层出不穷，本项目通过对光影魔术手、屏幕录像专家等软件的学习，为掌握其他多媒体软件打下坚实的基础。

项目描述

本项目通过4个任务讲解关于音频、视频、图片、屏幕录像等多媒体工具软件的特点、操作方法，并通过实例让大家学会这些软件的使用方法。

任务1 光影魔术手的使用

任务目标

(1) 网上下载光影魔术手。
(2) 掌握光影魔术手软件批量调整图片格式、文件尺寸、文件大小，以及添加水印的操作方法。
(3) 了解光影魔术手软件的整体操作流程和注意事项。

任务导入

张明是某网站公司的网站编辑，他每天的工作是为网站上传文章、图片，但是每张图片都需要添加自己公司的水印或者标志，而且要大批量地添加水印，如果一张一张地制作要花费很多时间，有没有办法能够快速地为批量图片添加水印呢？

雷军向张明讲解了作为网站美工需要的一个很重要的软件——光影魔术手，以及整个光影魔术手的使用方法。

任务描述

光影魔术手是一款针对图像画质进行改善提升及效果处理的软件，简单、易用，不需要任何专业的图像技术，就可以制作出专业胶片摄影的色彩效果，其具有许多独特之处，如反转片效果、黑白效果、数码补光、冲版排版等，且其批量处理功能非常强大，是摄影作品后期处理、图片快速美容、数码照片冲印整理时必备的图像处理软件，能够满足绝大部分用户照片后期处理的需要。

知识链接

1．光影魔术手

光影魔术手在处理数码图像时的特色很鲜明——高速、实用、易于上手。官方网址是“http：//www.neoimaging.cn”。

2．光影魔术手界面

“光影魔术手”工作界面如图 8-1 所示。

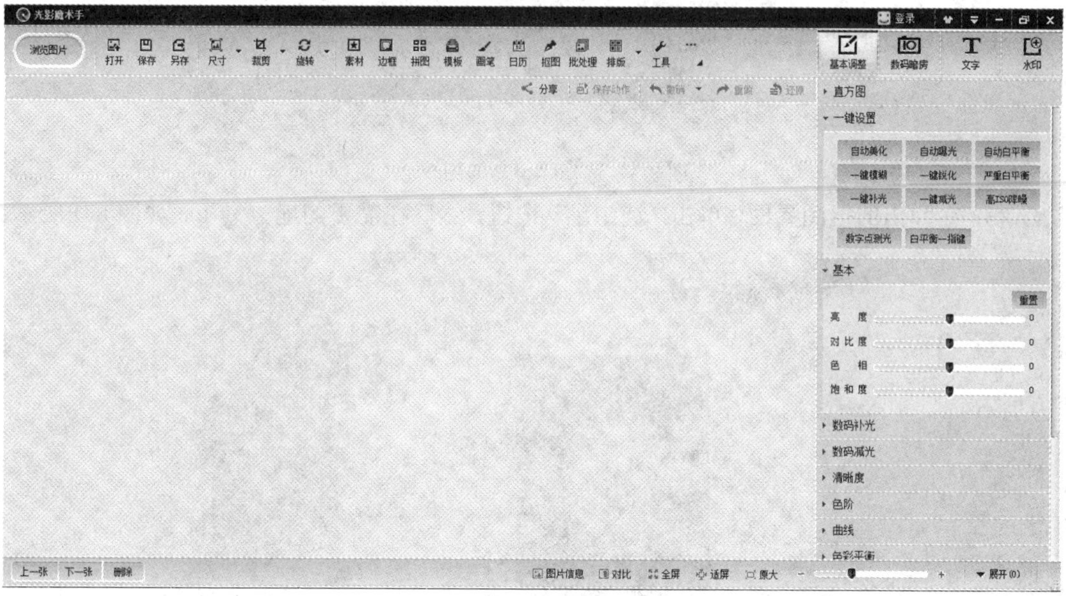

图 8-1　“光影魔术手”工作界面

3．给证件照换底色

(1) 首先打开一张蓝色背景的照片，如图 8-2 所示。

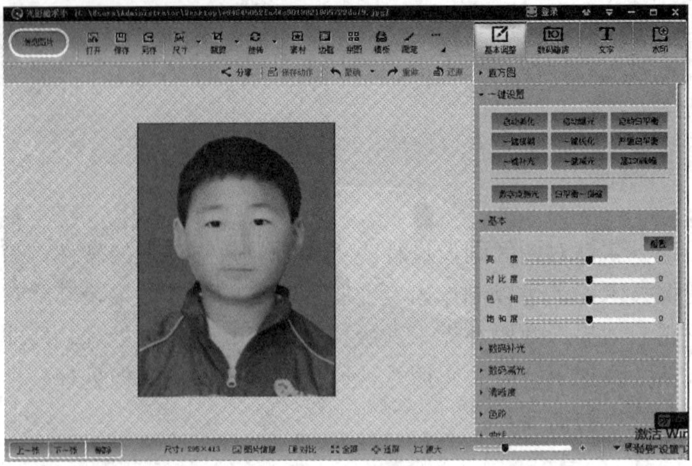

图 8-2　“打开”窗口

(2) 单击最上方的“抠图”按钮，选择“自动抠图”命令，如图 8-3 所示。

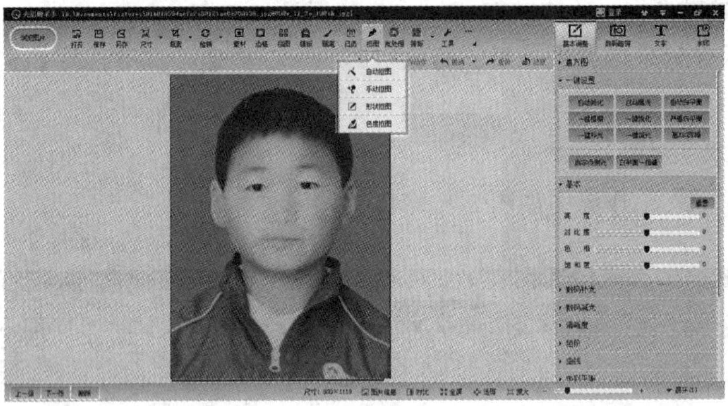

图 8-3　选择“自动抠图”命令

(3) 在弹出的抠图界面，单击“选中笔”按钮，然后在需要的地方划下，如图 8-4 所示。

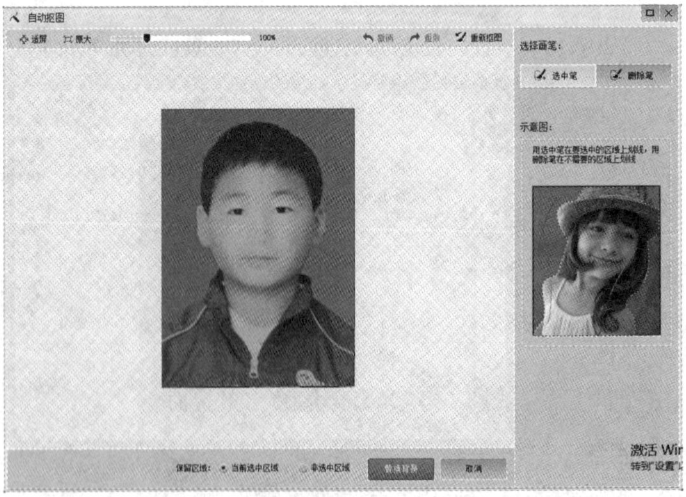

图 8-4　单击“选中笔”按钮

(4) 单击“删除笔”按钮，在不需要的背景上面随意划下，如图 8-5 所示。

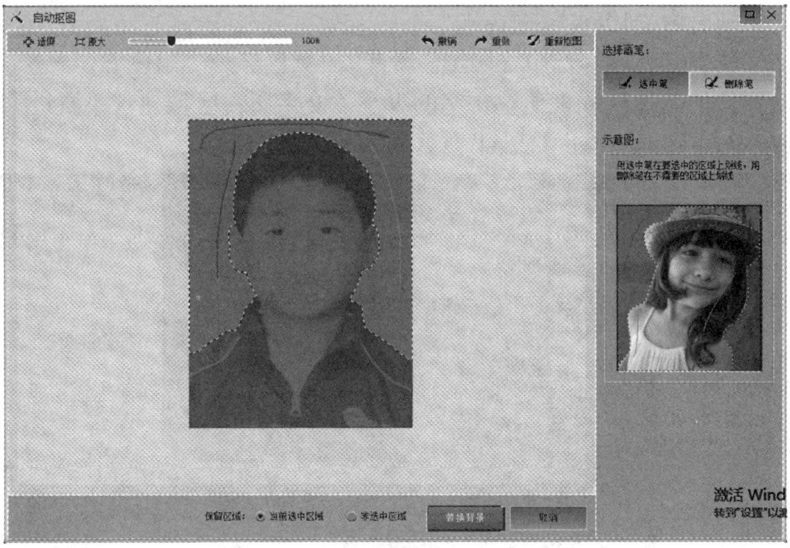

图 8-5 单击“删除笔”按钮

(5) 单击“确定”按钮，就可以将背景分离了；单击“确定”按钮后，我们单击右侧的“红色”背景，这样就给照片更换为红色背景了，如图 8-6 所示。

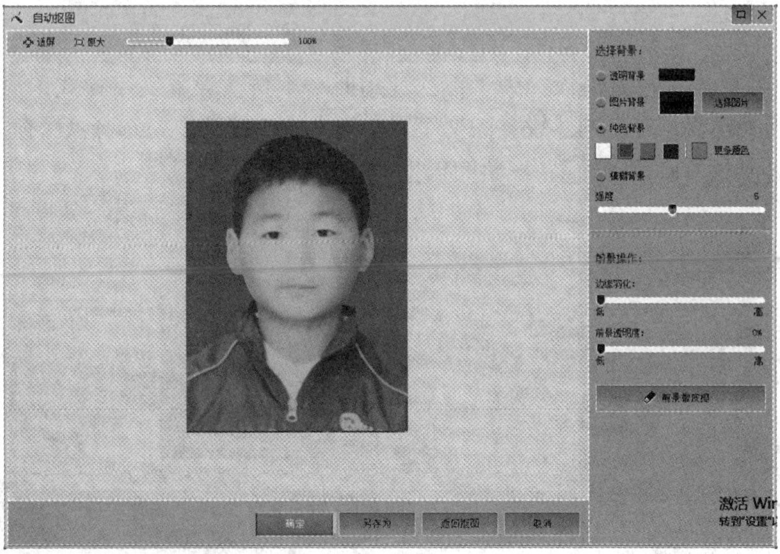

图 8-6 更换照片背景色

4．快速在照片上添加文字

(1) 使用光影魔术手打开需要添加文字的图片“淘宝.jpg”，单击工具栏中的“文字”按钮，此时右侧会显示文字面板，在输入框中输入想要在图片中显示的内容即可，此处输入“淘宝新品”。

① 文字属性如下：“字体”为“微软雅黑”，“颜色”为“白色”，“样式”为“粗体”，“对齐”为“居中”，“排列”为“横向”。

② 高级设置如下：为了让文字在任何背景下都显示清晰，选中“描边”效果，“颜色”为“黑色”，“粗细”为“10 px”。

为了让文字更有立体感，选中“阴影”效果，“颜色”为“黑色”。

通过拖动文字的四边区域来调整文字的大小，文字所占区域建议不要过大，位置一般在图片正下方，与下边缘有些距离效果会更佳，如图 8-7 所示。

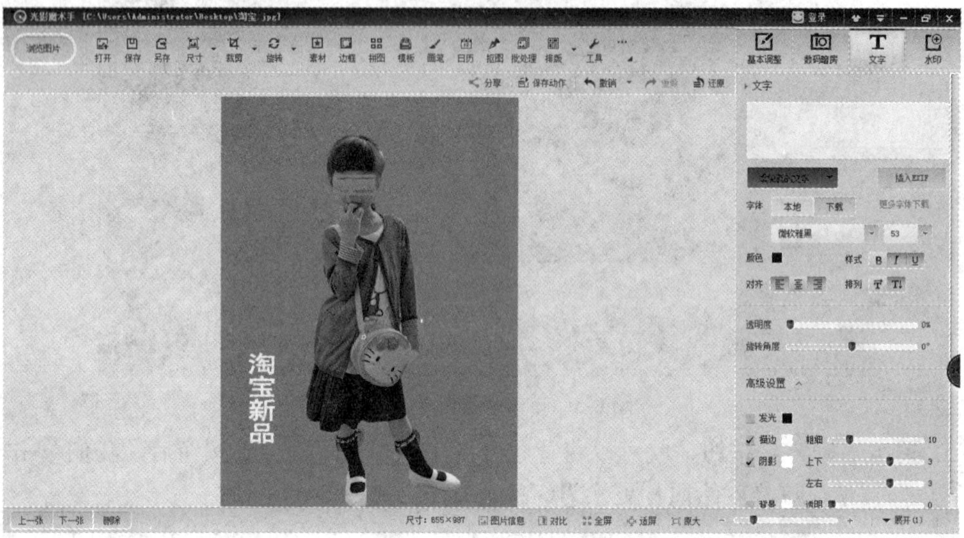

图 8-7　立体文字效果

(2) 将文件样式保存为模板。为了下次使用时，不再次设置文字样式，可以将以上的文字样式设置为模板，右击刚才设置的文字，在弹出的快捷菜单中选择“保存为文字模板”选项，将模板命名为“淘宝新品”，新的模板即建立完成。

建立之后的模板可以在右侧的“添加新的文字”下拉列表中查看，如图 8-8 所示。

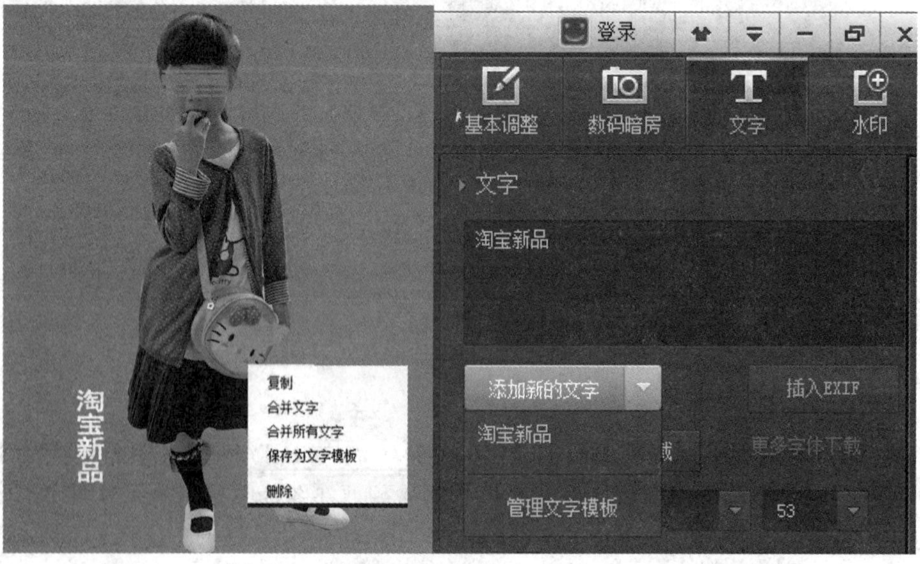

图 8-8　添加新的文字

(3) 选择“保存为文字模板”选项。

(4) 保存此图片，添加文字的图片即可制作完成。

5. 为图片添加水印

网站的原创图片需要加上水印，这样在使用本图片时可以起到对网站进行宣传的作用。

(1) 使用光影魔术手打开图片，如图 8-9 所示。

图 8-9　打开窗口

(2) 单击右上方的“水印”按钮，加入文件夹中的水印图片，可以对水印图片进行设置，如图 8-10 所示。

图 8-10　添加水印

(3) 对水印的设置一般有以下要求：水印应处于图片右下角，背景透明，透明度为 60%，水印图片大小不超过 100 px×60 px，如图 8-11 所示。

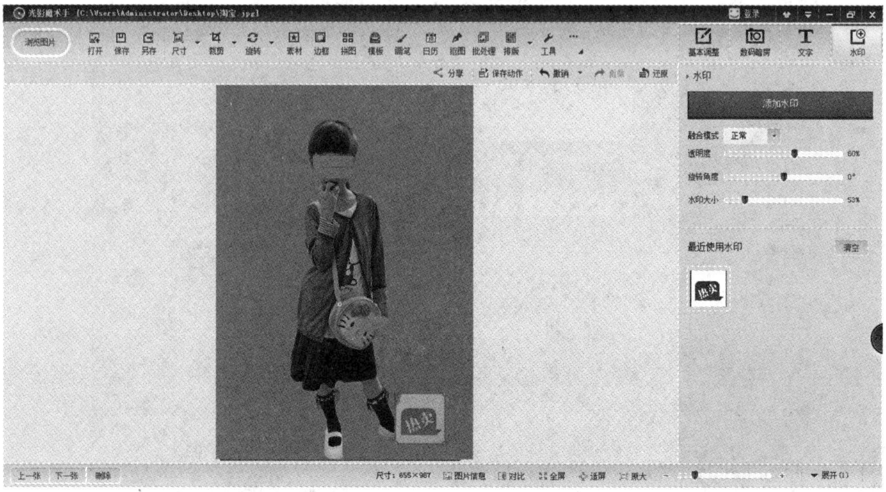

图 8-11　设置水印

(4) 对图片进行“另存为”操作，这样可以保存已经添加完水印效果的图片。

6. 批量处理图片

(1) 使用光影魔术手打开需要批量处理的图片，在光影魔术手工作界面中，单击界面上方的“批处理”按钮，弹出“批处理”对话框，单击“添加文件夹”按钮，打开“淘宝”文件夹，如图 8-12 所示。

图 8-12 “批处理”对话框

(2) 单击“下一步”按钮，弹出操作框，如图 8-13 所示。

图 8-13 “批处理”对话框

各种批处理动作包括：批量调整尺寸、批量添加文字、批量添加图片水印、批量添加边框、批量剪裁、批量插入模板、一键动作。

(3) 单击“添加水印”按钮，进入水印的属性设置界面，在此找到水印图片，将水印的透明度同样设置为 60%，旋转角度为 0，定位于右下角，水平边距、垂直边距可随自己需要调节，如图 8-14 所示。

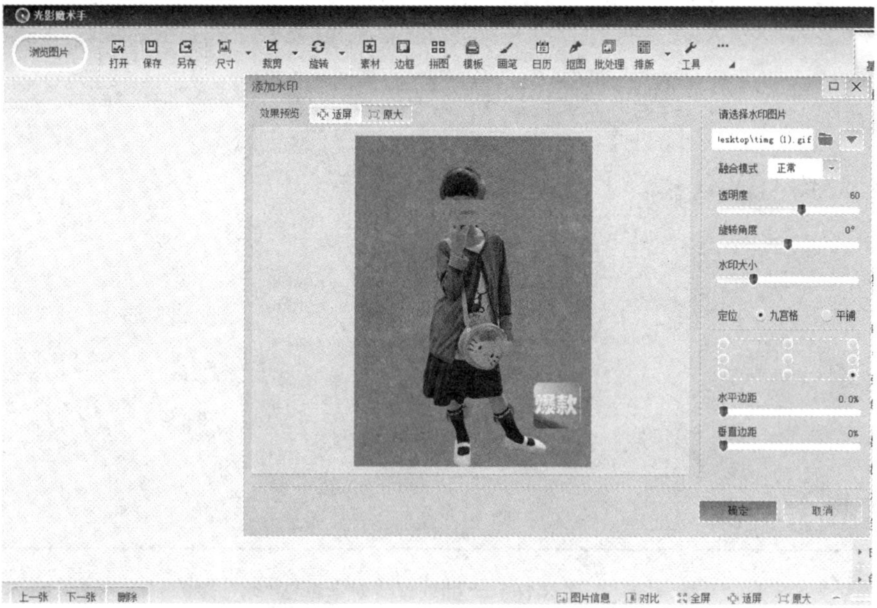

图 8-14 “添加水印”对话框

(4) 如果想继续批量处理照片，则可以根据其他的“动作设置”进行处理。例如：为所有的图片添加新的边框，可单击“添加边框”按钮，选择“花纹边框”选项，单击左下角的“预览”按钮，则可以将刚才批量添加的水印和批量添加的边框效果进行预览，如图 8-15 所示。

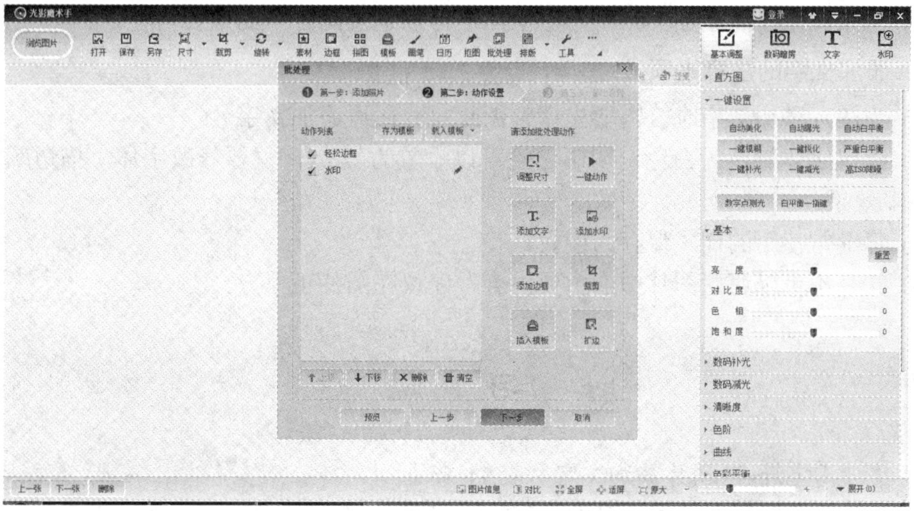

图 8-15 “批处理”对话框 1

(5) 预览完后，可以直接单击“下一步”按钮，进入“输出设置”界面，此界面可以设置输出途径、输出文件名、输出格式等内容。单击“开始批处理”按钮，则可以直接进行批处理，如图 8-16 所示。

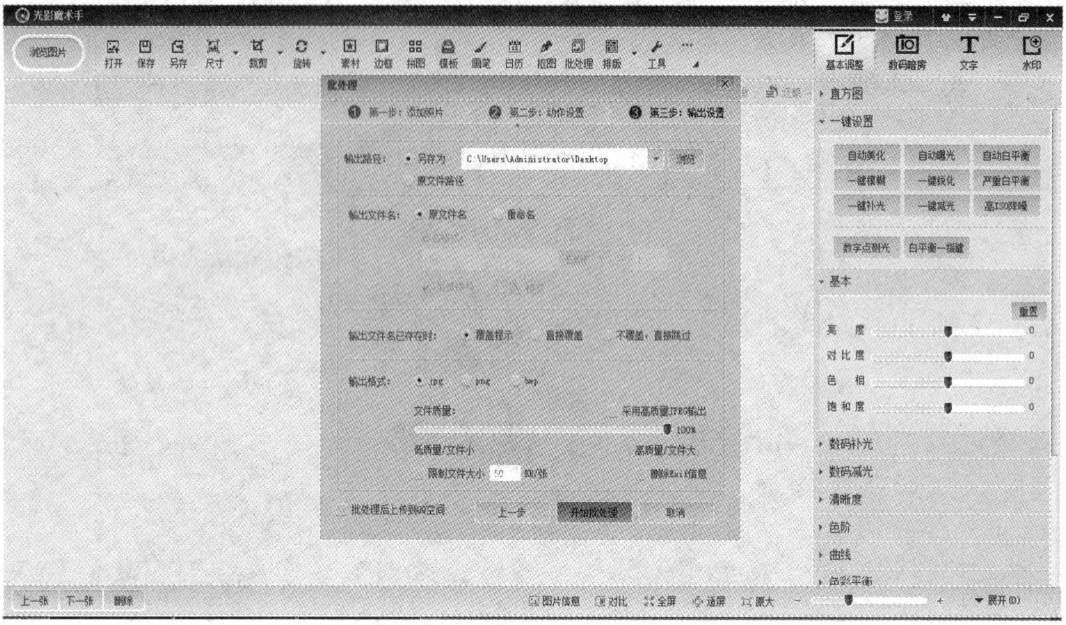

图 8-16 “批处理”对话框 2

7. 添加水印的规则

(1) 网站中需要添加水印的图片一般为原创图片。

(2) 水印也是一张图片，需要提前制作好，大小一般不超过 100 px×60 px 像素，水印一般是扩展名为“.gif ”的透明背景图，水印中应该有本网站的网址。

(3) 水印添加于右下角，背景透明。

(4) 一张图片只能添加一张水印，水印不可以遮盖图片中的重要内容。

8. 添加文字的注意事项

(1) 为图片添加文字时，需要先调整图片尺寸，再添加文字。

(2) 建议字体颜色为白色，阴影像素可以设置为 7 px，只要修改字体，描边颜色即可实现很多效果。

(3) 将经常使用的样式保存为模板。

(4) 文字不可以遮盖图片中的重要内容，建议在图片正下方。

习 题

1. 将“淘宝.jpg”图片添加文字“双 11 来了”。
2. 批量处理图片，动作设置为“反转片-淡雅色彩”。

任务2 数码大师

任务目标

(1) 了解数码大师的安装步骤。

(2) 掌握利用数码大师制作 4 种相册的方法。

任务导入

张明的宝宝这个月就一岁了，为了给儿子一份特殊的生日礼物，张明决定把这一年给儿子拍的照片收集成册，制作一个电子相册。

他在网上找了很多制作电子相册的软件，最终选择了数码大师。

任务描述

制作电子相册的软件有很多，每个软件都有其自身特点，本任务以数码大师为例，简单介绍一下其组成与功能。

知识链接

1. 数码大师

数码大师是国内发展最久、功能最强大的优秀多媒体电子相册制作软件，可以让用户轻松体验各种专业数码动态效果的制作乐趣，如图 8-17 所示，经过十多年的专注研发，数码大师凭借卓越的优秀多媒体先进引擎，完美结合了未来技术与现代设计艺术，堪称迄今最出色的多媒体电子相册制作软件。

图 8-17 “数码大师”工作界面

2．家庭本机数码相册制作

“本机电子相册”可以轻松将用户喜欢的图片、数码相机拍出的照片等进行数码特技处理，配上动听的背景音乐、专业的切换特效、生动逼真的动态艺术场景、动感的镜头缩放特效、独特的文字与旁白特效、丰富的注释功能、个性多彩的艺术相框和独创的 MTV 歌词特效等，制造出一流专业效果的家庭数码相册。

(1) 直接点击“添加相片文件”按钮，将电脑上的相片添加到该文件夹内，如图 8-18、图 8-19 所示。

图 8-18　添加相片

图 8-19　选择要添加的相片文件

(2) 修改名字和注释，如图 8-20 所示。

图 8-20 修改名字和注释

(3) 为相片添加特效，如图 8-21 所示。

图 8-21 添加特效

(4) 添加背景音乐，如图 8-22 所示。

图 8-22 添加背景音乐

(5) 添加相框，如图 8-23 所示。

图 8-23 添加相框

(6) 本机相册中包括五项设置：“功能选项”“滚动文字与歌词”“名字/注释”“旁白”“背景”，可根据自己的喜好设置，如果不想设置，可以保留默认值，如图 8-24 所示。

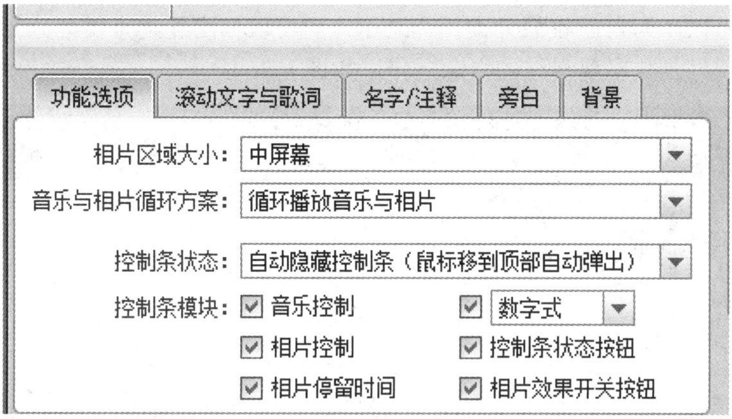

图 8-24　相册效果

(7) 设置完成之后，点击主界面“开始播放”按钮，数码大师自动弹出非常震撼的精美演示界面供相册播放，在演示界面的顶部还有功能控制条(可以将鼠标靠在显示器顶部就会自动滑出)，用于实时控制相册的相片或音乐等各种因素。

3．多媒体锁屏相册制作

只要在制作好的本机电子相册基础上简单选择，软件即可自动转变成一个靓丽的多媒体锁屏系统，在您离开电脑时，锁屏不但可以展现您精心创作的精美个性相册，还可以实时锁定视窗并安全保护您的系统，实现视频展示、文字留言、密码保护等各种先进功能，同时又兼具屏幕保护用途，应用非常广泛，是独创的全新概念型跨界数码相册。

在这里可以为锁屏相册设置密码、填写机主留言、查看锁屏日志等，如图 8-25 所示。

图 8-25　其他设置

4．礼品包相册制作

在用户制作好的本机电子相册基础上，通过简单的打包设置，即可自动生成可分发的礼品包相册，可以作为自己收藏分类相片之用，更可以作为礼物方便地分发出去，无需安装，即可让亲朋好友共享观赏您的得意之作，如图 8-26 所示。

图 8-26　制作礼品包相册

在这里可以为礼品包相册设置标题、更改保存路径、礼品包封面详细设置、制作完成之后即可点击“开始导出”按钮，如图 8-27 所示。导出成功如图 8-28 所示。

图 8-27　导出文件

图 8-28　导出成功

5．视频相册制作

视频导出功能可以将用户看到的相框内所有情景直接导出为 VCD/SVCD/DVD 甚至是高清 AVI 视频电子相册，让用户轻松制作出专业绚丽的视频数码相册成为可能。这样，用户便可将制作的相册在 VCD/DVD 或高清 BD 等影碟机上自由观赏，无需借助电脑，也可以导出 DVD 或 AVI 等高清格式并将视频相册上传到网上。所有这一切都能让您的亲朋好友方便地欣赏您创作的动感礼物！

(1) 导航中的标签 1 是“视频相册”的位置，点击即可进入视频相册制作模式。标签 2 是“添加相片”按钮。标签 3 是“修改相片名字/注释/旁白”按钮，当添加完相片后，你可以通过该按钮对相片的名字、注释和旁白进行修改，使相册展示时，相片同步动态展示较短的名字注释，或更精彩的故事性旁白。如果不设置或修改，数码大师将以默认的内容进行自动处理，如图 8-29 所示。

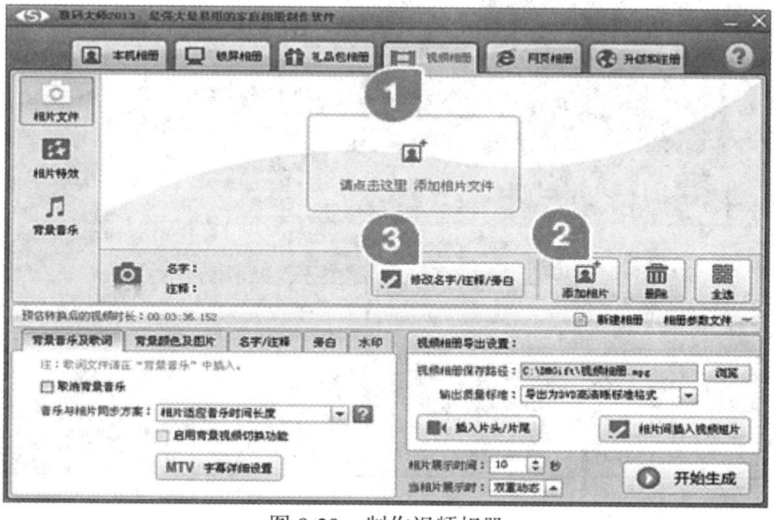

图 8-29　制作视频相册

(2) 选中一张相片(可以多选)，然后在下方标签4中修改名字、注释和旁白，修改完毕后再点击“确认修改”按钮。标签5是保存并返回数码大师，如图8-30所示。

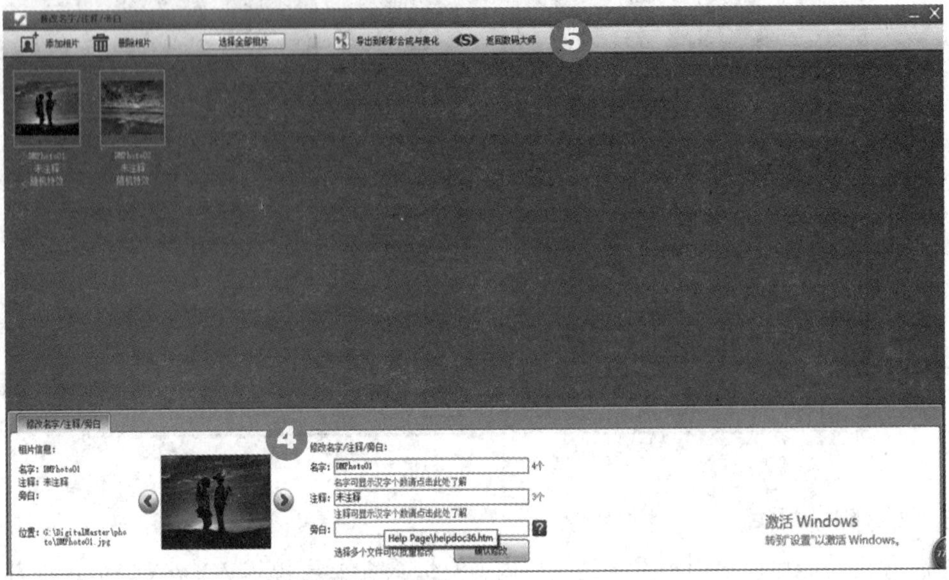

图8-30　添加旁白

(3) 数码大师带有大量的转场特效，甚至还自带更高级的“3D或专业相片特效”，如果需要指定某个特效到某张照片时，数码大师也可以轻松完成，点击标签6所指的“应用特效到指定相片”按钮来实现，如图8-31所示。

图8-31　设置特效

(4) 添加背景音乐和 MTV 歌词字幕，点击标签 7 来添加背景音乐，软件支持多首歌曲的一次性添加。选中其中某个音乐，点击标签 8 还可以为该音乐加上动感的 MTV 歌词字幕，歌词会以近十种优雅、动感的字幕特效动态呈现，绝对酷炫，如图 8-32 所示。

图 8-32　添加背景音乐和 MTV 歌词字幕

(5) 视频相册参数设置。标签 9 所示是视频相册制作后的总时长的相关时间估算，辅助用户对导出视频的时间进行预计。

标签 10 所示是对视频的背景音乐和歌词进行设置，譬如对 MTV 歌词的字幕样式或特效进行设置，对音乐、相片的同步方式进行设置等。

标签 11 可对视频的背景进行设置，如设置单色、渐变背景，选择图片作为背景。

标签 12 可对名字、注释进行设置，如设置显示方式、显示位置、名字/注释的样式等。

标签 13 可对旁白进行设置，如设置旁白的开启与否，还有显示样式，包括字体、颜色、描边等。

标签 14 所示是视频水印的导出设置，譬如水印尺寸、持续显示时间、透明度、水印效果、水印位置等的设置。

标签 15 所示是视频导出格式设置，有 AVI(1080P、720P、480P)、DVD、SVCD、VCD 多种规格可以选择。

标签 16 所示是插入视频片头/片尾和相片间插入视频短片的功能按钮，可以在相册里添加片头、片尾和相片与相片之间添加一些拍摄的视频短片，如图 8-33 所示。

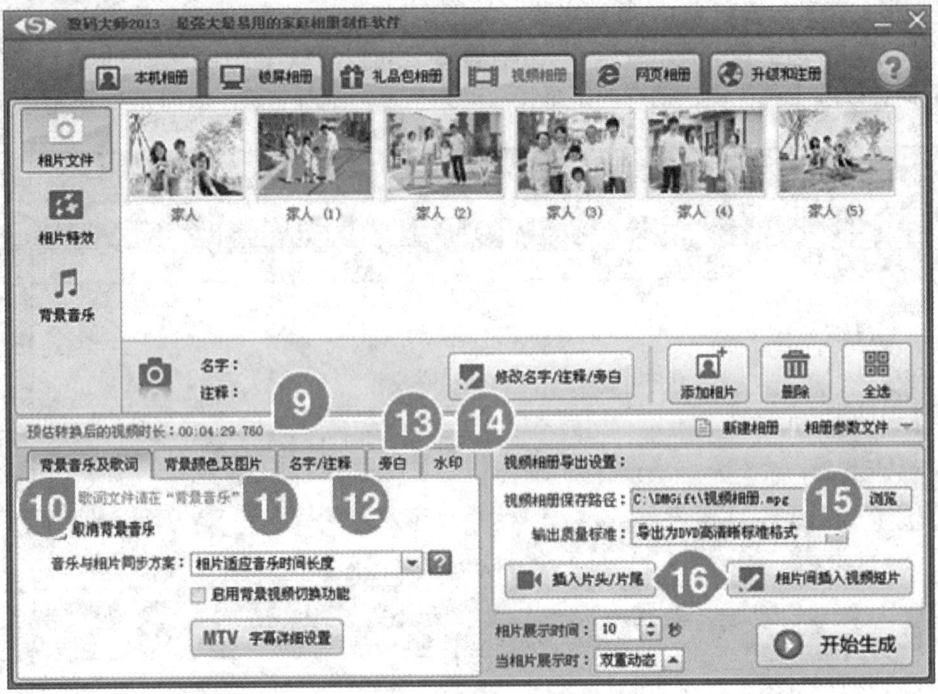

图 8-33 参数设置

(6) 在“视频相册”选项卡面板右下角，点击“当相片展示时”的弹出框，我们可以选择“静态展示”“镜头缩放”“动感场景”“双重动态”等多种方式，当选择双重动态时，相片会像电影镜头般动态推近或拉远，并点缀以画心、落英缤纷、秋叶蹁跹、星光闪耀、盛夏萤火、怦然心动等各种唯美的动态场景，令展示相片既动感，又优雅浪漫。稍上方，我们还可以在“相片展示时间”处设置相片的展示时间，当同时选择镜头缩放和动感场景时，建议将时间设置到 10 秒左右，以免时间过短导致镜头缩放效果显得仓促，如图 8-34 所示。

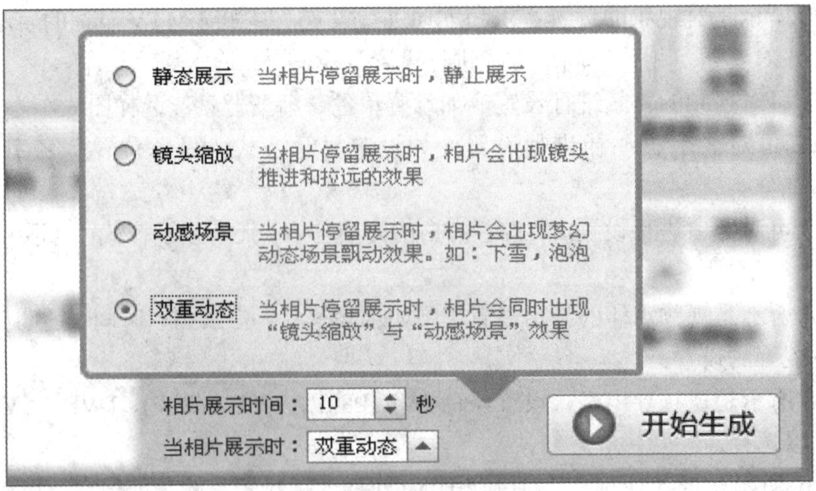

图 8-34 设置场景

(7) 设置好所有参数后，数码大师会默认保存一切参数，就算你关闭数码大师再打开，一切参数都将自动保存，这样避免了意外的参数丢失。如果你想先编辑其他新的相册，还可以通过点击界面中部的“相册参数文件”按钮，在弹出的菜单中选择“参数另存为”选项，将当前相册的各个参数先保存为工程设置文件，格式是“dmf”，这样以后你还想再次编辑当前的相册时，只需要点击同一位置的“参数打开”菜单项即可将一切参数重新恢复。设置完成后，我们就可以点击界面右下角的“开始生成”按钮生成视频相册了！

知识拓展

数码大师是数码相片后期特技制作的最好工具，数码相机延伸应用的最佳伴侣！应用世界顶尖多媒体技术，结合真正强大的多媒体数字相册制作功能以及全新人性化设计理念，让您轻松制作各种专业多媒体效果的相册，立即实现家庭数码相册、礼品包电子相册、VCD/SVCD/DVD/AVI 视频相册、网页相册、全新概念的跨界锁屏相册等创新功能。一切都可以让您在轻松点击之中制作大师级别的专业数码动态效果并与人通过各种方式共享！

习　题

1. 制作一个锁屏相册，背景音乐为“我的未来不是梦”，锁屏密码设置为“123456”。
2. 制作一个礼品包相册，相片展示时间设置为 10 秒，相片特效改为“心形效果类”。

任务3 美图秀秀

任务目标

(1) 了解美图秀秀。
(2) 熟练使用美图秀秀软件处理图片。

任务导入

张明是一名拍照爱好者，经常会拍摄各式各样的图片，但因为能力不足，还需要后期进行修改，于是他找到了最简单的一款照片处理软件——美图秀秀。

任务描述

目前，美化图片的软件有很多，但是我们不能急于求成，而是应该从简单的学起，抓其根本。本任务主要介绍美图秀秀的操作方法。

知识链接

美图秀秀是一款免费进行图片处理的软件，有 iPhone 版、Android 版、PC 版、Windows Phone 版、iPad 版及网页版，致力于为全球用户提供专业智能的拍照、修图服务。美图秀秀的图片特效、美容、拼图、场景、边框、饰品等功能，可以 1 分钟做出影楼级照片，还能一键分享到新浪微博、人人网、QQ 空间。

1. 制作文字水印

(1) 打开美图秀秀，点击右上角的“新建”按钮，如图 8-35 所示。

图 8-35 新建文件

(2) 弹出一个“新建画布”对话框，新建一个画布，选择默认值，背景色选择透明，如图 8-36 所示。

图 8-36 新建画布

(3) 点击左上角的“文字水印”按钮，左边的区域可以更改文字的各种属性，如图 8-37 所示。

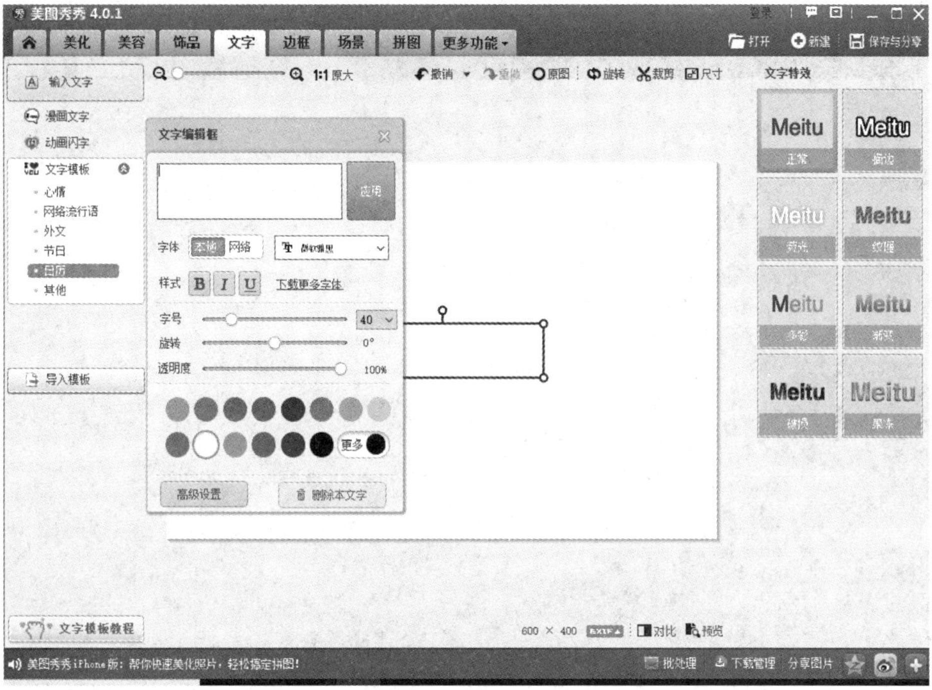

图 8-37　添加文字水印

(4) 选择好之后，文字水印就制作好了，如图 8-38 所示。

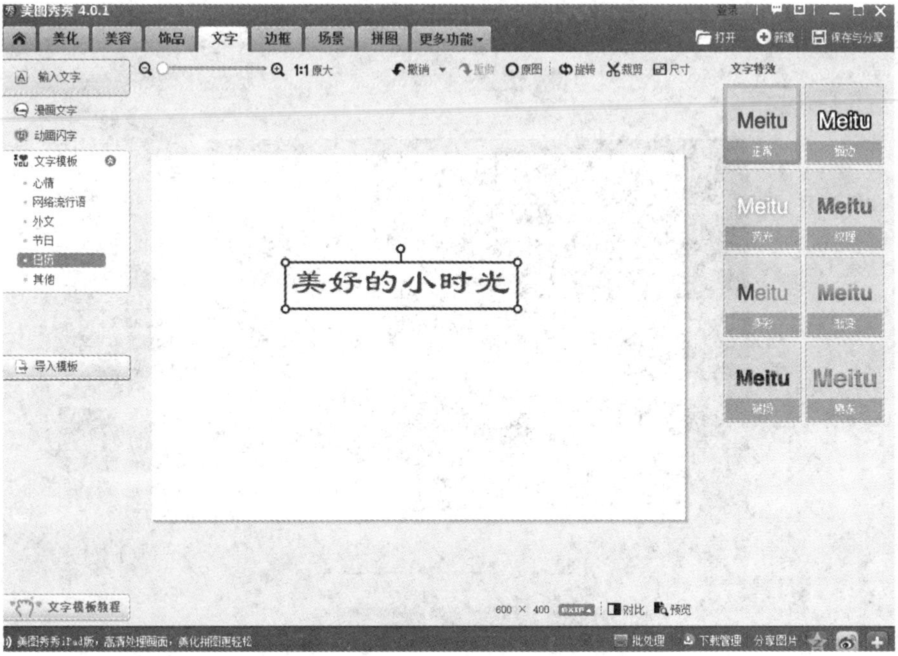

图 8-38　水印效果

2. 制作闪图

(1) 打开右上角的“更多”按钮，然后选择“闪图”选项，如图 8-39 所示。

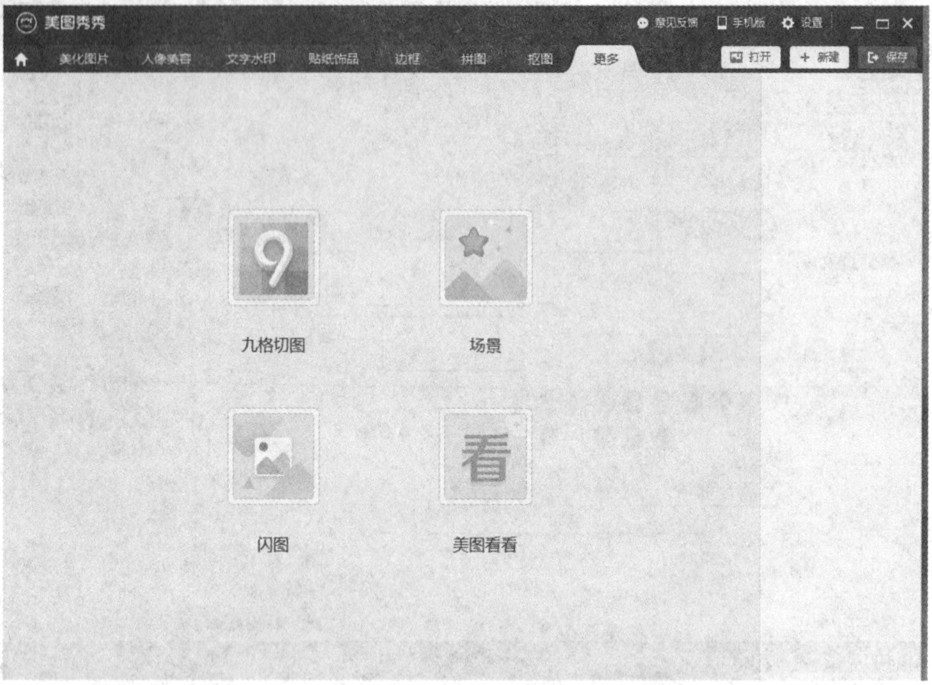

图 8-39　制作闪图

(2) 弹出一个对话框，提示打开照片，打开一张照片，如图 8-40 所示。

图 8-40　打开对象

(3) 在最上方可以看见有“动感闪图”“自定义闪图”按钮，动感闪图是根据右边已有在线素材来制作，自定义闪图是添加自己所需要的照片来制作，如图 8-41 所示。

图 8-41　自定义闪图

(4) 在最左侧可以添加多张照片，最底部的“调节速度”按钮也可以调整快慢，上方的“效果预览”选项可以预览一下制作后的结果，如图 8-42 所示。

图 8-42　预览效果

3. 人像美容

(1) 打开美图秀秀，点击“美容”选项卡，然后打开一张图片，如图 8-43 所示。

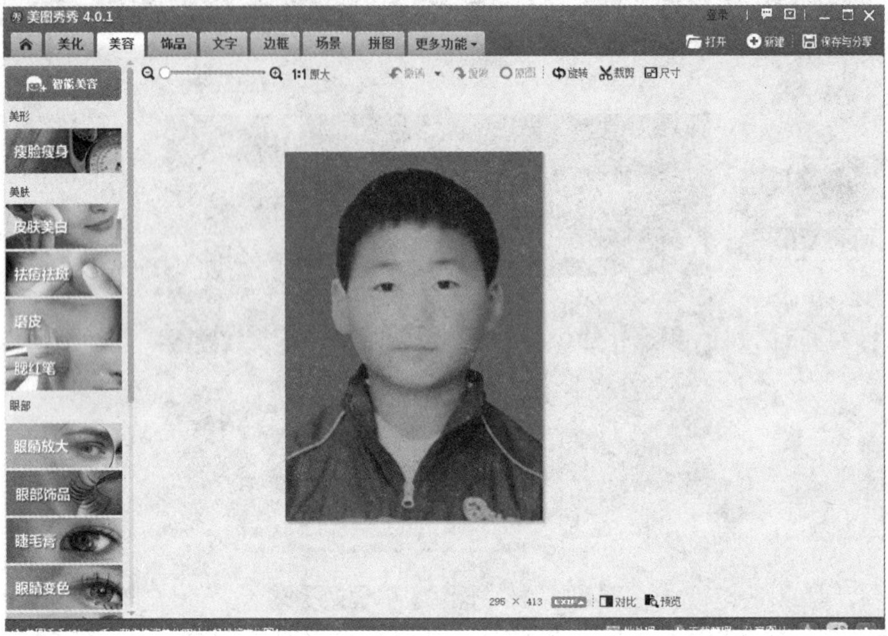

图 8-43　打开对象

(2) 在左侧进行“美形”“美肤”“眼部”等功能设置，如图 8-44 所示。

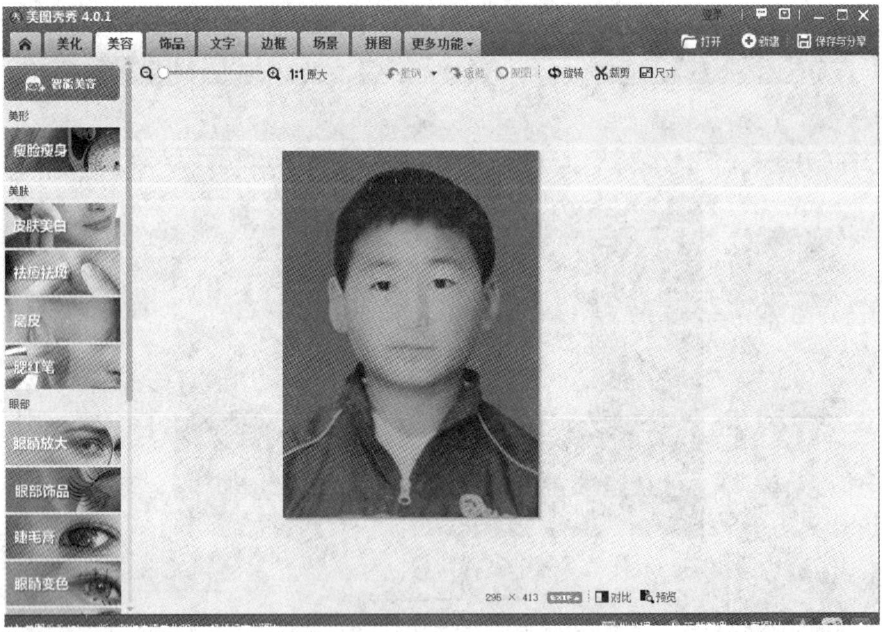

图 8-44　美颜效果

(3) 设置完面部之后，可以点击上方的“边框”“饰品”等选项卡，进行设置，如图 8-45、图 8-46 所示。

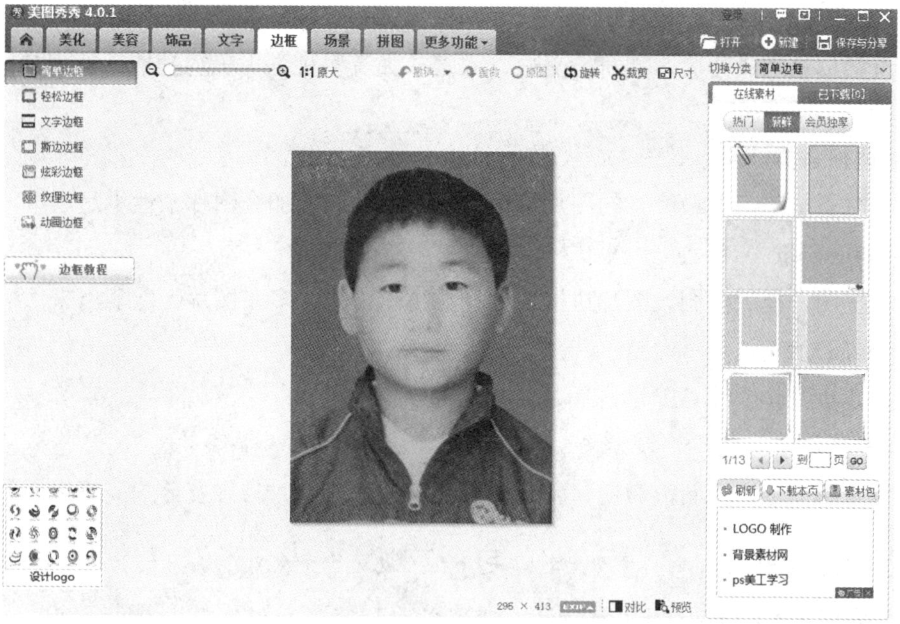

图 8-45　“边框”设置

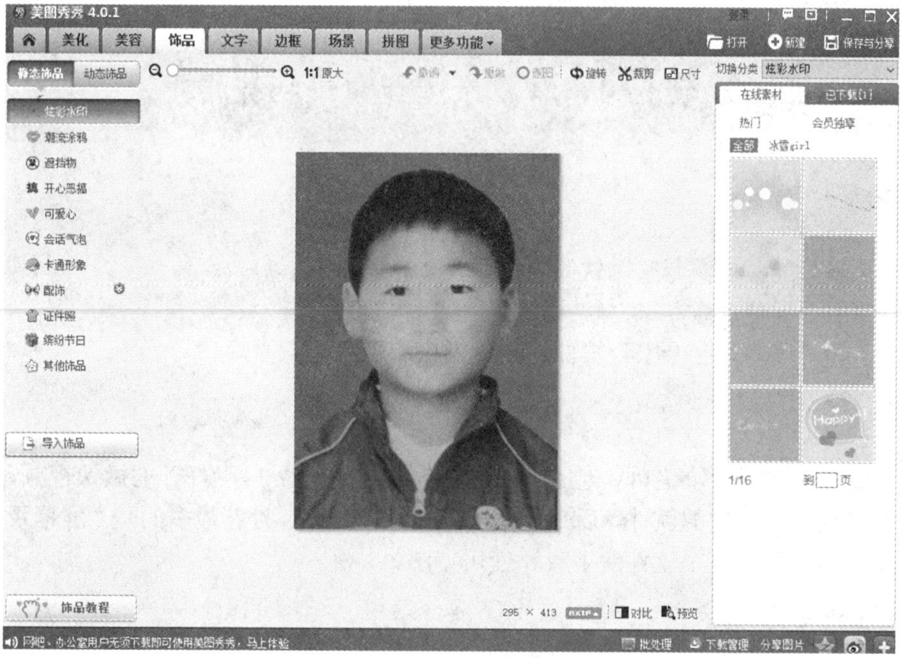

图 8-46　“饰品”设置

知识拓展

美图秀秀软件的亮点有以下 6 方面。

1．简单易用

“美图秀秀”界面直观，操作简单，比同类软件更好用，每个人都能轻松上手。

2. 神奇美容

独有磨皮祛痘、瘦脸、瘦身、美白、眼睛放大等多种强大美容功能，让用户轻松拥有天使面容。

3. 风格各异

拥有时下最热门、最流行的图片特效，不同特效的叠加令图片个性十足。

4. 随心所欲

自由拼图、模版拼图、图片拼接三种经典拼图模式，多张图片一次晒出来。

5. 专属动感

轻松几步制作个性GIF动态图片、搞怪QQ表情。

6. 囊括主流

一键将美图分享至新浪微博、腾讯微博、人人网，即时与好友分享美好生活。

习　题

1. 制作文字水印“我们长大了”。
2. 添加一张证件照，进行人像美容，美型改为“瘦脸”，美肤改为“皮肤美白”。

任务4　屏幕录像专家录制教程

任务目标

(1) 了解“屏幕录像专家”软件的整体安装流程。
(2) 使用“屏幕录像专家”软件录制一段视频教程。
(3) 了解“屏幕录制专家”软件的整体操作流程和注意事项。

任务导入

张明是一名中学语文老师，他想录制一段最近在教育界广受好评的微课视频，可是找不到一款既简单又方便的软件，后来他在网上搜索了一下，推荐最多的是“屏幕录像专家”软件，于是他学习了整个软件的下载和使用方法。

任务描述

在我们的日常生活中，当需要录制一个简单的小视频时，就需要用到一个录制软件，本任务将通过对屏幕录像专家的简单介绍，方便大家以后的使用。

知识链接

1. 屏幕录像专家的整体安装流程

(1) 安装“屏幕录像专家”2014版本，安装界面如图8-47所示。

(2) 此时会在桌面上生成软件图标，证明“屏幕录像专家”软件已经安装成功，如图 8-48 所示。

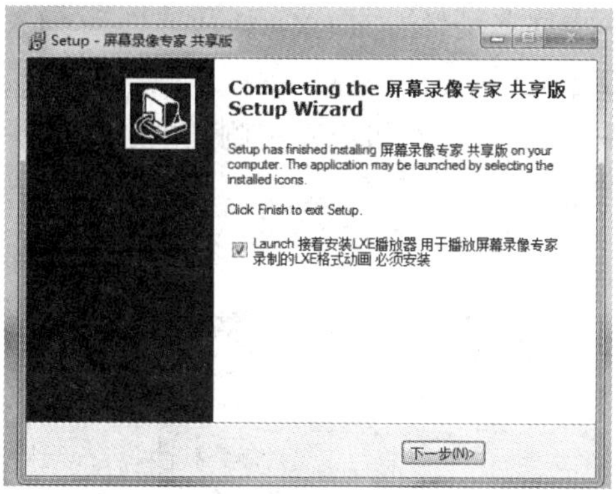

图 8-47　“屏幕录像专家”安装界面

图 8-48　“屏幕录像专家”桌面快捷方式

2．利用“屏幕录像专家”录制一段教程

(1) 双击图标打开软件，此时会弹出“向导”对话框，可以看到，能通过这个软件录制包括 EXE、LXE、WMV、AVI 等格式的视频，此时选择使用 AVI 格式来录制，如图 8-49 所示。

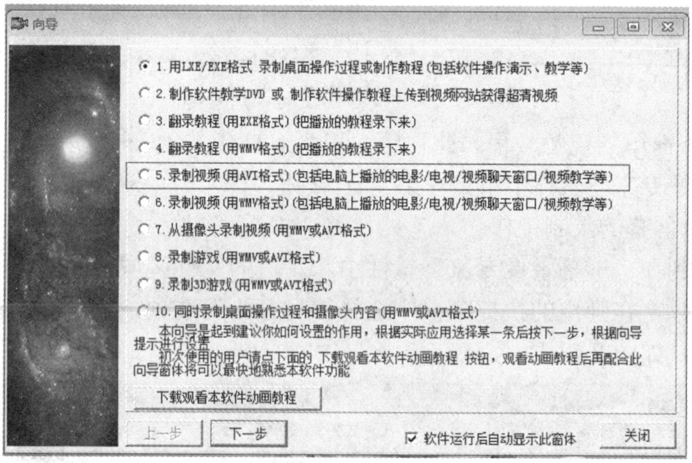

图 8-49　录制向导

WAV 和 AVI 格式的视频使用一般视频软件即可播放。屏幕录像专家录制的 LXE 格式的文件必须使用本播放器才能播放。屏幕录像专家的 EXE 文件是可以直接播放而不需要播放器的。

① 使用方法：安装本软件，安装完成后 LXE 文件会自动与本播放器关联。直接双击 LXE 文件即可调用此播放器开始播放。

② LXE 文件播放方法：

方法 1：直接双击 LXE 文件即可打开视频播放。

方法 2：通过执行“开始”→“所有程序”→“屏幕录像专家 LXE 播放器”→“LXE 播放器”命令，运行播放器，播放器会弹出选择文件窗体，选择需要的文件打开即可。

③ EXE 文件播放方法：

方法 1：通过执行“开始”→“所有程序”→“屏幕录像专家 LXE 播放器”→“LXE 播放器”命令，运行播放器，播放器会弹出选择文件窗体，选择需要的文件打开即可。

方法 2：执行“开始”→“所有程序”→“屏幕录像专家 LXE 播放器”→“LXE 播放器”命令，将 EXE 转换成 LXE，通过直接双击 LXE 文件来播放教程。

(2) 进入“屏幕录像专家”主界面，如图 8-50 所示，可以在右侧区域选择录制需要生成的格式。

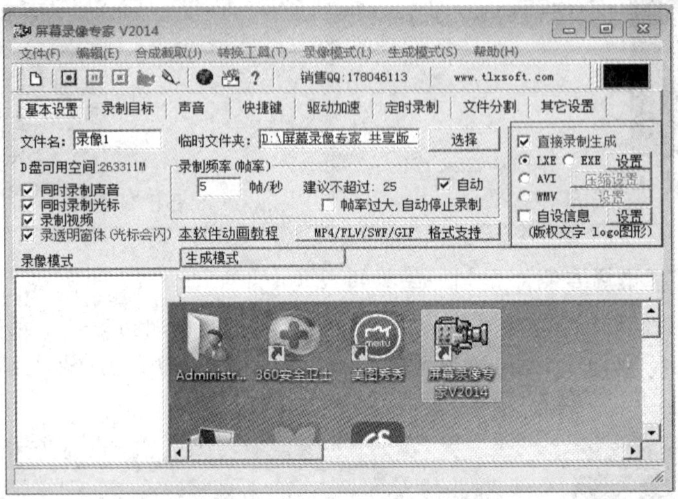

图 8-50 “屏幕录像专家”主界面

(3) 录制一个简单的视频教程。此视频教程为 HTML 制作一个简单的网页。

在“屏幕录像专家”软件中单击左上角按钮，即可开始录制视频。录制完成之后，按 F2 键结束整个屏幕的录制工作。

此时可以看到在“屏幕录像专家”软件中，左边的文件区域已经列出了刚才录制的视频，可以右击视频，在弹出的快捷菜单中选择“另存为”选项，将录制的教程存放在自己设置的文件夹中，如图 8-51 所示。

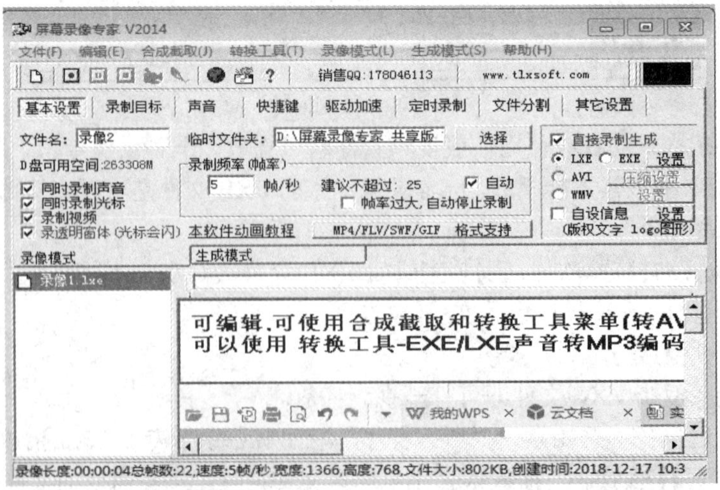

图 8-51 保存录制文件

(4) 使用播放器播放视频，如图 8-52 所示。

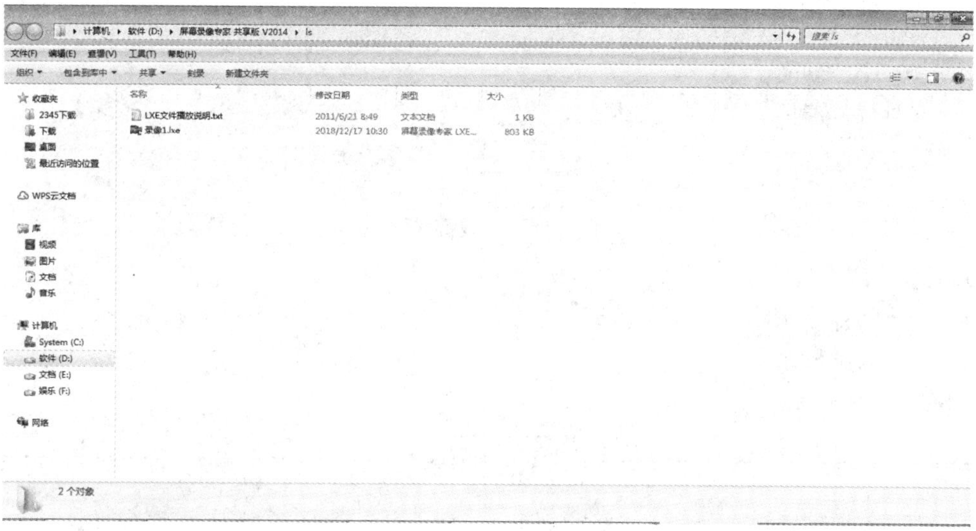

图 8-52　播放视频

3．屏幕录像专家定时录制视频

(1) 单击“定时录制”按钮，界面如图 8-53 所示。

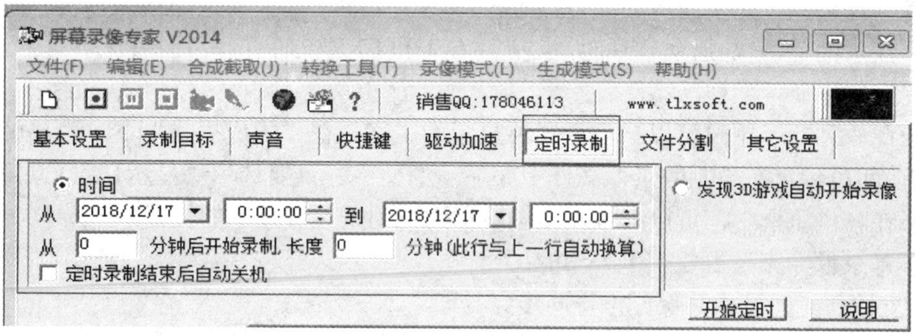

图 8-53　定时录制按钮

(2) 将时间调整为如图 8-54 所示，单击“开始定时”按钮，如果时间到达，则会开始录制屏幕，从而完成 1min 的录制视频过程。

图 8-54　调整录制时间

4．屏幕录像专家快捷键设置

(1) 单击“快捷键”按钮，可以查看利用屏幕录像专家录制视频时使用的快捷键，如图 8-55 所示。

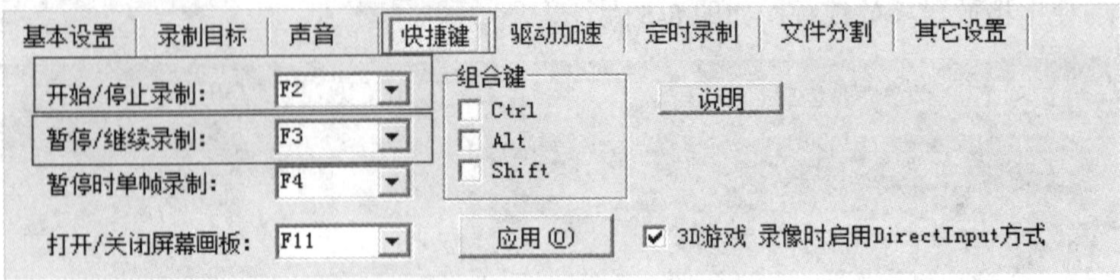

图 8-55 快捷键设置

(2) 快捷键设置如下：

F2：开始/停止录制。

F3：暂停/继续录制。

ESC：结束录制。

知识拓展

“屏幕录像专家”是一款专业的屏幕录像制作工具，这款软件界面是中文版本的，其中的内容并不复杂，录制视频很简单，按照设置的快捷键、录制键、三角按钮，即可录制、使用它可以轻松地将屏幕上的软件操作过程、网络教学课件、网络电视、网络电影、聊天视频等录制成 Flash 动画、WMV 动画、AVI 动画或者自播放的 EXE 动画。此软件具有长时间录像并保证声音完全同步的能力。

需要注意的是，未注册此软件时，录制的 AVI 和 EXE 文件在播放时会在屏幕上显示“屏幕录像专家未注册”字样。

注册此软件后，用户可以自己设置要显示的文字，在“生成模式”下，用户可以“自设信息”，即可设置在录制的录像文件中要显示的文字，只要选中“显示自设信息”，信息就会显示在帧浏览框中，可以直接在帧浏览框中拖动来设置显示的位置。

“屏幕录像专家”主要有下列功能：

(1) 支持长时间录像并保证声音同步。

(2) 录制生成 EXE 文件，可以在任何计算机中播放，不需附属文件；高度压缩，生成文件小。

(3) 录制生成 AVI 动画，支持各种压缩方式。

(4) 生成 Flash 动画，文件小，可以在网络上方便使用，可以附带声音并且保持声音同步。

(5) 录制生成微软流媒体格式 WMV/ASF 动画，可以在线播放。

(6) 支持后期配音和声音文件导入，使录制过程可以和配音分离。

(7) 可以使用快捷键录制视频、暂停录制、停止录制、打开画板等。

✦✦✦✦ 习 题 ✦✦✦✦

1. 录制一段视频，放在 D 盘下，设置画面帧数为 10，录制生成格式改为 AVI。
2. 定时录制一个 5 分钟的视频。

项目九

常用办公设备

项目目标

(1) 熟悉各种常见的办公设备。

(2) 掌握各种常见办公设备的特点以及分类。

(3) 掌握网络多设备相互连接的基本操作方法。

项目导入

由于信息化技术飞速发展，现代办公设备不断地深入到大家的生活、工作中，正确地使用和维护这些设备，能极大地提高现代办公的质量、效率，同时也是现代办公各个岗位的必备技能。那么办公设备都有哪些呢？我们又如何进行维护呢？

项目描述

本项目主要讲解打印机、复印机、扫描仪、投影仪、刻录机等办公设备的特点以及使用方法，并通过具体的实例使我们快速地掌握这些办公设备的使用方法。

任务1 打 印 机

任务目标

(1) 了解打印机的种类和参数。

(2) 学会创建网络打印机并掌握连接网络打印机的操作方法。

任务导入

打印机是由约翰·沃特、戴夫·唐纳德合作发明的，是将计算机的运算结果或中间结果以人所能识别的数字、字母、符号和图形等，依照规定的格式印在纸上的设备。

任务描述

通过本任务的学习，我们将会初步了解打印机的种类和参数，创建网络打印机并能掌握连接网络打印机的操作方法。

知识链接

1．认识打印机

打印机是一种计算机输出设备，可以将计算机内储存的数据按照文字或图片的方式输出到纸张或者透明胶上，打印机被广泛应用在家庭、学校、公司、打印店、数码冲印等地方。

1) 分类

根据不同使用场合，打印机分为喷墨打印机、热敏打印机、激光打印机、针式打印机等，它们的特点如表 9-1 所示。

表 9-1　各种打印机的特点

类　型	特　点	图　示
喷墨打印机	普通喷墨打印机分辨率在 720 dpi 以上，广告打印喷墨打印机分辨率在 1440 dpi 以上。 普通喷墨打印机彩色打印速度在 5～12 ppm，黑白打印速度在 20 ppm 以上，照片打印机速度在 2～5 ppm	
热敏打印机	热敏打印机只能使用专用的热敏纸，热敏纸上涂有一层遇热就会产生化学反应而变色的涂层，类似于感光胶热敏打印机片，不过这层涂层是遇热后会变色，利用热敏涂层的这种特性，出现了热敏打印技术。热敏打印机分辨率为 203 dpi，速度为 40～120 mm/s	
激光打印机	激光打印机是采用静电复印的过程，其图像直接通过激光束在打印机光鼓上进行扫描生成，激光打印机的分辨率一般在 600 dpi 以上，速度在 30 ppm 以上，彩色打印为 8 ppm 以上	
针式打印机	针式打印机分为 9 针和 24 针，是通过打印头中针头击打复写纸，从而形成字体。通常针式打印机的分辨率为 180～360 dpi，速度为 160～400 字/s	

2) 主要参数

打印机主要的参数有打印分辨率、打印速度、打印幅面等。

(1) 打印分辨率。打印分辨率是指两个方向上每英寸最多能够打印的点数，通常以“点/英寸”即 dpi 表示。dpi 值越高，打印输出的效果越精细越逼真，当然输出时间也就越长，售价越贵。

(2) 打印速度。打印速度是指打印机每分钟打印输出的纸张页数，单位用 ppm 表示，指在使用 A4 幅面打印纸打印各色炭粉覆盖率为 5%情况下引擎的打印速度，ppm 值若只打印一页，还需要加上首页预热时间。

(3) 打印幅面。打印幅面是衡量打印机输出图文页面大小的标。针式打印机中一般给出行宽，用一行中能打印多少字符(字符/行或列/行)表示，常用的打印机有 80 列和 132/136 列两种；激光打印机常用单页纸的规格表示，打印幅面可以将幅面打印机分为 A3、A4、A5 等，打印机的打印幅面越大，打印的范围越大；喷墨打印机也常用单页纸的规格表示，通常打印幅面为 A3 或 A4，有的喷墨打印机也使用行宽表示打印幅面。

3) 机身结构

打印机的外部主要结构类似，打印机的正面包括进纸盒、出纸盆和电源开关，进纸盒可以根据纸张大小调节卡纸器，提高打印效果，如图 9-1 所示。

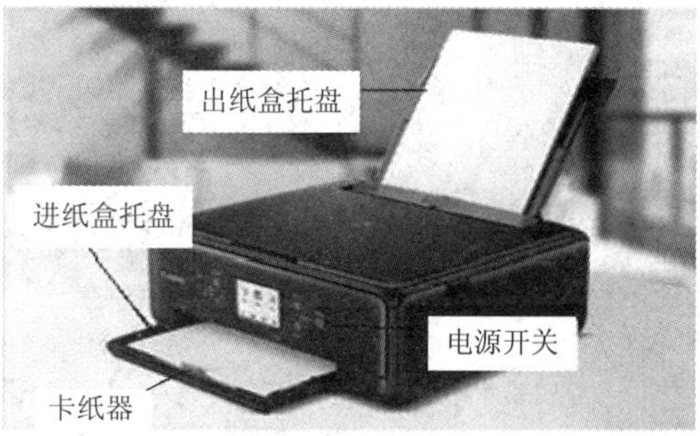

图 9-1　打印机正面

打印机背面有 USB 数据接口、电源线插口。USB 接口直接与计算机进行连接，如图 9-2 所示。

图 9-2　打印机背面

4) 连接线

打印机连接到计算机的方式：无线连接和有线连接。有线连接采用的线缆接头主要有 USB 接口、并口和 RJ45 网络接口 3 种，如图 9-3 所示。

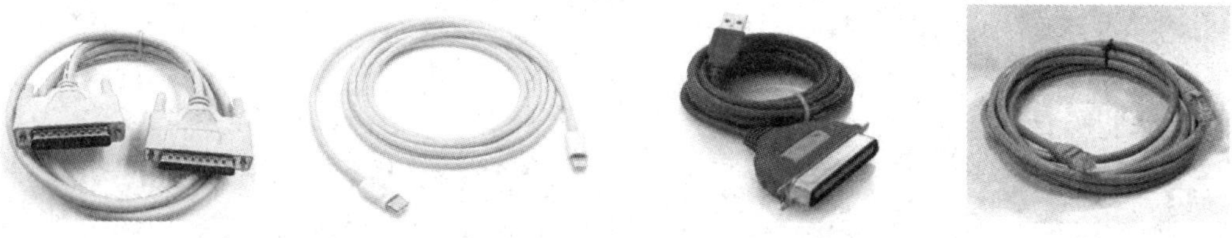

并口转并口　　USB 接口转 USB 接口　　USB 接口转并口　　RJ45 网线接口

图 9-3　连接线接口

2．连接打印机

(1) 将 USB 连接线的两端分别接入台式计算机和打印机的 USB 口。

(2) 打开“我的电脑”程序进入“控制面板”(以 Windows7 系统为例)，如图 9-4 所示。

图 9-4　控制面板

(3) 进入“硬件和声音”选项，如图 9-5 所示。

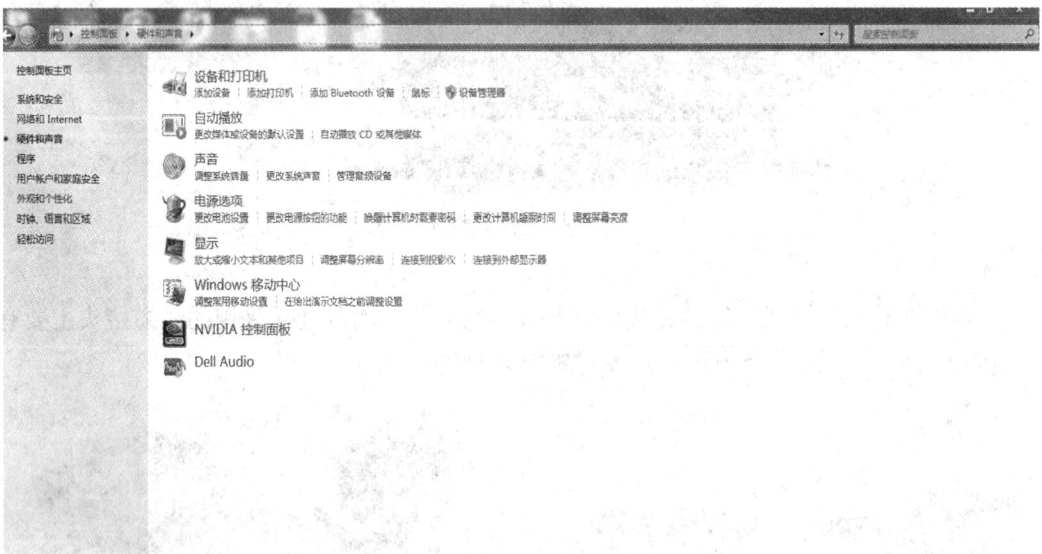

图 9-5　声音设置

(4) 点击“设备和打印机”选项的“添加打印机”窗口，如图 9-6 所示。

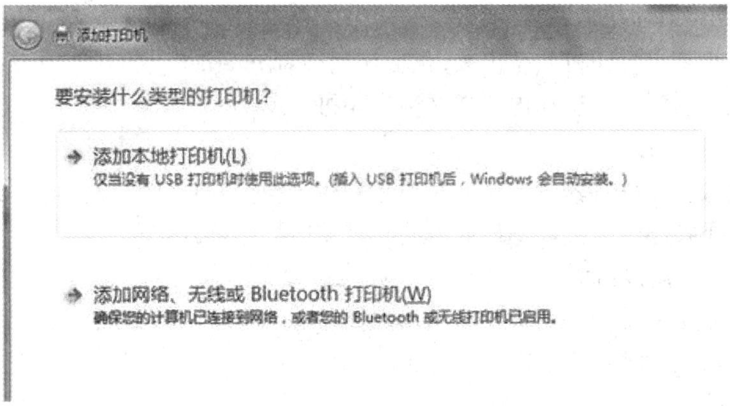

图 9-6　添加打印机

(5) 点击添加本地打印机，选择你打印机的端口类型，一般说明书上有，如图 9-7 所示。

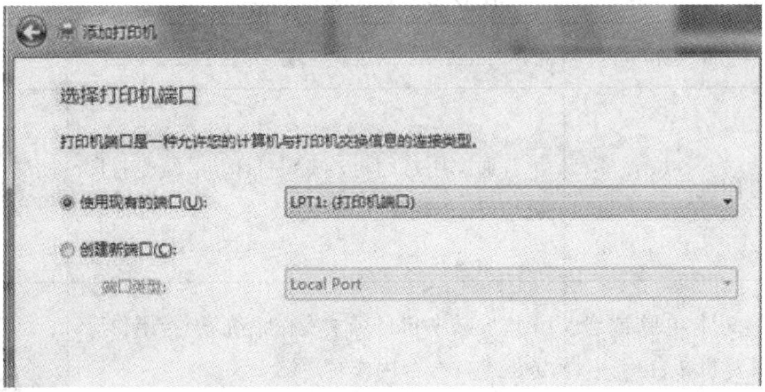

图 9-7　添加设置

(6) 在选项列表内选择打印机的品牌和型号，如果你有光盘的话就用随机附送的光盘直接安装打印机的驱动系统，如果没有的话，那就到该品牌的官方网站下载这个型号的打印机驱动系统，按照它的提示一步一步安装即可，如图 9-8 所示。

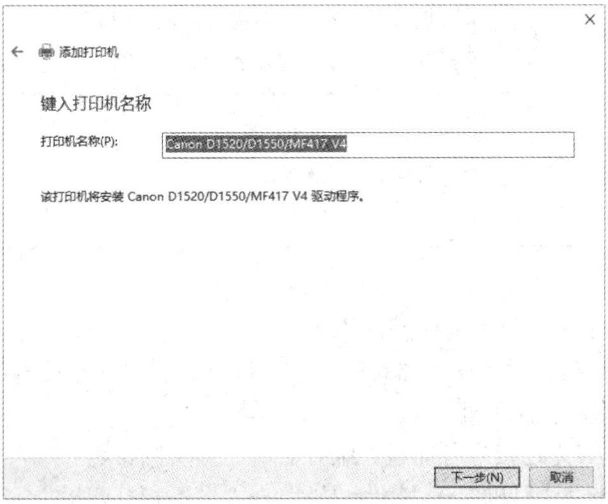

图 9-8　选择打印机类型

3. 认识网络打印机，实现网络共享

网络打印机是将打印机共享出来，供局域网或者 Internet 上的其他用户远程使用的打印机，分为外置式网络打印机和内置式网络打印机。

1) 外置式网络打印机

打印机接入打印服务器然后被共享出来，供其他用户使用，通常用于局域网的共享，简单方便，但是打印速度慢，是最通常的共享使用打印机方式。

2) 内置式网络打印机

打印机本身带一个网卡，直接将网络线连接到打印机的网卡即可实现网络打印，一般高速网络打印机以这种方式实现网络打印，但打印机价格较高。

3) 操作前准备

本任务采用外置式网络打印机方式进行，需要的设备清单如表 9-2 所示。

表 9-2 设备清单

序号	名 称	说 明	图 示
1	打印机	普通家用打印机，喷墨打印机，激光打印机均可	
2	笔记本电脑或台式计算机 2 台	均安装 Windows 7 操作系统，一台用作服务器端，一台用作客户端	
3	交换机或家用无线路由器 1 台	普通交换机或者家用无线路由器，用于连接设备	
4	网线 2 根	若为无线路由器，只需要 1 根网线连接打印机与服务器端；若为交换机，则需要用 2 根网线，分别连接服务器和客户端	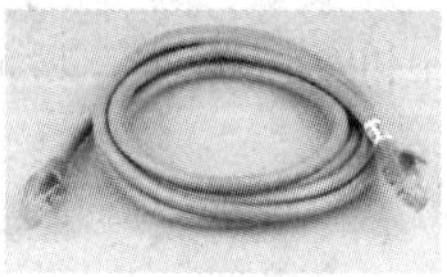
其他	打印机纸若干	常见的 A4 纸张	

4) 操作步骤

任务需要 5 步完成，分别是连接设备并共享打印机，启用服务器端 Guest 账号，设置服务器端本地安全策略，设置服务器端网络共享选项，客户端连接打印机。

(1) 连接设备并共享打印机。

① 连接设备。首先连接好打印机、服务器端、交换机和客户端，将打印机正确连接到服务器端，依次单击“计算机”→“控制面板”→“设备和打印机”，选择已装好的打印机，如图 9-9 所示。

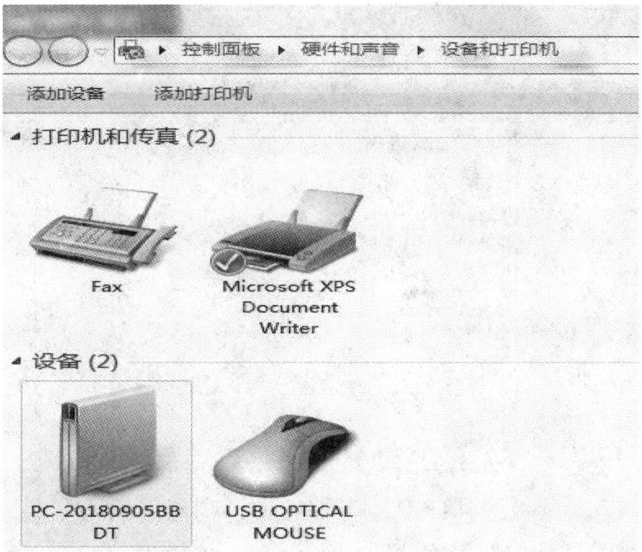

图 9-9　选择打印机

② 选择打印机。鼠标右键点击“打印机属性”→“共享”按钮，选择“共享这台打印机”选项，然后点击“确定”按钮，如图 9-10 所示。

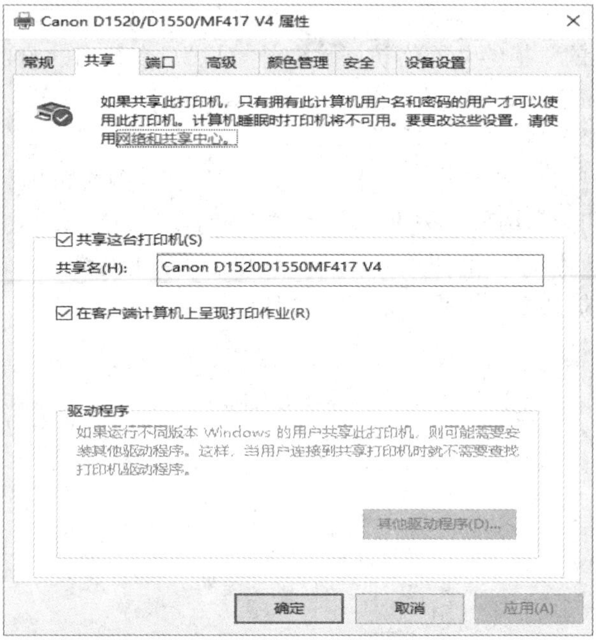

图 9-10　设置打印机共享

(2) 启用服务器端 Guest 账号。

① 打开“计算机管理”程序。在账号中输入“计算机管理”，单击“打开”按钮。

② 在打开的窗口单击“本地用户和组”→“用户”按钮，在右边打开的列表中双击“Guest”选项，在弹出的菜单中将“账户已禁用”前的勾去掉，单击“确定”按钮，效果如图 9-11 所示。

图 9-11　启用 Guest 来宾账号

(3) 设置服务器端本地安全策略。

① 打开本地组策略编辑器。在开始菜单输入“gpedit.msc”打开本地组策略编辑器。

② 允许 Guest 账号从网络访问计算机。依次单击 “计算机配置”→“Windows 设置”→“本地策略”→“用户权限分配”，双击右边列表中的“从网络访问此计算机”→“添加用户或组”→“高级”→“立即查找”→“Guest”，最后确定添加 Guest 成功。

③ 双击列表中的“拒绝从网络访问这台计算机”，在弹出的窗口中选择“Guest”并删除。

(4) 设置服务器端网络共享选项。

① 在服务器托盘的网络连接图表上右击，选择“打开网络和共享中心”选项，单击下方的“选择家庭组和共享选项”按钮，然后在打开的窗口中选择“更改高级共享设置”选项，在弹出的网络配置文件更改共享选项中依次单击“启用网路发现”“启用文件和打印机共享”“关闭密码保护共享”按钮，如图 9-12 所示。

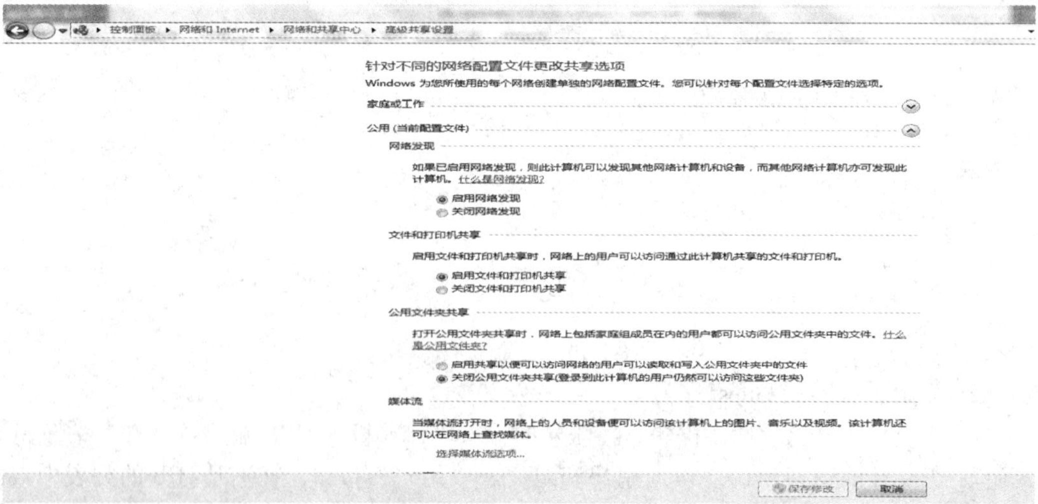

图 9-12　设置服务器端网络共享

(5) 客户端打印机的连接。

① 在客户端计算机上依次单击“设备和打印机”→“添加打印机”→“添加网络、线或 Bluetooth 打印机”，如图 9-13 所示。

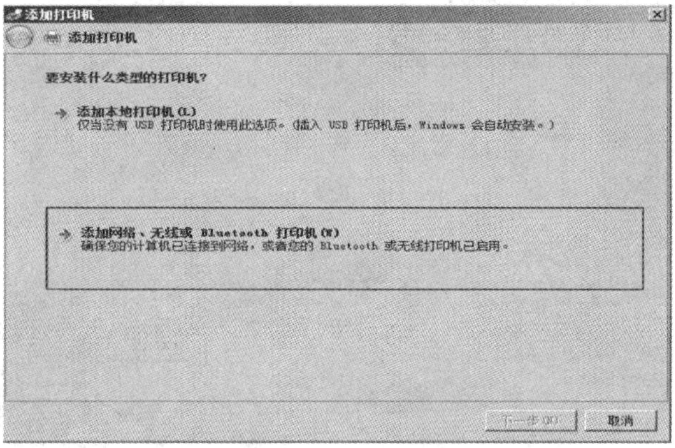

图 9-13　设置客户端打印机

② 在弹出的窗口中依次单击“我需要的打印机不在列表中”，如图 9-14 所示。

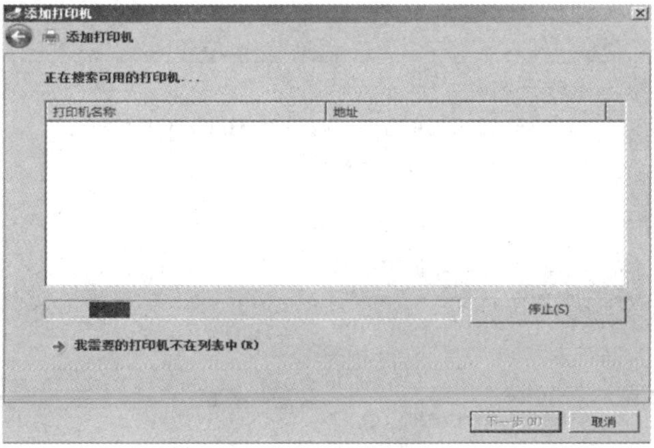

图 9-14　选中打印机类型

③ 选择“使用 TCP/IP 地址或主机名添加打印机”选项，如图 9-15 所示。

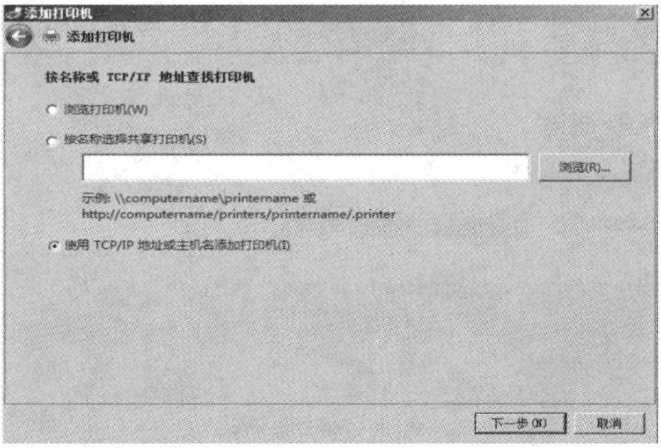

图 9-15　勾选“使用 TCP/IP 地址或主机名添加打印机”

④ 随后会安装打印机驱动，点击“从磁盘安装”，找到驱动所在位置，如图 9-16 所示。

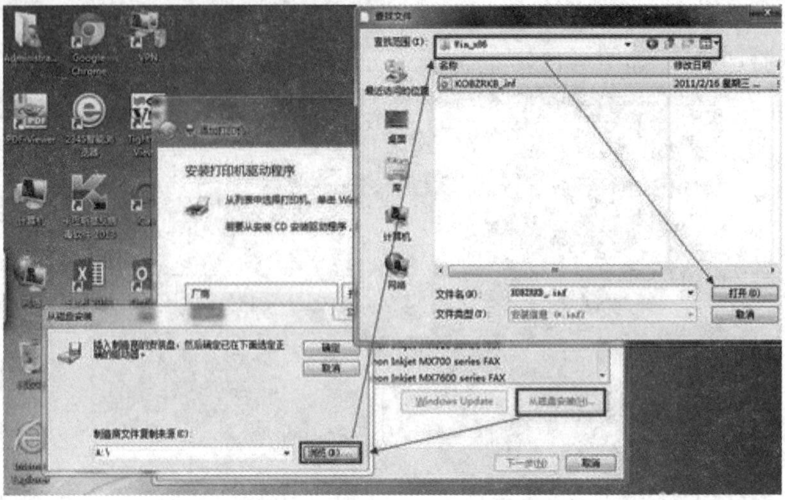

图 9-16　选择打印机驱动程序

⑤ 确定驱动无误点击“下一步”按钮，如图 9-17 所示。

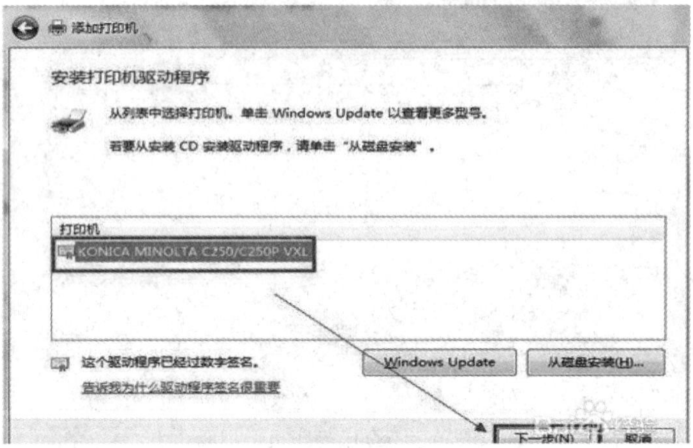

图 9-17　单击“下一步”按钮

⑥ 打印机的名称可以改也可以不改，单击“下一步”按钮，如图 9-18 所示。

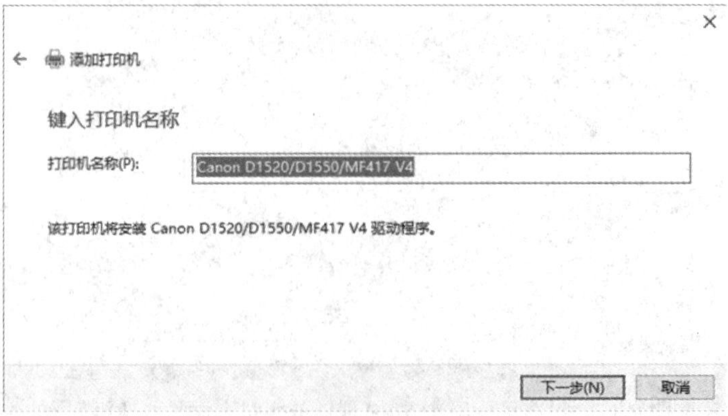

图 9-18　添加打印机

⑦ 安装好打印机驱动以后会提示是否共享该打印机，建议不共享，因为这本来就是网络打印机。

网络打印机驱动安装完成以后，会提示是否要把该打印机设定为“默认的打印机”，根据需要，如果要就勾选。驱动安装成功以后，可以点击“打印测试页”按钮进行测试，如果可以正常打印并无乱码，说明驱动是正常的，如图 9-19 所示。

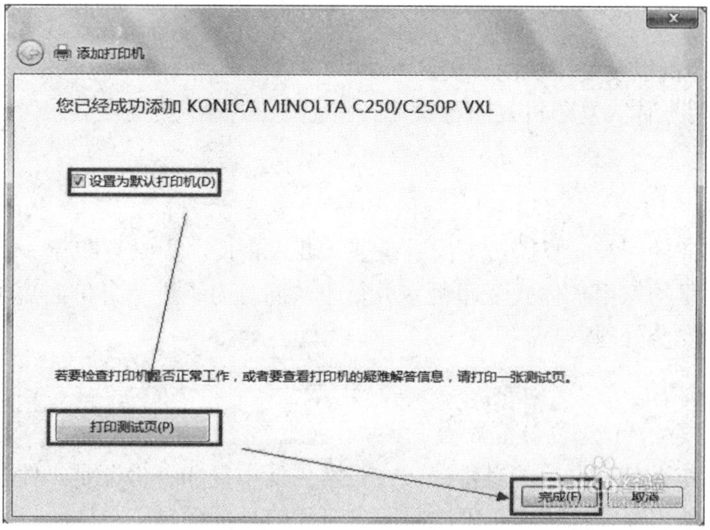

图 9-19　打印测试

知识拓展

打印机的日常使用和维护要点：

(1) 打印机工作的正常温度范围是 10～35℃，正常湿度范围是 30%～80%，工作环境应保持干净，远离电磁场振源和噪声。

(2) 尽可能地减少灰尘。常用在稀释的中性洗涤剂中浸泡过的软布擦拭打印机机壳，以保证机壳良好的清洁度，定期清除机内的纸屑、灰尘等污物。

(3) 打印机上面勿放其他物品，尤其是金属物品和液体物品，如大头针、回行针、水杯、饮料等，以免掉入打印机内，造成机内部件损坏。

(4) 正确的开机顺序是先开计算机，再开打印机等其他外部设备；关机顺序应当先关打印机，再关计算机。每次开机、关机再开机之间要有 20s 以上的时间间隔，每次结束工作时要挨个关掉设备电源，最后关总开关。

(5) 打印机卡纸时，不要强行拽拉纸张，应该先关闭打印机电源，将机盖打开，慢慢将被卡的纸夹出来，一些碎屑也要用镊子清理出来。

✦✦✦✦ 习　题 ✦✦✦✦

1. 观看打印机的工作过程，并记录下其型号、类型及与计算机的连接方式。
2. 配置网络打印机，并与同学互相测试是否可以正常使用。

任务2 复印身份证

任务目标

(1) 认识复印机以及复印机的分类。

(2) 学会使用一体式复印机复印身份证。

任务导入

公司要处理证件，需要复印员工的身份证，要求正反面同时复印在一张 A4 纸上，明明准备用办公室里的家用一体式复印机完成复印，同时为了避免身份证复印件被用于其他用途，还进行了安全处理。

任务描述

我们每个成年人都有自己的身份证，在日常生活中复印身份证是一件非常常见的事。本任务可使我们能用复印机快速正确地复印出自己的身份证。

知识链接

1. 复印机

通常所说的复印机是指从书写、绘制或印刷的原稿得到等倍、放大或缩小的复印品的设备。广义上的复印机是指拥有复印功能的设备，包括复印机、打印机传真一体机、电话传真机等。后两种复印机功能比较简单，通常只能等倍复印。复印机操作简单、速度快，相比传统的铅字印刷、蜡纸油印、胶印等，复印机无需制版，就能直接从原稿获得复印品，非常方便。一体式复印机除了复印功能外，还有打印、扫描、网络共享等多种功能。

按用途划分，复印机可以划分为家用一体式复印机、办公数码复印机、便携式复印机和工程图纸复印机。它们的具体特点如表 9-3 所示。

表 9-3 不同类型的复印机

序号	类 型	使用环境	特 点	图 示
1	家用一体式复印机	家庭和小型办公环境	价格比较低廉，体积小，方便家庭或小型办公需要，通常具有复印、打印、扫描功能	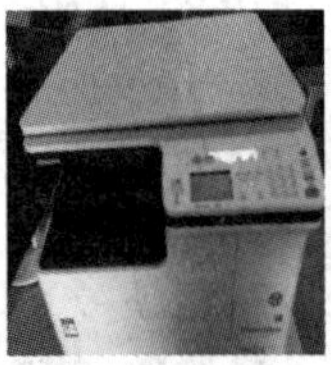

续表

序号	类　型	使用环境	特　点	图　示
2	办公数码复印机	办公和多需求办公	扫描仪和一台激光打印机的组合体，能满足不同需求的工作	
3	便携式复印机	外出办公等一些机动性较强的工作	小巧、重量较轻、方便携带、节省空间	
4	工程图纸复印机	机械、建筑等大型公司与一些专业文印店	建筑设计机械设计、船舶设计、勘测设计等需要 CAD 输出到纸张	

2. 认识家用一体式复印机

家用一体式复印机指打印、复印、扫描、传真等多种功能为一体的产品，能满使用率不高的家庭和普通的办公需求。

通常按照有无传真功能可以将家用一体式复印机分为两种，一种是带有打印、复印、扫描 3 种功能的设备，另一种是带有打印、复印、扫描、传真 4 种功能的设备。家用一体式复印机主要由稿台盖板、操作面板、进纸盒等几部分组成，如图 9-20 所示。

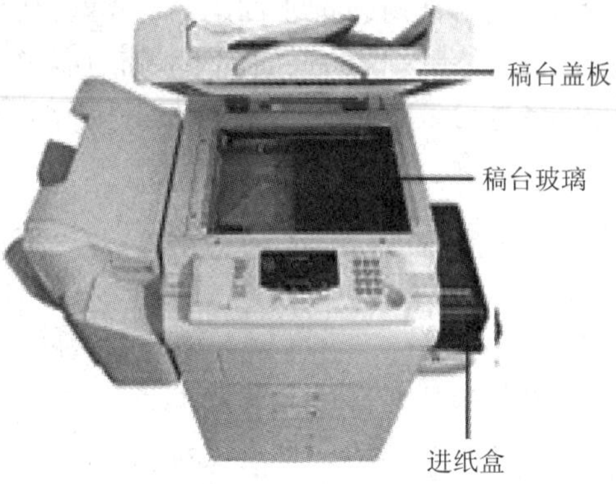

图 9-20　复印机

家用一体式复印机通过自带的 USB 口连至计算机即可进行打印，当需要进行复印或扫描时，将需要复印或扫描的文件放到稿台盖板下面，盖上盖板即可进行复印或扫描的操作。家用一体机一般集成了打印、复印、扫描功能，而且价格便宜，很适合普通家庭用户和小型办公。

3. 操作前准备

本任务需要的设备清单如表 9-4 所示。

表9-4 设备清单

序号	名称	说明	图示
1	身份证原件	第二代身份证	
2	家用一体式复印机	普通带复印功能的家用一体式复印机，只有手动二合一复印功能	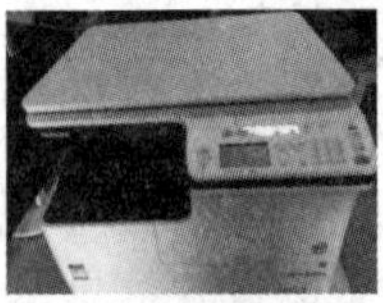
3	A4 打印纸	A4 纸指规格为 210 mm×297 mm 的专用纸张	

4．操作步骤

任务需要 3 步完成，分别是连接设备、复印身份证正面、复印身份证反面。

(1) 连接设备。开启家用一体式复印机电源，确保指示灯正常，设备处于工作状态。

(2) 复印身份证正面。身份证带头像的正面朝下放在家用一体式复印机稿台玻璃上的复印区域靠左位置，然后盖上稿台盖板，随后按下控制面板上的“复印”按钮，复印身份证的正面。

(3) 复印身份证反面。将刚复印好的身份证正面的 A4 纸重新放入纸盒中，摆放时注意复印好的那一面朝上，并将身份证不带头像的反面朝下，放到家用一体式复印机稿台玻璃上的复印区域靠右位置。我们将身份证摆放好之后，盖上稿台盖板，按下控制面板上的“复印”按钮，复印出身份证的正反两面。

习 题

1. 分小组实训，分享各小组收集的复印机品牌及类型。
2. 尝试复印自己的身份证，并帮自己的父母也复印几张。

任务3 扫描仪扫描文档

任务目标

(1) 认识扫描仪以及扫描仪的分类。

(2) 掌握扫描仪扫描文档的方法。

任务导入

文档扫描仪是由良田科技自主研发、生产的一种便携、低碳、环保的高速文档扫描设备，它主要是用来对文档进行扫描，1 秒钟就能将我们的纸质文档实现即时的录入，可以将扫描的图片通过 OCR 文字识别功能快速转换成可编辑的文档，从而大大提高办公效率。

任务描述

扫描仪已经成了我们日常办公和生活的必备产品，多了解一些扫描仪的使用和保养常识，有利于提高我们的工作效率。本任务学习扫描仪的分类以及快速地通过扫描仪扫描文档的方法。

知识链接

1. 认识扫描仪

扫描仪是利用光电技术和数字处理技术，以扫描方式捕获图像并将其转换为计算机可以显示、编辑、存储和输出的数字化输入设备。普通扫描仪可以扫描照片、文本页面、图样、美术图画、胶卷、菲林软片等。有些高档扫描仪还可以扫描纺织品、标牌面板、印制板样品等三维对象。

1) 扫描仪的分类

扫描仪种类众多，根据扫描仪介质和用途主要可以分为平板式扫描仪、笔试扫描仪、便携式扫描仪、滚筒式扫描仪、3D 扫描仪等，如表 9-5 所示。

表 9-5　扫　描　仪

序号	种　类	简　述	图　示
1	平板式扫描仪	又称为平台式扫描仪、台式扫描仪，是最早的扫描仪产品，诞生于 1984 年，是目前办公用扫描仪的主流产品	
2	笔式扫描仪	又称为扫描笔，使用时将扫描笔的光头对准文字一行一行地扫描，主要用于文字识别	
3	便携式扫描仪	方便携带，无须预热，开机即可扫描	

续表

序号	种　类	简　述	图　示
4	滚筒式扫描仪	又叫电子分色机，简称“电分”，是目前最精密的扫描仪器，价格昂贵，是高精密彩色印刷的最佳选择	
5	3D 扫描仪	能对物体进行高速、高精度测量，输出三维点云供进一步处理	

2) 平板式扫描仪的结构

平板式扫描仪是目前办公用扫描仪的主流产品，主要由稿台盖板、稿台玻璃、操作面板等几部分组成，如图 9-21 所示。

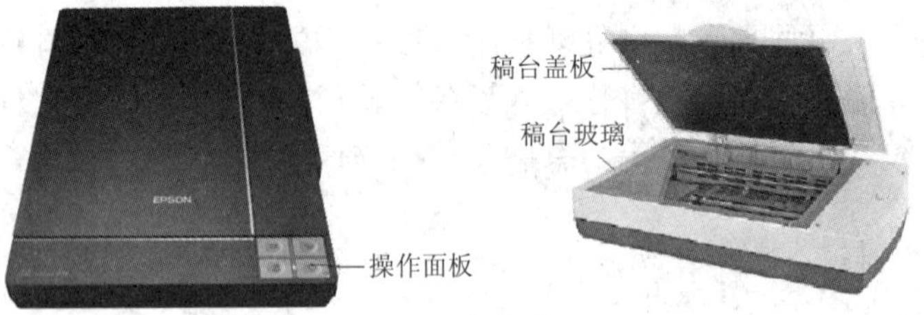

图 9-21　平板扫描仪

2．认识万能扫描软件 VueScan

通常扫描仪会自带驱动程序和扫描软件，但有些老式扫描仪在 Windows7、Windows8 系统下通常无法使用扫描功能。这时可以使用第三方扫描软件代替，而 VueScan 就是其中的经典软件，支持全中文操作界面，如图 9-22 所示。

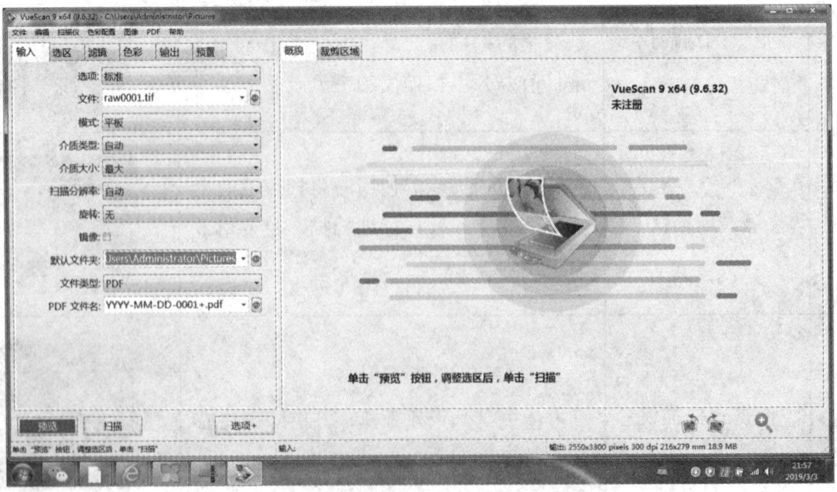

图 9-22　VueScan 主界面

3. 操作前准备

根据任务说明的要求，所需设备如表 9-6 所示。

表 9-6　设 备 清 单

序号	名　称	说　明	图　示
1	扫描仪	普通的扫描仪或者带扫描功能的打印机	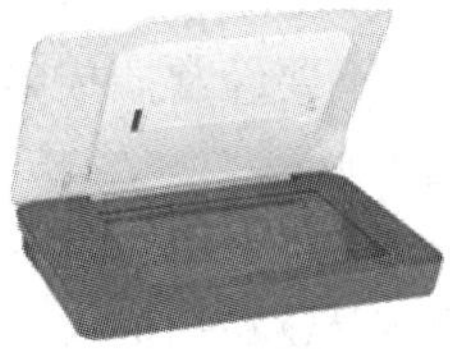
2	台式计算机	台式计算机或者笔记本电脑均可	
3	文档	需要扫描的文档	

4. 操作步骤

(1) 打开扫描仪，放入待扫描的文件，需要扫描内容的一面朝下，然后盖上扫描仪的盖子，如图 9-23 所示。

图 9-23　扫描仪

(2) 打开扫描功能，新建扫描项目，点击左上导航新扫描，新建一个扫描文件。

(3) 开始扫描，点击“扫描”按钮开始进入扫描环节，正常一份文件 30 秒左右即可完成。

(4) 完成扫描，扫描完成后即可查看扫描后的文件内容，这个时候你还需要将扫描文件下载或者导出。导出扫描文件，右击扫描文件选择“另存为图片”选项，找到自己需要存储的位置保存文件即可。

知识拓展

1．扫描仪日常保养和维护

(1) 不要随意插拔数据传输线。随意插拔接口的数据传输线，有可能损坏扫描仪或计算机的接口。

(2) 不要经常插拔电源线与扫描仪的接头。这样有可能会造成连接处的接触不良，导致电路不通。

(3) 不要中途切断电源。等到扫描仪的镜组完全归位后，再切断电源。

(4) 不要在扫描仪上面放置物品。长时间将物品放在扫描仪上，盖板稿台将会因中空受压导致变形无法使用。

(5) 机械部分保养。扫描仪长期使用后，要拆开盖板，用浸有缝纫机油的棉布擦拭镜组两条轨道上的油垢，擦镜后，再将适量的缝纫机油滴在转动齿轮组及皮带两端的轴承上面。

2．扫描仪常见故障处理

(1) 指示灯不亮。确保扫描仪电源线连接正常。

(2) 不能扫描。重新安装驱动程序或将扫描仪连接线重新插拔。

(3) 文件边缘扫描不到。文件平放在稿台玻璃上，不能发生偏移。

(4) 图像全黑。进行屏幕校准。

习　题

1．根据提供的文件，练习扫描仪的用法。

2．进行身份证的扫描，并保证扫描的效果得到用户的认可。

任务 4　刻录音乐光盘

任务目标

(1) 了解刻录机以及光盘。

(2) 学会使用刻录机刻录光盘。

任务导入

计算机上的文件存放在硬盘里，硬盘一旦出现故障，会导致数据的丢失，各种免费版的恢复软件只能恢复一部分，一些专业数据恢复公司可以恢复更多的数据，但这样费时费力，而且费用高昂，不定期备份数据，可以避免这些问题。刻录光盘是常用的一种数据备份手段，光盘刻录需要刻录机。

任务描述

随着多媒体教学时代的到来，教师电脑里逐渐积累了很多的教案设计、教学案例、导学案、课件等教学资源。为了方便备份往往要把文件刻录到光盘中，可直接带光盘授课。本任务学习如何刻录光盘。

知识链接

1. 认识刻录机

广义上的刻录机是指专业刻录 CD 或 DVD 的设备，本次使用的刻录机主要是指在计算机中使用并能刻录和读取 CD、DVD 的光盘驱动器，也叫刻录光驱。刻录机广泛装配于台式计算机和笔记本电脑上，如图 9-24 所示。

(a) 台式计算机刻录机　　(b) 笔记本电脑刻录机

图 9-24　刻录机

2. 认识光盘

光盘是以光信息为存储载体，用来存储数据的一种物品。光盘通常分为 2 种，一种是不可擦写光盘，如 CD-ROM、DVD-ROM；另外是一种可擦写光盘，如 CD-RW、DVD-RAM。

CD 光盘的容量一般在 700 MB 左右，而 DVD 光盘的容量能达到 4.7 GB 左右。在刻录时需要根据实际文件大小选择最适合的光盘类型。

3. 刻录软件

有了刻录机和光盘后，还需要刻录软件才能进行刻录，现在可供使用的刻录软件有很多，比如 Nero、Ultra ISO 等，其中影响最大的专用刻录软件是 Nero，它集成了众多功能，安装使用都比较复杂。办公室工作力求简化，在本项目中使用一款免费、轻便的国产刻录软件—光盘刻录大师。

4. 操作前准备

根据任务说明的要求，需要的设备清单如表 9-7 所示。

表 9-7　设 备 清 单

序号	名　称	图　示	说　明
1	刻录机		台式计算机自带刻录光驱，支持 DVD-PW

续表

序号	名 称	图 示	说 明
2	光盘		财务文档一般较小，故选用容量较小的 CD-RW
3	刻录软件		光盘刻录大师，简洁美观、页面友好、支持格式多，兼容各种系统，全中文界面
4	油性笔		在刻录好的光盘上做标记

5．操作步骤

任务需要 4 步完成，分别是安装刻录软件、放入光盘、刻录光盘、标记光盘。

(1) 安装刻录软件。下载“光盘刻录大师”软件，并按软件的安装提示一步一步完成安装。

(2) 放入光盘。准备完毕后我们将光盘放入到电脑的光驱中，然后启动光盘刻录大师，在光盘刻录大师的“刻录工具”界面打开“刻录音乐光盘”功能，如图 9-25 所示。

图 9-25　光盘刻录大师

(3) 刻录光盘。

① 在“刻录音乐光盘”界面点击“添加”按钮将想要刻录的音乐全部添加进来，“音乐光盘类型”根据你自身情况选择。设置完毕后点击“下一步”按钮，如图9-26所示。

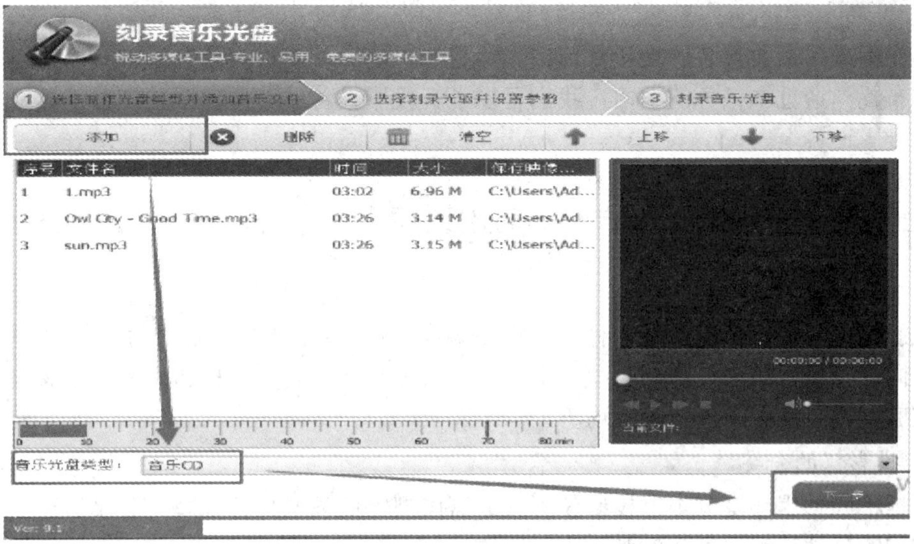

图9-26　选择刻录类型

② 接着在“选择刻录光驱并设置参数”界面选择好刻录设备，勾选上“刻录前自动调整音量”选项，设置好“保存映像路径”的内容，最后点击“开始刻录”按钮就可以了。

(4) 标记光盘。光盘刻录好后，需要用油性笔在光盘上做标记，以免混淆，通常按照“日期+内容”的方式进行命名。

通过上面4步，完成了光盘的刻录备份。

习　题

1. 每人刻录一盘音乐CD，并送给自己的父母作为礼物。
2. 收集一下本班每位同学最喜欢的一首歌，然后刻录成一张音乐光盘。

任务5　会议室布置

任务目标

(1) 认识投影仪以及投影仪的分类。

(2) 学会投影设备连接的方法，以及掌握笔记本电脑切换到投影设备的方法。

任务导入

投影设备是现代会议室的标准配置，使用连接线将计算机连接到投影设备上，然后将计算机上的内容展示在投影屏幕上，方便会议人员集体观看。投影设备通常指投影仪，随着大屏幕平板电视技术越来越成熟，一些会议室也采用大屏幕平板电视作为投影设备。

任务描述

本任务采用桌面安装的投影仪连接到笔记本电脑上，然后投影到投影屏幕的方式进行会议室布置。通过本任务的学习，我们可以了解投影设备的连接方法并学会将笔记本电脑切换到投影设备上。

知识链接

1. 认识投影仪

投影仪，又称投影机，是一种可以将图像或视频投射到幕布上的设备，可以通过不同的接口同计算机、VCD、DVD、游戏机、DV 等相连接并将屏幕投影出来。投影仪广泛应用于家庭、办公室、学校和娱乐场所。

1) 投影仪的分类

根据不同使用环境分类，投影仪可分为家用型、商务型、教育型、会议型和专业型 5 种，它们的具体特点如表 9-8 所示。

表 9-8　不同类型的投影仪

序号	类　型	使用环境	特　点	图　示
1	家用型	家庭环境	1500 lm 左右，适合视频播放	
2	商务型	办公和移动办公	2000 lm 以上，体积小，方便携带	
3	教育型	学校和企业	2000 lm 以上，质量适中，散热和防尘较好，性价比高，通常采用吊装方式	
4	会议型	中小会议室	2000～4500 lm，较重，满足 72～150 in 的投影屏幕需求	
5	专业型	大型会场，报告厅展览馆等	4500 lm，较重，多灯泡，满足 180 in 以上投影屏幕需求	

2) 投影仪机身结构

投影仪结构类似，下面用 BENQ 的投影仪进行说明，投影仪正面如图 9-27 所示。遥控器需要对准红外传感器才能控制投影仪，如果控制器不能使用，可直接操作机身控制按钮。当投影仪不使用时，一定要将防尘盖扣上，可以防尘和增加使用寿命。不定时清洁通风口的灰尘，可以防止投影仪过热和增加使用寿命。

图 9-27　投影仪

投影仪背面主要接口如图 9-28 所示。背面的接口通过不同的线缆连接不同的设备，通常有音频/视频接口、VGA 接口、HDMI 接口、USB 接口等，当连接电视机时常用音频/视频接口，连接计算机时常用 VGA 接口或者 HDMI 接口，如果没有对应的接口，可以用转接头进行切换。

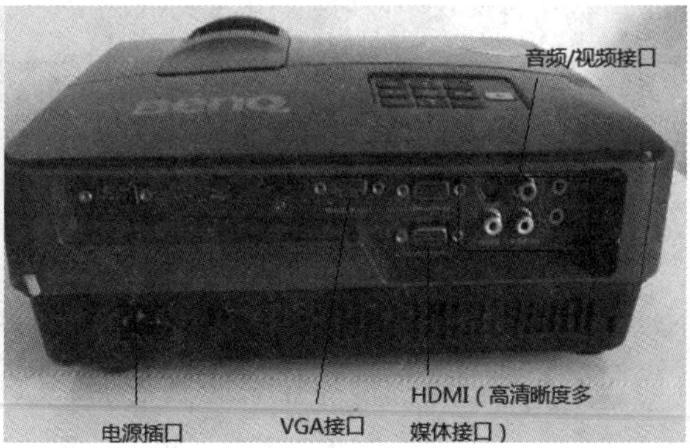

图 9-28　投影仪接口

3) 投影仪的安装方式

投影仪的投影方式有正投安装、吊装安装和背投安装 3 种方式。任何一种投影仪都可以根据安装要求调整投射方式，对应的在投影菜单中可以选择正投、吊装、背投选项，正投采用普通的投影屏幕，有时可以直接投射在颜色单一的墙壁上，而背投是专业的背投屏幕，投影仪安装方式，如图 9-29 所示。

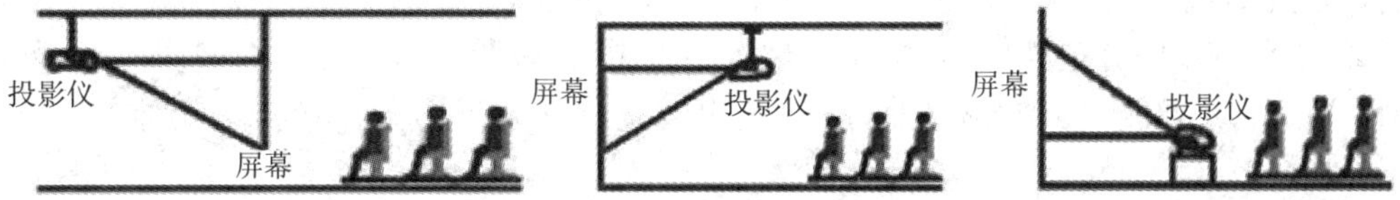

(a) 背投安装　(b) 吊顶安装　(c) 正投安装

图 9-29　安装方式

2. 操作前的准备

根据任务说明的要求，需要的设备清单如表 9-9 所示。

表 9-9 设 备 清 单

序号	名 称	图 示	说 明
1	投影仪		普通的投影仪，带 VGA 接口
2	笔记本电脑		带 VGA 接口的笔记本电脑，也可以用 GGA 接口的台式机代替
3	VGA 连接线		两头均为 VGA 接口的线
4	投影屏幕		电动、手动的屏幕均可以，实在无条件可以用白色墙壁代替

3. 操作步骤

任务需要 4 步完成，分别是连接投影仪、启动投影仪、笔记本电脑投影到屏幕和设置投影仪。

(1) 连接投影仪。将投影屏幕、投影仪、笔记本电脑摆放在适合的位置进行连接。将 VGA 线的一端插入到投影仪的 VGA 口，拧紧螺母；将 VGA 线的另外一端插入笔记本电脑的 VGA 口，拧紧螺母。

(2) 启动投影仪：

① 将电源线接入投影仪的电源口，打开电源开关，投影仪的电源指示灯有一个亮起。

② 取下投影仪防尘盖，使用遥控器的电源开关开启投影仪，此时投影仪的指示灯会不断闪烁，随后亮绿灯。启动之后投影仪会自动寻找输入信息，此时笔记本电脑还未开机，屏幕上会显示“无信号”。

(3) 笔记本电脑投影到屏幕：

① 打开笔记本电脑电源，如果笔记本电脑有自动识别投影仪的功能，笔记本电脑的屏幕会自动投影到投影屏幕上。

② 笔记本电脑完全开启后，如果投影仪还是无信息，按下 win+p 组合键切换到“复制”选项，随后将屏幕复制到投影仪上，如图 9-30 所示。

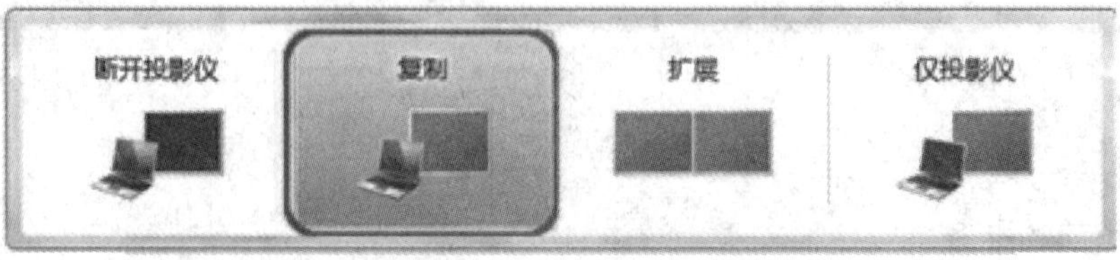

图 9-30 复制投影仪

(4) 设置投影仪。笔记本电脑屏幕投影成功后，为了让投影效果更好，还需要根据实际情况进行简单设置。

① 调整投影仪高低。调整投影仪的支脚在投影仪的下方，根据投影位置的要求适当调整各个支脚的高低。

② 自动调整图像质量。按投影仪或者遥控器上的“AUTO”按键，可以自动调整图像质量。

③ 手动调整图像清晰度和大小。使用投影仪上的聚焦环可以对图像整体大小进行微调。

知识拓展

1. 投影仪的日常维护

(1) 清洁灰尘。防尘问题是投影仪维护的首要问题。投影仪不使用的时候盖上防尘盖；镜头脏了不能直接触碰，可以用吹气球和镜头纸进行清洁；空气滤芯很容易进灰尘，会引起投影仪过热而受损，可用真空吸尘器不定期进行清洁。

(2) 安全使用。不能将投影仪置于不稳的车子、架子或桌子上，否则容易造成跌落损坏；不能在投影仪附近摆放液体，一旦液体溅入投影仪内可能导致仪器无法正常工作，若投影仪已被溅湿，应迅速断掉投影仪电源线，然后请专业技术人员维修；不得带电插拔电源线；避免投影仪镜头直对太阳，否则会让内部光学系统受损。

(3) 延长灯泡寿命。投影仪灯泡成本高，维护灯泡可以有效延长灯泡寿命，降低使用成本。尽量减少开关机次数，连续使用不应超过 4h，冷却 45min 后方可使用；在投影仪开启情况下严禁震动、搬移投影仪，以防灯泡炸裂。

2. 投影仪常见故障处理

投影仪在使用中难免会遇到各种问题，如表 9-10 所示列举了一些常见问题以及解决办法。

表 9-10 常见问题

序号	现象	原因	解决办法
1	打不开	电源未接好	确认电源线已接好，并且已经通电
		断电后立刻开启	投影仪在冷却状态，等待冷却结束再开启
		遥控器没电	更换遥控器电池，或按投影仪上的开关
2	自动关机	触碰电源断电	重新连接电源
		过热关机保护	等投影仪冷却完成
3	不显示图像	连接线未接好	检查连接线
		未正确设置信号源	按 Source 键，直到选择正确输入源
		镜头盖关闭	打开镜头盖
		计算机未输出信号	设置计算机的屏幕复制功能
4	图像模糊	未准确对焦	使用聚焦环聚焦
		镜头灰尘过多	清洁镜头灰尘
5	图像偏色	连接线未插好	重新插拔连接线
		内部偏振片损坏	找专业人士维修
6	图像变形失真	投影仪与投影位置未摆正	调整投影支脚，或调整投影屏幕高度
7	图像显示不全	分辨率不协调	重新设置计算机分辨率

✧✧✧✧ 习　题 ✧✧✧✧

1. 分组对班级的投影仪进行一次维护，清洁灰尘。

2. 班级要举行一个 PPT 制作比赛，每个小组自己想一个主题，在电脑上制作 PPT，然后尝试着把自己的笔记本电脑连接到投影仪上，评比出两组较好的小组作品。

项目十

云 盘

项目目标

(1) 了解云盘的相关知识。
(2) 掌握百度网盘的安装和使用方法。
(3) 了解腾讯微云的安装和使用方法。

项目导入

随着信息技术的发展，网络已经成为人们生活必不可少的部分，人们对数据存储的要求也越来越高，存储工具既要方便携带，又要存储容量大，从而促使了云服务的发展。云盘是一种专业的互联网存储工具，是互联网云技术的产物，它通过互联网为企业和个人提供信息的储存、读取、下载等服务，具有安全稳定、海量存储的特点。

项目描述

本项目通过 2 个任务和 1 个实训介绍云服务的相关知识，在此基础上，以优秀实用的云盘为例来说明如何注册和使用，以及如何分享文件。

任务1 百度网盘

任务目标

(1) 了解百度网盘的相关知识。
(2) 掌握百度网盘的注册和使用方法。

任务导入

百度网盘(原百度云)是百度推出的一项云存储服务，首次注册即有机会获得 2T 的空间，已覆盖主流 PC 和手机操作系统，用户可以轻松将自己的文件上传到网盘上，并可跨终端随时随地查看和分享文件。

任务描述

百度网盘个人版是百度面向个人用户的网盘存储服务，满足用户工作生活各类需求，已上线的产品包括网盘、个人主页、群组功能、通讯录、相册、人脸识别、文章、记事本、短信、手机找回功能。本任务可使我们学会使用百度网盘。

知识链接

1. 百度网盘的注册

百度网盘的注册步骤如下：

(1) 在浏览器中输入网址：https：//pan.baidu.com ，打开百度网盘登录界面，如图 10-1 所示。

图 10-1　百度网盘

如果以前没有百度的账号，可以点击“立即注册”按钮，或者通过手机号、QQ、微信、微博的账号注册，以 QQ 为例，如图 10-2 所示。

图 10-2　网盘登录

(2) 根据提示输入手机号，进行验证，验证成功后，设置用户名和密码，如图 10-3 所示。

图 10-3　登录成功

(3) 输入好后点击“确定”按钮，就可以使用了，如图 10-4 所示。初次注册百度网盘提供的存储容量为 5 GB。这个账号在百度的其他产品中也都通用(如百度百科、百度文库等)。

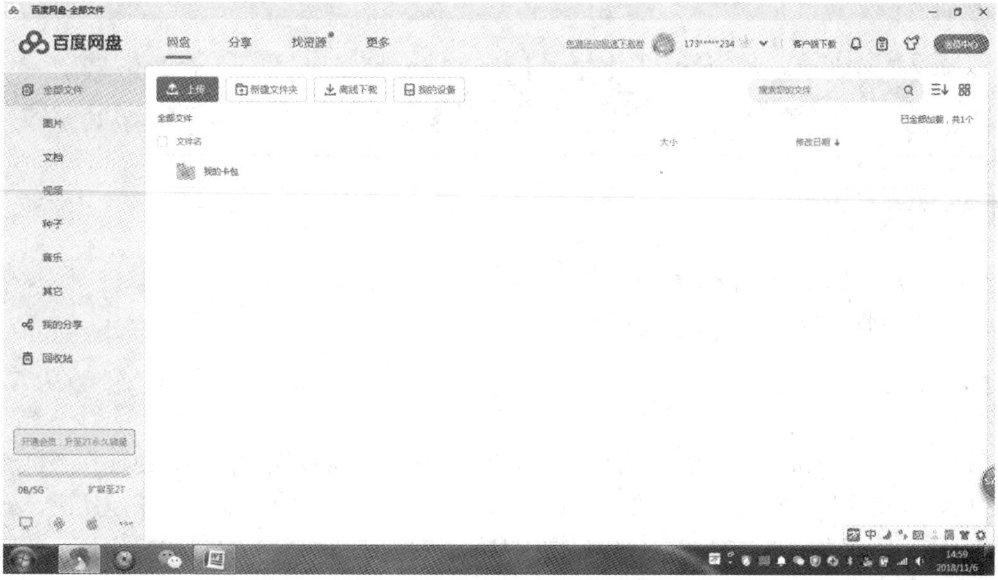

图 10-4　百度网盘

(4) 在手机客户端下载“百度网盘”APP 并安装，在手机桌面上打开百度网盘，如图 10-5 所示。

(5) 登录百度网盘后，会发现移动端和 PC 端百度网盘的文件是同步的，如图 10-5 所示，点击更多，可以设置手机资料备份，如图 10-6 所示。

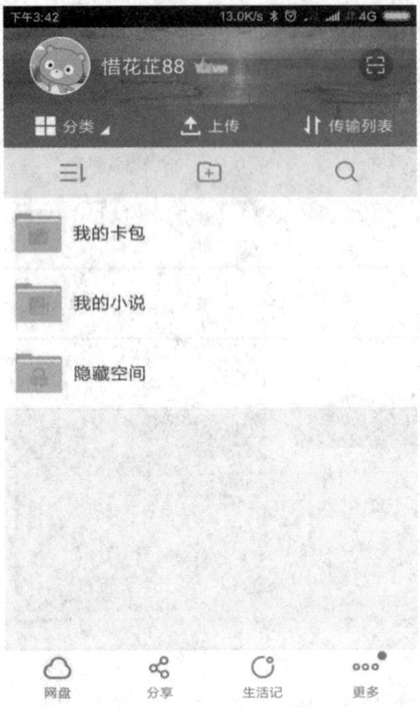

图 10-5　账户信息

图 10-6　手机资料备份

任务 2　腾讯微云

任务目标

(1) 了解腾讯微云的相关知识。

(2) 掌握腾讯微云的注册和使用方法。

任务导入

微云是腾讯公司为用户精心打造的一项智能云服务，可以通过微云方便地在手机和电脑之间，同步文件、推送照片和传输数据。随着网络的发展，微应用将越来越广泛，就像微博一样，用起来简单、方便、快捷，微云是云计算里的像微博一样能简单操作、方便、快捷的一种应用。

任务描述

微云可以是云计算里一个小领域的应用，比如家庭云是指一个家庭里组建起来的一个接入云计算的接入云，可以称作微云。无数的这种微云就组成了一个庞大的云计算。本任务学习腾讯微云的注册和使用方法。

知识链接

1．微云特质及定义

(1) 小范围内的云计算或云计算应用。

(2) 云计算的局部接入云。

(3) 相对小型的云计算项目或合作项目。

(4) 从事云计算的个体或团队。

2．腾讯微云的注册和使用

操作步骤如下：

(1) 在浏览器中输入网址：https：//www.weiyun.com，打开腾讯微云登录界面，如图 10-7 所示。

图 10-7　腾讯微云

(2) 账户通过扫描二维码可以进行登录，或者重新注册。

(3) 登录成功后，进入微云的主界面，如图 10-8 所示。

图 10-8　微云主界面

3．云盘的特点

(1) 信息安全：密码和手机绑定，空间访问信息随时可知。

(2) 超大存储空间：不限单个文件大小，最多支持无限独享存储空间。

(3) 好友共享：通过提取码轻松分享。

4．云端存储

云端存储是一种专业的网络存储工具，可以随时随地安全存放数据和重要资料。

云盘相对于传统的实体磁盘来说，使用更方便，用户不需要把储存重要资料的实体磁盘带在身上，却一样可以通过互联网，轻松从云端读取自己所存储的信息。国内的免费云盘有百度网盘、坚果云、微云、360 云盘、亿方云、燕麦云、天翼云等。

5．360 安全云盘的安装和使用

360 安全云盘是一款为广大实名个人及企业用户提供云存储及文件共享服务的产品，可以安全存储个人数据，实现多端同步、自动备份，并为中小企业、公司团队及家人朋友之间提供文件共享、成员管理等便捷的协同服务。无需 U 盘，360 安全云盘可以让照片，文档、音乐、视频、软件、应用等各种内容，随时随地触手可及。

习　题

动手操作：在网上下载并注册使用 360 安全云盘，如图 10-9 所示。

图 10-9　360 安全云盘

项目十一

计算机安全防护工具

项目目标

(1) 了解计算机病毒的相关知识。
(2) 了解计算机病毒的发展历史及危害。
(3) 掌握常用的计算机病毒防护方法。
(4) 熟练使用防病毒软件。

项目导入

随着人们生活水平的提高，现代通信技术的日益普及，计算机日益成为办公、娱乐不可或缺的一部分。与此同时，计算机病毒也不可避免地存在着，也越来越被众人所“接触”，当然也给我们正常工作与生活带来很多不便。所以，了解计算机可能面临的安全威胁，掌握相关应对方法，遵守相关法律法规与伦理道德显得尤为重要。

计算机病毒一听就知道肯定没有好处，病毒的出现威胁着大家的信息安全，那么，什么是计算机病毒？计算机病毒有哪些特征？我们又该如何防范？

项目描述

计算机病毒给我们的生活、工作及学习等带来诸多不便，待到“感染”之后再去解决，倒不如防患于未然。正所谓“对症下药，方见其效”。通过本项目的学习，我们简单了解一下病毒的相关知识，为我们的“应对”计算机病毒提供帮助。

任务1　认识计算机病毒

任务目标

(1) 理解计算机病毒的定义。
(2) 了解计算机病毒的发展历史。
(3) 了解计算机病毒的分类。

任务导入

计算机虽然只是个“机器”，但“吃五谷杂粮，也会生病”。计算机病毒对我们来说，并不是陌生的字眼，那么，你到底认识它多少呢？

任务描述

通过本任务的学习，我们可以对计算机病毒有个全面的了解与认识，方便我们识别不同的病毒的表现。

知识链接

1．计算机病毒的概念及其发展

1) 计算机病毒(Computer Virus)的定义

1984年，计算机病毒之父弗雷德-科恩博士(Fred Cohen)将其定义为：“是一种计算机程序，它通过修改其他程序把自身或其演化体插入它们中，从而感染它们。”

2) 我国对计算机病毒的定义

1994年2月18日，《中华人民共和国计算机信息系统安全保护条例》的定义：“计算机病毒，是指编制或者在计算机程序中插入的破坏计算机功能或数据，影响计算机使用，并且能够自我复制的一组计算机指令或程序代码。”

3) 计算机病毒的发展历史

1983年，世界上出现了第一例被证实的计算机病毒，同时出现了计算机病毒传播的研究报告。1984年，美国人Thompson开发出了针对UNIX操作系统的病毒程序。1988年11月3日，美国六千多台计算机(占当时整个互联网十分之一)被“RORM”病毒感染。自1996年以来，针对微软公司Office Word宏(Macro)的计算机病毒技术诞生并迅速发展。1998年，出现针对Windows95/98系统的计算机病毒，如“CIH”，1998年被计算机病毒防范界公认为“CIH计算机病毒年”。

据国际权威机构——国际计算机安全协会的统计分析表明，世界上每天产生十多种新计算机病毒，目前的计算机病毒总数已超过二万种，计算机病毒以每年超过50%的速度增长。

2．我国计算机病毒的发展

计算机病毒“CIH”于1999年4月26日大爆发，CIH是一种主要传染Win95/98系统的恶性计算机病毒，破坏力量极强，不仅可以删除硬盘中的格式化文件，同时还能删除BIOS芯片中的系统程序。2000年5月4日，一种通过国际互联网系统酷睿电子邮件功能传播的“爱虫”计算机病毒迅速在世界各地蔓延，更大规模的发作，造成全世界(包括我国在内)窗前的计算机系统破坏。2003年的“冲击波”病毒于八月开始爆发，它利用了微软操作Windows 2000及Windows XP的保安漏洞，取得完整的使用者权限，在上标电脑上执行任何的程式码，并透过互联网，继续攻击网络上仍存有此漏洞的电脑。

1) 计算机病毒的特征

(1) 感染性——病毒的基本特征，自我复制能力。

(2) 破坏性——病毒会对系统产生不同程度的影响。

(3) 隐藏性——用户通常感觉不到病毒的存在。

(4) 潜伏法——一般不会马上发作。

(5) 可激活性——病毒因某个事件或数值的出现而发作。

(6) 针对性——病毒的编制者往往有特殊的破坏目的。

2) 计算机病毒的分类

(1) 按攻击的操作系统分类：攻击DOS系统的病毒、攻击Windows系统的病毒、攻击UNIX系统的病毒、攻击OS/2系统的病毒；按攻击的对象分：攻击微型机、攻击小型机、攻击大型机、攻击计算机网络。

(2) 按计算机病毒的破坏情况分类：良性病毒和恶性病毒。

(3) 按照传播媒介分类：单机病毒和网络病毒。

3) 常见计算机病毒的类型

(1) 特洛伊木马(Trojan Horse)：源于希腊对特洛伊城的战争；寓意“一经进入，后患无穷”。特洛伊木马是一种程序，它提供了一些有用的功能，通常是一些用户不希望的功能，诸如在你不了解的情况下拷贝文件或窃取你的密码，或直接将重要资料转送出去，或破坏系统等等。

特点：具有隐藏性，难以察觉；客户端/服务器模式。

警惕：

① 不要轻易打开陌生人的信件附件。

② 不要轻易接收网友的小程序或打开网址。

③ 不要到一些小的网站或者黑客网站下载软件。

(2) 蠕虫病毒：蠕虫是一种体积很小、繁殖很快、爬行迟缓的小虫子，感染的计算机运行起来像蠕虫爬行那样缓慢。蠕虫病毒是一种能自我复制的程序，并能通过计算机网络进行传播，它大量消耗系统资源，使其他程序运行减慢以至停止，最后导致系统和网络瘫痪。

特点：传播速度快，感染范围广；反复感染，难以根除；隐藏性好；破坏性大。

(3) 宏病毒(Macro Virus)：它是一系列自己编写或录制的命令和指令，用来实现任务执行的自动化，是一种存在Word或模版中的计算机病毒，一旦打开这样的文档，宏病毒就会被激活，传染到其他计算机上，并驻留在Normal模版中，此后，自动保存的文档都会被感染。

特点：宏病毒会感染.DOC文档和.DOT模板文件。

(4) VBS脚本病毒：VBS病毒由VB Script编写而成，更甚于宏病毒。VBS脚本病毒的特征：编写简单，破坏力大，传播范围大，病毒源码容易被获取，变种多。

(5) 结合黑客技术的病毒：同黑客技术结合的网络病毒将成为计算机病毒的主流。传统的计算机病毒主要依靠某种媒介进行传播，比如光盘或电子邮件等。结合黑客技术的病毒只要你的系统有后门，有漏洞，就可能被感染。

4) 计算机病毒的传播

计算机病毒的传播途径主要有以下几种：

(1) U 盘——U 盘作为最常用的交换媒介，在计算机应用的早期对病毒的传播发挥了巨大的作用。

(2) 光盘——因为容量大，存储了大量的可执行文件，所以大量的病毒有可能藏身于光盘。

(3) 硬盘——由于带病毒的硬盘在本地或移到其他地方使用、维修等，将干净的 U 盘等传染并再扩散。

习　题

1. 什么是计算机病毒？
2. 计算机病毒有哪些主要特点？
3. 常见的计算机病毒的种类有哪些？

任务 2　360 安全卫士

任务目标

(1) 熟练掌握 360 安全卫士的安装及使用方法。

(2) 熟练使用 360 安全卫士对计算机进行日常维护。

任务导入

计算机病毒困扰着我们的日常办公与学习，学会怎么更好地保护计算机，才是重中之重。

任务描述

我们常用的防范方法，就是在电脑上安装杀毒防毒软件。目前，主流型的防/杀病毒软件非常之多，其各有各的特点。本任务学习 360 安全卫士的使用方法。

知识链接

本任务以 360 安全卫士为例，简单介绍一下具体如何安装及使用。

操作步骤如下：

(1) 在打开 360 安全卫士后，我们可以看见一个基本状态，提示你的电脑有多少天没有进行体检了，点击“立即体检”按钮，开始对电脑进行安全评估，如图 11-1 所示。

图 11-1　360 安全卫士主界面

(2) 体检之后会提示电脑的体检分数，如果电脑存在问题，点击“一键修复”按钮，进行系统整体修复，如图 11-2 所示。

图 11-2　体验修复

(3) 除了整体体检外，也可以对不同的程序进行单独的处理，修复系统漏洞，因为系统有漏洞再怎样杀毒也是治标不治本的，点击最上面的菜单“系统修复”，扫描一下就会看到当前系统有些补丁没有打，全选后，下载并修复。

习 题

1. 除了使用 360 安全卫士之外，还可以如何维护计算机？

2. 结合自身，请谈一谈你是如何看待计算机病毒的，在使用计算机的过程中，又是如何防范的？一旦“中毒”，你能想到的最有效的解决方法是什么？

提 高 篇

项目十二 虚拟现实(VR)

项目目标

(1) 了解虚拟现实技术的发展历史。
(2) 了解虚拟现实技术及其特点。
(3) 了解虚拟现实技术的应用范围。

项目导入

虚拟现实技术在现实生活中的应用越来越广泛，你都知道哪些虚拟现实技术的产物呢？

虚拟现实(VR)技术主要包括模拟环境、感知、自然技能和传感设备等方面。模拟环境是指由计算机生成实时动态的三维立体逼真图像。感知是指理想的 VR 应该具有一切人所具有的感知，除计算机图形技术所生成的视觉感知外，还有听觉、触觉、力觉、运动等感知，甚至还包括嗅觉和味觉等，也称为多感知。自然技能是指人的头部转动、眼睛转动、手势或其他人体行为动作，由计算机来处理与参与者的动作相适应的数据，对用户的输入做出实时响应，并分别反馈到用户的五官。传感设备是指三维交互设备。

项目描述

虚拟现实技术是仿真技术的一个重要方向，是仿真技术与计算机图形学、人机接口技术、多媒体技术、传感技术、网络技术等多种技术的集合，是一门富有挑战性的交叉技术前沿学科。本项目主要介绍虚拟现实技术。

知识链接

1. 发展历史

虚拟现实技术的演变发展史大体上可以分为四个阶段：蕴涵虚拟现实思想的有声形的动态模拟为第一阶段(1963 年以前)；虚拟现实萌芽为第二阶段(1963—1972)；虚拟现实概念

的产生和理论初步形成为第三阶段(1973—1989)；虚拟现实理论进一步的完善和应用为第四阶段(1990—2004 年)。

2. 特征介绍

虚拟现实技术具有以下特征：

(1) 多感知性。多感知性是指除一般计算机所具有的视觉感知外，还有听觉感知、触觉感知、运动感知，甚至还包括味觉感知、嗅觉感知等。理想的虚拟现实应该具有一切人所具有的感知功能。

(2) 存在感。指用户感到作为主角存在于模拟环境中的真实程度。理想的模拟环境应该达到使用户难辨真假的程度。

(3) 交互性。指用户对模拟环境内物体的可操作程度和从环境得到反馈的自然程度。

(4) 自主性。指虚拟环境中的物体依据现实世界物理运动定律动作的程度。

3. 实时三维计算机图形

虚拟现实技术是多种技术的综合，包括实时三维计算机图形技术，广角(宽视野)立体显示技术，对被观察者头、眼和手的跟踪技术，以及触觉/力觉反馈、立体声、网络传输、语音输入输出技术等。

相比较而言，利用计算机模型产生图形图像并不是太难的事情。如果有足够准确的模型，又有足够的时间，我们就可以生成不同光照条件下各种物体的精确图像，但是这里的关键是实时。例如，在飞行模拟系统中，图像的刷新相当重要，同时对图像质量的要求也很高，再加上非常复杂的虚拟环境，问题就变得相当困难。

人看周围的世界时，由于两只眼睛的位置不同，得到的图像也略有不同，这些图像在大脑中融合起来，就形成了一个关于周围世界的整体景象，这个景象中包括了距离远近的信息。当然，距离信息也可以通过其他方法获得，如眼睛焦距的远近、物体大小的比较等。

在 VR 系统中，双目立体视觉起了很大作用。用户的两只眼睛看到的不同图像是分别产生的，显示在不同的显示器上。有的系统采用单个显示器，但用户带上特殊的眼镜后，一只眼睛只能看到奇数帧图像，另一只眼睛只能看到偶数帧图像，奇、偶帧之间的不同也就使视差出现，从而产生了立体感。

用户(头、眼)的跟踪：在人造环境中，每个物体相对于系统的坐标系都有一个位置与姿态，而用户也是如此。用户看到的景象是由用户的位置和头(眼)的方向来确定的。

跟踪头部运动的虚拟现实头套：在传统的计算机图形技术中，视场的改变是通过鼠标或键盘来实现的，用户的视觉系统和运动感知系统是分离的，而利用头部跟踪来改变图像的视角，用户的视觉系统和运动感知系统之间就可以联系起来，感觉更逼真。头部跟踪的另一个优点是，用户不仅可以通过双目立体视觉去认识环境，而且可以通过头部的运动去观察环境。

在用户与计算机的交互中，键盘和鼠标是目前最常用的工具，但对于三维空间来说，它们都不太适合。在三维空间中因为有六个自由度，我们很难找出比较直观的办法把鼠标的平面运动映射成三维空间的任意运动。现在，已经有一些设备可以提供六个自由度，如 3Space 数字化仪和 SpaceBall 空间球等。另外一些性能比较优异的设备是数据手套和数据衣。

(1) 声音。人能够很好地判定声源的方向。在水平方向上，我们靠声音的相位差及强度的差别来确定声音的方向，因为声音到达两只耳朵的时间或距离有所不同。常见的立体声效果就是靠左右耳听到在不同位置录制的不同声音来实现的，所以会有一种方向感。现实生活里，当头部转动时，听到的声音的方向就会改变。但目前在 VR 系统中，声音的方向与用户头部的运动无关。

(2) 感觉反馈。在一个 VR 系统中，用户可以看到一个虚拟的杯子，你可以设法去抓住它，但是你的手没有真正接触杯子的感觉，并有可能穿过虚拟杯子的“表面”，而这在现实生活中是不可能的。解决这一问题的常用装置是在手套内层安装一些可以振动的触点来模拟触觉。

(3) 语音。在 VR 系统中，语音的输入输出也很重要。这就要求虚拟环境能听懂人的语言，并能与人实时交互。而让计算机识别人的语音是相当困难的，因为语音信号和自然语言信号有其“多边性”和复杂性。例如：连续语音中词与词之间没有明显的停顿，同一词、同一字的发音受前后词、字的影响，不仅不同人说同一词会有所不同，就是同一人发音也会受到心理、生理和环境的影响而有所不同。

4．技术特点

VR 艺术是伴随着“虚拟现实时代”的来临应运而生的一种新兴而独立的艺术门类，在《虚拟现实艺术：形而上的终极再创造》一文中，关于 VR 艺术有如下的定义：“以虚拟现实(VR)、增强现实(AR)等人工智能技术作为媒介手段加以运用的艺术形式，我们称之为虚拟现实艺术，简称 VR 艺术。该艺术形式的主要特点是超文本性和交互性。”

作为现代科技前沿的综合体现，VR 艺术是通过人机界面对复杂数据进行可视化操作与交互的一种新的艺术语言形式，它吸引艺术家的重要之处，在于艺术思维与科技工具的密切交融和二者深层渗透所产生的全新的认知体验。与传统视窗操作下的新媒体艺术相比，交互性和扩展的人机对话，是 VR 艺术呈现其独特优势的关键所在。从整体意义上说，VR 艺术是以新型人机对话为基础的交互性的艺术形式，其最大优势在于可以建构作品与参与者的对话，并能通过对话揭示意义生成的过程。

5．虚拟现实的技术应用

1) 医学应用

VR 在医学方面的应用具有十分重要的现实意义。在虚拟环境中，可以建立虚拟的人体模型，借助于跟踪球、HMD、感觉手套，学生可以很容易了解人体内部各器官结构，这比现有的采用教科书的方式要有效得多。Pieper 及 Satara 等研究者在 20 世纪 90 年代初基于两个 SGI 工作站建立了一个虚拟外科手术训练器，用于腿部及腹部外科手术模拟。这个虚拟的环境包括虚拟的手术台与手术灯，虚拟的外科工具(如手术刀、注射器、手术钳等)，虚拟的人体模型与器官等。借助于 HMD 及感觉手套，使用者可以对虚拟的人体模型进行手术。但该系统有待进一步改进，如需提高环境的真实感，增加网络功能，使其能同时培训多个使用者，或可在外地专家的指导下工作等。手术后果预测及改善残疾人生活状况，乃至新型药物的研制等方面，VR 技术的应用都有十分重要的意义。

2) 娱乐应用

丰富的感觉能力与 3D 显示环境使得 VR 成为理想的视频游戏工具。由于在娱乐方面对

VR 的真实感要求不是太高，故近些年来 VR 在该方面发展最为迅猛。如 Chicago(芝加哥)开放了世界上第一台大型的可供多人使用的 VR 娱乐系统，其主题是关于 3025 年的一场未来战争；英国开发的称为“Virtuality”的 VR 游戏系统，配有 HMD，大大增强了真实感；1992 年的一台称为“Legeal Qust”的系统由于增加了人工智能功能，使计算机具备了自学功能，大大增强了系统的趣味性及难度，使该系统获该年度 VR 产品奖。另外在家庭娱乐方面 VR 也显示出了很好的前景。

作为传输显示信息的媒体，VR 在未来艺术领域方面所具有的潜在应用能力也不可低估。VR 所具有的临场参与感与交互能力可以将静态的艺术(如油画、雕刻等)转化为动态的，可以使观赏者更好地欣赏作者的思想艺术。另外，VR 提高了艺术表现能力，如一个虚拟的音乐家可以演奏各种各样的乐器，手足不便的人或远在外地的人可以在他生活的居室中去虚拟的音乐厅欣赏音乐会等。

3) 军事航天

模拟训练一直是军事与航天工业中的一个重要课题，这为 VR 提供了广阔的应用前景。美国国防部高级研究计划局 DARPA 自 20 世纪 80 年代起一直致力于研究被称为 SIMNET 的虚拟战场系统，以提供坦克协同训练。该系统可连接 200 多台模拟器，另外利用 VR 技术，可模拟零重力环境。VR 在神舟飞天训练中的应用如图 12-1 所示。

图 12-1　航天应用

4) 室内设计

虚拟现实不仅仅是一个演示媒体，还是一个设计工具。它以视觉形式反映了设计者的思想。比如装修房屋之前，你首先要做的事是对房屋的结构、外形做细致的构思，为了使之定量化，你还需设计许多图纸，当然这些图纸只能内行人读懂，虚拟现实可以把这种构思变成看得见的虚拟物体和环境，使以往只能借助传统设计图纸的模式提升到数字化的所看即所得的完美境界，大大提高了设计和规划的质量与效率。运用虚拟现实技术，设计者可以完全按照自己的构思去构建和装饰“虚拟”的房间，并可以任意变换自己在房间中的位置，去观察设计的效果，直到满意为止，如图 12-2 所示。这种方式既节约了时间，又节省了建造模型的费用。

图 12-2 室内设计应用

5) *房产开发*

随着房地产业竞争的加剧，传统的展示手段，如平面图、表现图、沙盘、样板房等已经远远无法满足消费者的需要。敏锐把握市场动向，果断启用最新的技术并迅速转化为生产力，方可以领先一步，击溃竞争对手。虚拟现实技术是集影视广告、动画、多媒体、网络科技于一身的最新型的房地产营销方式，在广州、上海、北京等大城市及加拿大、美国等经济和科技发达的国家都非常热门，是当今房地产行业综合实力的象征和标志。在房地产开发中的其他重要环节，包括申报、审批、设计、宣传等方面，都对 VR 技术有着非常迫切的需求。

6) *工业仿真*

当今世界工业已经发生了巨大的变化，大规模人海战术早已不再适应工业的发展，先进科学技术的应用显现出巨大的威力，特别是虚拟现实技术的应用正对工业进行着一场前所未有的革命。虚拟现实已经被世界上一些大型企业广泛地应用到工业的各个环节，对企业提高开发效率，加强数据采集、分析、处理能力，减少决策失误，降低企业风险起到了重要的作用。虚拟现实技术的引入，将使工业设计的手段和思想发生质的飞跃，更加符合社会发展的需要，可以说在工业设计中应用虚拟现实技术是可行且必要的。

工业仿真系统不是简单的场景漫游，是真正意义上用于指导生产的仿真系统，它结合用户业务层功能和数据库数据组建一套完全的仿真系统，可组建 B/S、C/S 两种架构的应用，可与企业 ERP、MIS 系统无缝对接，支持 SqlServer、Oracle、MySql 等主流数据库。

7) *文物古迹*

利用虚拟现实技术，结合网络技术，可以将文物的展示、保护提高到一个崭新的阶段。首先表现在将文物实体通过影像数据采集手段，建立起实物三维模型数据库，保存文物原有的各种数据和空间关系等重要资源，实现濒危文物资源的科学、高精度和永久的保存。其次利用这些技术可以提高文物修复的精度和预先判断、选取将要采用的保护手段，同时可以缩短修复工期。通过计算机网络来整合文物资源，并且通过网络在大范围内利用虚拟技术更加全面、生动、逼真地展示文物，从而使文物脱离地域限制，实现资源共享，真正成为全人类可以“拥有”的文化遗产。使用虚拟现实技术可以推动文博行业更快地进入信息时代，实现文物展示和保护的现代化。

8) 游戏

三维游戏既是虚拟现实技术重要的应用方向之一，也为虚拟现实技术的快速发展起了巨大的需求牵引作用。尽管存在众多的技术难题，虚拟现实技术在竞争激烈的游戏市场中还是得到了越来越多的重视和应用。可以说，电脑游戏自产生以来，一直都在朝着虚拟现实的方向发展。从最初的文字 MUD 游戏，到二维游戏、三维游戏，再到网络三维游戏，游戏在保持实时性和交互性的同时，逼真度和沉浸感正在一步步地提高和加强。我们相信，随着三维技术的快速发展和软硬件技术的不断进步，在不远的将来，真正意义上的虚拟现实游戏必将为人类娱乐、教育和经济发展做出新的更大的贡献。

Web 3D 主要有四类运用方向：商业、教育、娱乐和虚拟社区。对企业和电子商务三维的表现形式而言，能够全方位地展现一个物体，具有二维平面图像不可比拟的优势。企业将他们的产品发布成网上三维的形式，能够展现出产品外形的方方面面，加上互动操作，演示产品的功能和使用操作，充分利用互联网高速迅捷的传播优势来推广公司的产品。对于网上电子商务，将销售产品展示做成在线三维的形式，顾客通过对之进行观察和操作能够对产品有更加全面的认识了解，决定购买的可能性必将大幅增加，为销售者带来更多的利润。

9) 道路桥梁

城市规划一直是对全新的可视化技术需求最为迫切的领域之一，虚拟现实技术可以广泛地应用在城市规划的各个方面，并带来切实且可观的利益。虚拟现实技术在高速公路与桥梁建设中得到了应用。由于道路桥梁设计需要同时处理大量的三维模型与纹理数据，因而其需要很高的计算机性能，随着近些年来计算机软硬件技术的提高，一些原有的技术瓶颈得到了解决，使虚拟现实的应用达到了前所未有的发展。

10) 地理监测

应用虚拟现实技术，将三维地面模型、正射影像和城市街道、建筑物及市政设施的三维立体模型融合在一起，再现城市建筑及街区景观，用户在显示屏上可以很直观地看到生动逼真的城市街道景观，可以进行诸如查询、量测、漫游、飞行浏览等一系列操作，满足数字城市技术由二维 GIS 向三维虚拟现实的可视化发展需要，为城建规划、社区服务、物业管理、消防安全、旅游交通等提供可视化空间地理信息服务。

电子地图技术是集地理信息系统技术、数字制图技术、多媒体技术和虚拟现实技术等多项现代技术为一体的综合技术。电子地图是一种以可视化的数字地图为背景，用文本、照片、图表、声音、动画、视频等多媒体为表现手段展示城市、企业、旅游景点等区域综合面貌的现代信息产品，它可以存储于计算机外存，以只读光盘、网络等形式传播。由于电子地图产品结合了数字制图技术的可视化功能、数据查询与分析功能以及多媒体技术和虚拟现实技术的信息表现手段，加上现代电子传播技术的作用，它一出现就赢得了社会的广泛兴趣。

11) 教育

虚拟现实应用于教育是教育技术发展的一个飞跃。它营造了“自主学习”的环境，由传统的“以教促学”的学习方式转变为学习者通过自身与信息环境的相互作用来得到知识、技能的新型学习方式。

12) 汽车仿真

汽车虚拟开发工程即在汽车开发的整个过程中，全面采用计算机辅助技术，在轿车开发的造型、设计、计算、试验直至制模、冲压、焊接、总装等各个环节中，计算机模拟技术联为一体，使汽车的开发、制造都置于计算机技术所构造的严格的数据环境中。虚拟现实技术的应用，大大缩短了汽车设计周期，提高了市场反应能力，如图 12-3 所示。

图 12-3 汽车仿真

13) 轨道交通

轨道交通仿真就是运用三维虚拟与仿真技术模拟出从轨道交通工具的设计制造到运行维护等各阶段、各环节的三维环境，用户在该环境中可以“全身心”投入到轨道交通整个工程之中进行各种操作，从而拓展相关从业人员的认知手段和认知领域，为轨道交通建设整个工程节约成本与时间，提高效率与质量。

14) 能源领域

能源的开采和开发涉及很多模块和行业，常常需要对大量数据进行分析管理，并且由于职业的特殊性，对员工的业务素质也有很高要求。运用三维虚拟技术不但能够实现庞大数据的有效管理，还能够创建一个具有高度沉浸感的三维虚拟环境，满足企业对石油矿井、电力、天然气等高要求、高难度职位的培训要求，有效提高员工的培训效率，提升员工的业务素质。

15) 生物力学

生物力学仿真应用力学原理和方法并结合虚拟现实技术，可实现对生物体中的力学原理进行虚拟分析与仿真研究。利用虚拟仿真技术研究和表现生物力学，不但可以提高运动物体的真实感，满足运动生物力学专家的计算要求，还可以大大节约研发成本，降低数据分析难度，提高研发效率。这一技术现已广泛应用于外科医学、运动医学、康复医学、人体工学、创伤与防护学等领域。

16) 康复训练

康复训练包括身体康复训练和心理康复训练，是指有各种运动障碍(动作不连贯、不能随心所动)和心理障碍的人群，通过在三维虚拟环境中做自由交互以达到能够自理生活、自由运动、解除心理障碍的训练。

传统的康复训练不但耗时耗力，单调乏味，而且训练强度和效果得不到及时评估，很容易错失训练良机，而结合三维虚拟与仿真技术的康复训练就很好地解决了这一问题，并且还适用于心理患者的康复训练，对完全丧失运动能力的患者也有独特效果。

17) 数字地球

数字地球建设是一场意义深远的科技革命，也是地球科学研究的一场纵深变革。人类迫切需要更深入地了解地球、理解地球，进而管理好地球。

拥有数字地球等于占据了现代社会的信息战略制高点。从战略角度来说，数字地球是全球性的科技发展战略目标，数字地球是未来信息资源的综合平台和集成，现代社会拥有信息资源的重要性更基于工业经济社会拥有自然资源的重要性。

而从科技角度分析，数字地球是国家的重要基础设施，是遥感、地理信息系统、全球定位系统、互联网、仿真与虚拟现实技术等的高度综合与升华，是人类定量化研究地球、认识地球、科学利用地球的先进工具。

6. 虚拟现实硬件设备

1) 数据手套

数据手套是数字内容交互展示系统常用的一种人机交互设备，通过手指上的弯曲、扭曲传感器和手掌上的弯度、弧度传感器，确定手及关节的位置和方向，从而实现环境中的虚拟手及其对虚拟物体的操控。

2) 数字头盔

头盔显示器(见图 12-4)固定在用户的头部，用两个显示器分别向两只眼睛显示两幅图像。这两个显示器中的图像由计算机分别驱动，有细小差别，类似于人的双眼视差。头盔显示器所能提供的沉浸感要比立体眼镜好得多。

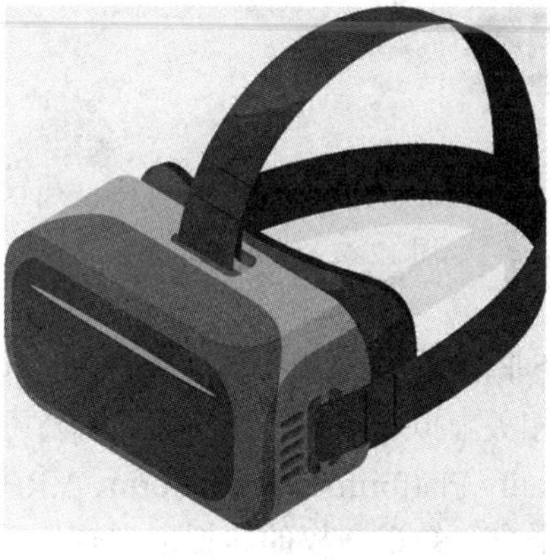

图 12-4　数字头盔

3) 动作捕捉

动作捕捉(Motion Capture，Mocap)技术涉及尺寸测量、物理空间里物体的定位及方位测定等可以由计算机直接理解处理的数据。在运动物体的关键部位设置跟踪器，由动作捕捉系统捕捉跟踪器位置，再经过计算机处理后得到三维空间坐标的数据。当数据被计算机识别后，可以应用在动画制作、步态分析、生物力学、人机工程等领域。

动作捕捉套件和设备如图 12-5、图 12-6 所示。

图 12-5 动作捕捉套件(TSS-MOCAP-BUNDLE)

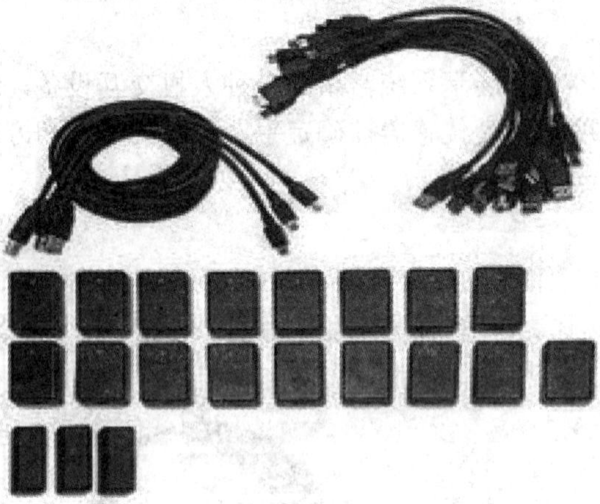

17 个 3 轴传感器无线设备、1 英尺长 USB 充电电缆、3 个 3 轴无线 Dongle、6 英尺 USB 连接线

图 12-6 动作捕捉设备

4) 虚拟现实软件

国内的虚拟现实引擎已经非常成熟，通用的仿真软件包括 VRP、Quest 3D、Patchwork3D、EON Reality 等，目前国内有相关虚拟现实软件开发能力的公司大概有 20 家。

虚拟现实平台(Virtual Reality Platform，VR-Platform、VRP)是一款由中视典数字科技有限公司独立研发的、具有完全自主知识产权的虚拟现实软件，也是目前国内市场占有率最高的一款虚拟现实软件。

作为中国最早一批自主知识产权的虚拟现实软件，VRP 以纯中文界面、简单易用、所见即所得等人性化的功能设计，深得国人青睐。目前 VRP-Builder、VRP-SDK、VRP-IE、VRP-Physics、VRP-Mystory、VRP-3DNCS 等应用性极强的一系列软件，已被广泛应用于院校教育、旅游、工业仿真、应急救援、展览展示、地产营销、家装设计、军事仿真、交互艺术等众多领域，为各行业提供切实可行的解决方案。

5) 虚拟现实的发展障碍

虚拟现实技术未来将会发展成一种改变我们生活方式的新突破技术。在第一代 Oculus Rift 的开发者大会上，所有与会者都看到了一个充满潜力的虚拟现实平台。

但是从现在来看，虚拟现实技术想要真正进入消费级市场，还有一段很长的路要走，包括 Oculus 公司在内。在 Oculus 内部，也对虚拟现实技术现在面对的问题进行了讨论，并且在不断地寻找解决方法。虽然所有问题最终都会找到答案，但是都不太可能在一夜之间全部解决。

目前，开发者为用户提供一个真正身临其境的游戏或应用体验还存在比较大的技术局限性，而一些问题到现在仍然还没有很好的解决办法。

习　题

1. 谈一谈你对虚拟与现实的认识。
2. 举例虚拟现实技术在现实生活中的应用。

项目十三

人工智能(AI)

项目目标

(1) 了解人工智能的发展历程。
(2) 了解人工智能在现实生活中的应用。
(3) 对人工智能的看法。

项目导入

人工智能一词最早是由人工智能之父约翰·麦卡锡在 1956 年的达特矛斯会议上所提出的。

项目描述

人工智能很火热，不管是不是互联网行业里面的人士，都在关注人工智能，同时也经常听到身边的人在聊起人工智能，本项目主要介绍什么是人工智能及其应用领域。

知识链接

1．人工智能的概述

人工智能简称 AI，它是研究、开发用于模拟、延伸和扩展人的智能的理论、方法、技术及应用系统的一门新的技术科学。人工智能是计算机科学的一个分支，它企图了解智能的实质，并生产出一种新的能以人类智慧相似的方式做出反应的智能机器，该领域的研究包括机器人、语言识别、图像识别、自然语言处理和专家系统等。

人工智能将有助于创建能够更有效地解决问题的系统，以及可以自行学习的系统。因此，计算机科学家们开始设计一款软件，将这两个因素结合在一起，形成一个连贯的机器，这预示着下一个人工智能领域的突破。

2018 年 8 月 10 日，广西南宁会展中心内，一名小棋手与围棋机器人对弈。据了解，智能棋手(对弈机器人)可通过智能棋盘判断棋子位置和颜色，并进行对弈。

2．人工智能的发展历程

20 世纪 50 年代，艾伦·图灵的理论在机器理论化方面也起了重要作用，他在 1950 年出版的重要论文《机器与智力》中，认为机器能像人类一样“思考”和下棋。人工智能的概念正逐渐成为一种主流现象。

1995 年，发明家理查德·华莱士(Richard Wallace)开发了聊天机器人 A.L.I.C.E(人工语言互联网计算机实体)，在其中加入了自然语言，并抽取了数千个数据点，最终创造出类似人工智能的机器。这是一个设计精美的模型，ALICE 表现出了简单的初期生命的特征。

两年后，计算机“深蓝”使用人工智能在比赛中击败了国际象棋冠军加里·卡斯帕罗夫，这是人工智能和研究领域的一个分水岭时刻。随着开发人员创造出更好的模型和更多功能的机器，人工智能领域也会有更多进步。

2000 年，日本本田制造了“阿西莫”机器人。这款机器人模仿人类的动作更精准，以达到帮助人类的目的，特别是行动不便者。据报道，现在的“阿西莫”不但能跑能走、上下阶梯，还会踢足球和开瓶倒茶倒水，动作十分灵活，如图 13-1 所示。

图 13-1　机器人

2001 年史蒂文·斯皮尔伯格推出了一部名为《人工智能》的电影，讲述的是一个编程制造的男孩体验人间情感的故事。这是人工智能进入流行文化的首批例子之一，世界各地的观众突然意识到，科技正进入他们的家庭，图 13-2 所示为人工智能的应用。

图 13-2　人工智能的应用

如今，每一家科技公司都决心尽快将人工智能引入主流。谷歌的拉里·佩奇对这项技术持乐观态度，并希望将其商业化。他之前曾说过："人工智能将是谷歌的最终版本。最终版本的搜索引擎可以理解网络上的一切。它会确切地知道你想要什么，它会给你正确的选择。我们离这一天还很远。然而，我们可以逐渐朝这一方向努力，这基本上就是我们正在做的工作。"

3．人工智能在现实生活中的应用

人工智能飞速发展，无论是从概念的普及还是从人工智能技术的应用，都已经进入了一个完全的新时代。有人觉得我们离真正的人工智能还很遥远，其实初级的人工智能已经覆盖了我们的生活。而在未来，人工智能会给人类带来哪些生活上的变化呢？

交通运输方面肯定会有很大的转变，从现在的人工驾驶逐步转换成以后的无人驾驶(见图 13-3)。在美国硅谷就时常可以见到那些无人驾驶的车辆。不仅汽车可以实现无人驾驶，飞机也可以利用无人驾驶技术翱翔在天空中，"饿了么"商业用途的小型无人机已经开始送外卖了。所以在交通上，人工智能必将引起一场大的转变。

图 13-3　交通运输的应用

医疗方面也肯定会有着巨大的转变。人工智能通过自动浏览用户的病情进行自动化地诊断，同时，可穿戴医疗设备，移动应用，都能够让我们在未来的人工智能医疗方面更进一步。在轮椅、智能骨骼等方面也能够进一步的提升，如图 13-4 所示。

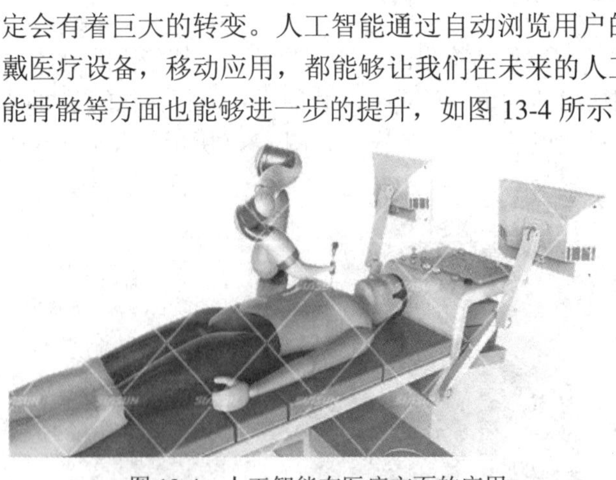

图 13-4　人工智能在医疗方面的应用

关于安全，也是人工智能必不可少的。未来人工智能的安全问题将会成为非常重要的一方面，无论是人脸识别技术还是机器人警察等，都会在人工智能中占据重要的地位。目前，人脸识别技术已经用在了大部分的摄像头上，对警察在寻找嫌疑人方面有着巨大的帮助，相信在未来会对警察有更大的帮助。

4. 人工智能对人类社会以及未来的影响

人工智能本质上是人类智能的延伸，它用计算机来模拟人类的思维方式。迅猛发展的人工智能必将极大地推动生产力的发展，对劳动、就业乃至社会制度产生决定性的影响。

1) 对翻译工作的影响

基于神经网络的深度学习——科大讯飞开发的输入法的中文语音识别率达到了 97%，与真人相差无几。

2) 对律师工作的影响

人工智能领域飞速发展。例如，在英国，就已经有一部分初级律师的工作被人工智能所取代。在伦敦金融城一家领先的律所工作了 5 年多之后，丹尼尔·范宾斯贝延(如图 13-5 所示)辞去了初级律师的工作，在初生的“法律科技”行业创办了法律服务数字初创公司 Lexoo。

图 13-5 丹尼尔·范宾斯贝延

Lexoo 并不是用自动化完成法律工作，但它确实是通过利用数据和算法，将有经验的自雇律师的价格与向中等企业提供的法律服务匹配起来，取代传统律所的工作方式。

德勤 2016 年公布的一项报告预测，未来 20 年法律行业可能将有约 11.4 万个岗位被自动化替代。技术已造成该行业约 3.1 万份工作流失。该报告还预测，未来 20 年另有 39%的岗位是可能被裁员的“高危”岗位。

3) 人工智能对医生的影响

人工智能也能“看片子”，准确率或已超过临床经验 10 年以上的医生。

2017 年 11 月 15 日，在北京举行的英特尔人工智能大会上，上海交通大学的阎威武教授分享了他在“人工智能+医疗”方面的前瞻性研究：“肺癌是全球第一大恶性肿瘤，肺癌检测主要是通过医生‘看片子’，但一个病人的一个肺大概会产生 300 张片子，大小约为 180 m^2，读起来耗时耗力。结节病灶多样性强，微小结节不到一毫米，很难发现。目前我了解到临床医生对结节的漏检率达到 10%，但是 AI 诊断恰恰可以解决这个问题，帮助医生把漏掉的‘捡’回来，目前 AI 模型对影像的检测准确率已超过临床经验 10 年以上的医生。”

4) 人工智能对交通运输行业的影响

图 13-6 所示为戴姆勒的自动驾驶卡车在美国内华达州的高速公路上接受测试。交通运

输行业的一场革命即将到来。

图 13-6 自动驾驶卡车

5) 人工智能对农业的影响

2016 年 11 月底，大疆创新推出 MG-1S 型农业植保无人机(如图 13-7 所示)，无人机喷洒农药的技术更加成熟。与人工喷药相比，无人机可将农药用量减少 20%左右，而且完全不必考虑农药中毒的风险。

图 13-7 无人机喷洒农药

自动化插秧机可以按照预设路径在田间行走，并且可以满足插秧的精度要求，如图 13-8 所示。

图 13-8 自动化插秧机

习　题

1. 人工智能的应用领域有哪些？
2. 查阅资料了解人工智能的进化速度。

项目十四 自媒体技术与流媒体技术

项目目标

(1) 掌握常用的自媒体工具和使用方法。
(2) 掌握手机自媒体的制作过程。
(3) 掌握流媒体播放器的下载和使用方法。

项目导入

21世纪是信息化的时代，是依托于计算机的多媒体技术发展迅速的时代。多媒体技术的不断发展和更新，使人与计算机之间的交互变得更加生动活泼、丰富多彩，尤其是近年来，移动互联网和智能终端的快速发展和普及，人类已经进入一个新媒体时代，极大地改变了人与人之间、人与计算机之间的交互和沟通方式。自媒体的大量涌现和兴起又使传统媒体面临着前所未有的严峻挑战，而流媒体的出现极大地方便了人们的工作和生活。

随着信息时代的到来，自媒体技术与流媒体技术得到了广泛的应用，那么什么是自媒体和流媒体技术呢？我们又该应该怎样将之运用到我们的生活中？

项目描述

通过本项目的学习，我们可以认识和了解自媒体平台及自媒体工具，能够制作自媒体作品，并且通过使用流媒体技术下载相应的视频。

知识链接

1. 自媒体技术

1) 电子邀请函的制作

电子邀请函的制作步骤如下：

(1) 新建请帖。打开婚礼APP，选择“电子请帖”选项，新建请帖，如图14-1所示。

图 14-1　新建请帖

(2) 选择模板。选择自己喜欢的模板并下载使用，如图 14-2 所示。

图 14-2　选择模板

(3) 设置请帖主题信息。填入婚礼信息：新郎姓名、新娘姓名、婚礼时间、婚礼地址，如图 14-3 所示。必要时可以在地图上标注，方便不熟悉酒店的人导航。

图 14-3 设置主题信息

(4) 添加请帖图片。编辑请帖内容，选取照片，选择版式，在手机相册中选入中意的照片，可以选择多幅图片，如图 14-4 所示。

图 14-4 添加图片

(5) 设置请帖音乐。选择自己喜爱的音乐(左下角)，并点击“保存”按钮，如图 14-5 所示。

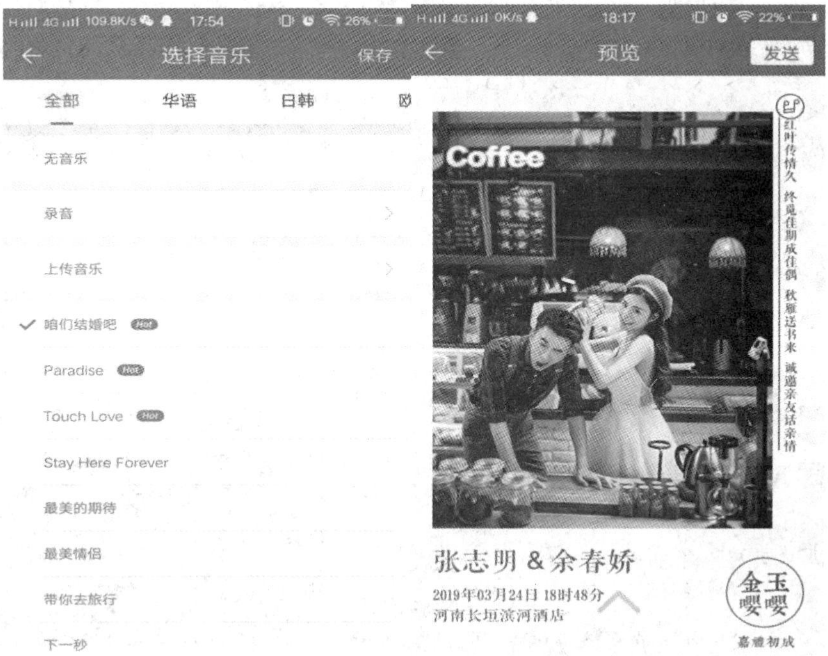

图 14-5　设置音乐

(6) 预览并分享请帖。接下来我们就可以预览一下刚才制作的请帖，如图 14-6 所示。如果满意了，就分享发送给自己的亲朋好友。

图 14-6　预览发送

2) 常用自媒体工具

(1) 排版工具。要给用户良好的阅读感，除了文章质量要好之外，还需要注意内容的排版。优化排版是比较重要的，个人如果没有大量的时间花费在排版上，那么排版工具就少不了了。

常用的排版工具：秀米、小蚂蚁、365 等。

(2) 图片工具。写文章必然会用到图片，很多运营者在找图时，习惯去百度搜，但百度里面的图片要么是使用过的，要么就是有版权的，所以，给大家两个建议：① 自己作图；② 去图片素材库里面找。

常用的图片工具：PS、美图秀秀；常用的素材库：千图、昵图等。

(3) 视频工具。视频工具主要用来对视频进行剪辑、调速、配音、特效、转场等操作。

常用的视频工具：pr、ae、au、会声会影等。

(4) “码字”工具。“码字”工具大家可能比较陌生，简单来说其实就是文字转语音。该工具可以提高效率，因为说比写方便得多。

常见的“码字”工具：百度语音、讯飞语音等。

(5) “省时”工具。这种工具主要解决矩阵运营小伙伴的内容同步问题。同时运营多个账号不利于查看数据和内容同步，而且查看起来比较麻烦还浪费时间，若是使用“省时”工具，操作效率就会高很多。

“省时”工具主要推荐大家使用易撰的 saas 系统，它不但可以实现一个平台内的内容分发，还能在系统查看账号数据，避免混乱。值得一提的是，这款工具是免费的。

(6) 热点工具。常用的热点工具有：百度风云榜、百度指数、微博、知乎等。这些工具几乎每天都在更新热点内容。

2．流媒体技术

播放器的下载步骤如下：

(1) 下载相应视频的客户端(比如爱奇艺、优酷、腾讯、土豆等)，如图 14-7 所示。

图 14-7　下载视频客户端界面

(2) 打开下载好的软件，如图 14-8 所示。

图 14-8　视频客户端图标

(3) 选择自己想要下载的视频，如图 14-9 所示。

图 14-9　视频客户端主界面

(4) 进入观看，如图 14-10 所示。

图 14-10　视频客户端播放界面

(5) 单击右上角的“下载”按钮下载视频，如图 14-11 所示。

图 14-11　新建视频下载界面

这样内容就开始下载了，如图 14-12 所示。

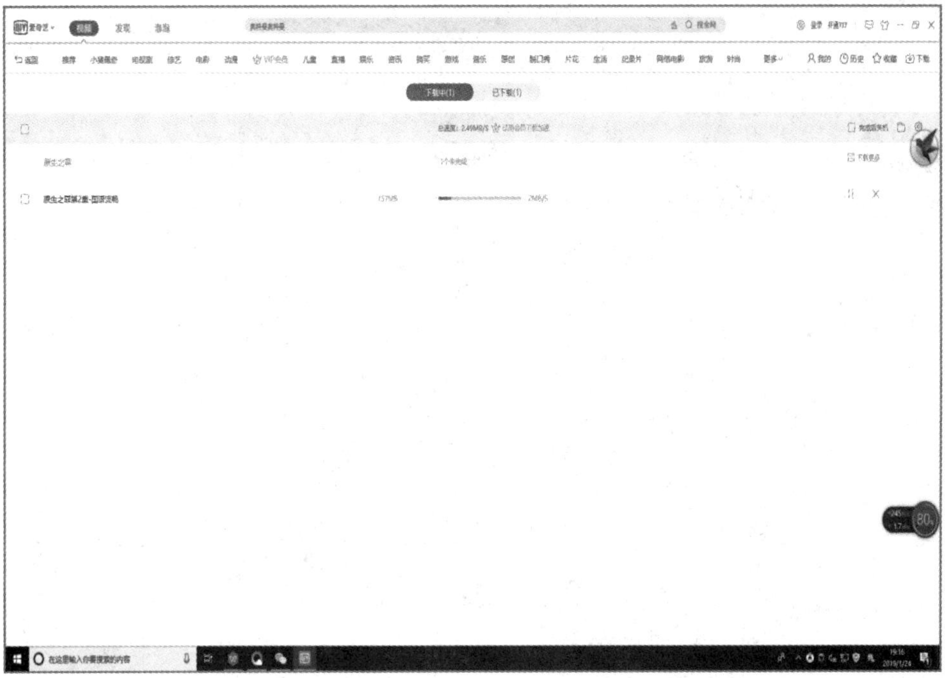

图 14-12　视频下载界面

✧✧✧✧ 习　题 ✧✧✧✧

1. 请列举常见的自媒体作品制作工具。

2. 请利用自媒体工具制作一个自媒体作品(企业介绍、个人简历等)。

3. 寻找互联网上可以提供视频、音频信息的网站，看看这些网站中提供的视频、音频资料哪些是无需下载就可以直接播放的，即使用流媒体技术。

4. 观察这些视频和音频资料都包括哪些主题。试想一下：如果不使用流媒体的形式，你会去观看它们吗?

参 考 文 献

[1] 刘锡轩，丁恒，侯晓音. 计算机应用基础. 北京：清华大学出版社，2012.

[2] 河南省职业技术教育教学研究室. 实用工具软件. 北京：电子工业出版社，2015.